Sabrina Steck/Jo B. Nolte · Souverän auftreten

W0051919

Souverän auftreten

Sabrina Steck
Jo B. Nolte

Haufe Gruppe
Freiburg–Berlin–München

Bibliografische Information der Deutschen Nationalbibliothek

Die Deutsche Nationalbibliothek verzeichnet diese Publikation in der Deutschen Nationalbibliografie; detaillierte bibliografische Daten sind im Internet über http://www.d-nb.de abrufbar.

Print: 978-3-648-02494-2   Bestell-Nr.: 00388-0001
ePub: 978-3-648-02495-9   Bestell-Nr.: 00388-0100
ePDF: 978-3-648-02496-6   Bestell-Nr.: 00388-0150

Sabrina Steck, Jo B. Nolte
Souverän auftreten

© 2012, Haufe-Lexware GmbH & Co. KG, Munzinger Straße 9, 79111 Freiburg
Redaktionsanschrift: Fraunhoferstraße 5, 82152 Planegg/München
Telefon: (089) 895 17-0
Telefax: (089) 895 17-290
Internet: www.haufe.de
E-Mail: online@haufe.de
Redaktion: Jürgen Fischer

Satz: Agentur: Satz & Zeichen, Karin Lochmann, 83071 Stephanskirchen
Umschlag: Atelier Seidel, 84576 Teising
Druck: Schätzl Druck, 86609 Donauwörth

Alle Angaben/Daten nach bestem Wissen, jedoch ohne Gewähr für Vollständigkeit und Richtigkeit. Alle Rechte, auch die des auszugsweisen Nachdrucks, der foto-mechanischen Wiedergabe (einschließlich Mikrokopie) sowie die Auswertung durch Datenbanken oder ähnliche Einrichtungen, vorbehalten.

Inhalt

Vorwort

„Jeder Mensch ist etwas Neues, was immer nur einmal auf der weiten Welt da ist, und aus jedem Menschen kann etwas ganz Besonderes, etwas ganz Überraschendes und ganz Eigenes werden."

Christian Morgenstern

Seit Jahrzehnten sind Psychologen weltweit auf der Suche nach dem Schlüssel zum Mysterium unserer Persönlichkeit. Warum sind wir so, wie wir sind? Und müssen wir wirklich ein Leben lang so bleiben? Was prägt uns mehr: Gene, Erziehung oder Umwelteinflüsse?

Jetzt konnte endlich zumindest ein Teil des Geheimcodes der Charakterbildung geknackt werden. Hier die neusten Erkenntnisse:

- Es gibt keine magische Altersgrenze für Veränderungen in der Persönlichkeit. Wir können uns mit 20 genauso gut „umprogrammieren" – z. B. selbstbewusster oder kreativer werden – wie mit 40 Jahren.

- Lange Zeit hatten Psychologen behauptet, spätestens mit 30 sei die Persönlichkeit endgültig geformt. Dies war ein Irrtum, wie eine Untersuchung der Uni Berkeley mit mehr als 35.000 Teilnehmern zeigte. Nach deren Ergebnissen stabilisiert sich die Persönlichkeit erst mit 50. Und eine im letzten Jahr veröffentlichte große Befragung mit mehr als 100.000 Teilnehmern ergab: 50 Prozent von ihnen hatten ihr Charakterprofil im Laufe ihres Lebens umgeformt.

Fazit: Gene, Erziehung und Umwelteinflüsse spielen bei der Persönlichkeitsentwicklung zwar eine wichtige Rolle, dennoch wurde ihr Einfluss in der Vergangenheit überschätzt. Eine weitaus größere Bedeutung hat unser Wille: Wir selbst haben es in der Hand, so zu werden, wie wir sein wollen.

Jetzt stellt sich nur noch die Frage: Wie können wir unsere Persönlichkeit nach unseren Wünschen umformen und das Beste aus uns machen?

Mit dem Kauf dieses Buches gehören Sie bereits zu einer besonderen Gruppe von Menschen. Sie sind eine Persönlichkeit, die nicht aufgehört hat, sich weiterentwickeln zu wollen. Das ist keine Selbstverständlichkeit. Viele Menschen glauben, dass sie sich ohnehin nicht mehr großartig verändern können. Und das stimmt auch – allerdings nur zum Teil.

Der erste Teil dieses Buches greift die sogenannte Scheinwerfer-Theorie auf, die besagt, dass wir Menschen immer nur einen gewissen Ausschnitt von der Welt um uns herum wahrnehmen können, und zwar nur den, auf den wir bewusst unsere Aufmerksamkeit richten.

Stellen Sie sich einmal vor, dass Sie mit einem Scheinwerfer in einen völlig dunklen Raum hineinleuchten. Was sehen Sie? Natürlich nur einen Teil dessen, was eigentlich vorhanden ist, der Rest bleibt im Verborgenen. So ähnlich verhält es sich auch mit dem Phänomen Charisma. Es bleibt so lange ein Geheimnis, bis es näher beleuchtet wird.

Wir laden Sie ein, dieses Geheimnis zu lüften. Durchleuchten Sie Ihre Persönlichkeit in Bezug auf Ihre charismatischen Entfaltungsmöglichkeiten. Was steckt noch alles in Ihnen?

- Lernen Sie sich selbst besser kennen und schätzen.

- Finden Sie heraus, wie Sie das Beste aus sich machen können.

- Erfahren Sie mehr über Ihre Wirkung und wie sie Sie die Aufmerksamkeit anderer auf sich ziehen können.

- Lassen Sie sich von charismatischen Persönlichkeiten inspirieren und erweitern Sie Ihren Horizont.

Im Hinblick auf eine erfolgreiche Karriere spielen Persönlichkeit und Charisma eine weitaus größere Rolle als allgemein angenommen. Das fachliche Know-how ist zwar die Grundlage für jede Ausübung eines Berufs, dennoch wird die Komponente „Fachwissen" vielfach überbewertet. Eine positive Ausstrahlung, Selbstsicherheit, Charme und Humor entscheiden weitaus mehr über Sein oder Nichtsein im beruflichen Alltag.

Werden Sie zu einer Persönlichkeit, der man die Wünsche von den Augen abliest. Werden zu einem „Magneten" für neue Aufträge, Kunden und Freunde, die Sie schätzen und für die auch Sie eine wertvolle Bereicherung sind.

„Karriere" machen beinhaltet sowohl den beruflichen Aufstieg als auch die Stabilisierung des bisher Erreichten. Einen Erfolg zu erhalten erfordert ebenso viel persönlichen Einsatz wie neue berufliche Herausforderungen zu meistern. Hierbei ist es von fundamentaler Bedeutung, dass Sie Ihre Persönlichkeit kennen und entsprechend Ihrer Persönlichkeitsmerkmale Ihre berufliche Nische finden. Auch für die Führung von Mitarbeitern und die Integration verschiedenster Persönlichkeiten in einem Team ist es wichtig, seine eigenen Qualitäten zu kennen, um andere richtig einschätzen zu können. Im ersten Teil dieses Buches werden Sie angeleitet, sich Ihrer Persönlichkeit bewusst zu werden und sie im Berufsalltag gezielt einzusetzen. Bleiben Sie der, der Sie sind (hier sind wie im gesamten Buch natürlich auch Sie, die Frauen, angesprochen), und trainieren Sie Ihre Persönlichkeit auf „mehr Charisma".

Die einzelnen Kapitel des ersten Teils sind in Form eines Stufenprogramms aufgebaut, das Sie darin unterstützen wird, Ihre Persönlichkeit zunehmend zu erweitern und Schritt für Schritt Ihren Charismafaktor zu erhöhen. Jede Entwicklungsetappe ist mit einer zentralen Fragestellung verbunden, deren Beantwortung Sie zusammen mit praktischen Übungen systematisch an die Spitze Ihrer individuellen Selbstentfaltung führt.

Im zweiten Teil des Buches geht es um die feinen Regeln des gesellschaftlichen Stils und Auftretens. Diese bleiben auch bei fachlich top ausgebildeten Leuten, die einen Job mit optimalen Karrierechancen haben, oft auf der Strecke. Sie kennen das: Zwar kamen Sie bisher ganz gut zurecht, doch es gab einige Situationen, in denen Sie sich nicht ganz sicher waren, wie Sie sich verhalten sollten.

Genau hier setzt der zweite Abschnitt dieses Buches an: Sie werden durch den Geschäftsalltag begleitet und spielen anhand von Beispielsituationen die aktuell geltenden Regeln durch. Dieser Wissensinput wird für Sie durch Praxis-Tipps konkret anwendbar. Zahlreiche Tests und Übungen veranschaulichen, wie sich bestimmte Verhaltensweisen auswirken. So schärfen Sie Ihre Wahrnehmung im Umgang mit anderen und Ihr Bewusstsein im Umgang mit sich selbst.

Das Business-Parkett bietet Möglichkeiten von perfekter Anpassung durch gewissenhaftes Befolgen von Regeln bis hin zum experimentierfreudigen Individualisten – frei von jeglichen gesellschaftlichen Konventionen. Doch welcher Weg führt zum Erfolg?

Um die richtige Entscheidung zu treffen, ist es hilfreich, wenn Sie sich mit den für Sie relevanten Szenarien auseinandersetzen, um die Bedeutung der möglichen Verhaltensvarianten und ihre jeweiligen Konsequenzen einschätzen zu können. Erst dann sind Sie wirklich in der Lage, unterschiedliche Situationen und Ihre verschiedenen Rollen als Führungskraft, Mitarbeiter oder Kollege sicher und souverän zu bewältigen.

Mit diesen Erkenntnissen können Sie Ihren persönlichen Stil entwickeln und strategisch entscheiden, welche Normen Sie für sich akzeptieren, aber auch wie viele Freiheiten Sie in Anspruch nehmen.

Teil 1: Karrierefaktor Persönlichkeit

Wie Sie den ersten Buchteil optimal nutzen

Es ist sinnvoll, dieses Buch chronologisch durchzuarbeiten, da die Kapitel in Form eines Stufenplans aufeinander aufbauen und die Übungen an Intensität zunehmen. So werden Sie schrittweise in die Thematik „Charisma" eingeführt. Die einzelnen Übungen werden Sie darin unterstützen, Ihre Persönlichkeit zu erweitern und Schritt für Schritt Ihren Charismafaktor zu erhöhen. Jede Entwicklungsetappe ist mit einer zentralen Fragestellung verbunden, deren Beantwortung Sie zusammen mit praktischen Übungen systematisch an die Spitze Ihrer individuellen Selbstentfaltung führt. Durch Selbsteinschätzungsfragen am Anfang und zum Ende des Buches können Sie eigenständig überprüfen, ob sich Ihre tatsächliche Ausstrahlungskraft erhöht hat.

Zu wissen, wer man ist und wie man wirkt, stellt die Ausgangsbasis für jede Weiterentwicklung dar. Weiterentwicklung bedeutet nichts anderes als Lernen – und zwar lebenslang. In diesem Buch lernen Sie speziell anhand von Vorbildern, die Sie schrittweise durch praktische Übungen zu mehr Charisma führen.

Es geht nicht darum, Ihnen eine kochbuchartige Anleitung zur perfekten Persönlichkeit zu bieten. Vielmehr ist es Ziel dieses Buches, Ihnen aufzuzeigen, wie Sie Ihr Potenzial erkennen und möglichst Gewinn bringend ausschöpfen können. Sie haben jederzeit die Wahlfreiheit, sich das Richtige und Wichtige für Ihre berufliche Entwicklung herauszusuchen. Sie selbst bestimmen, was Sie für Ihren beruflichen Werdegang nutzen wollen.

Selbst wenn Sie nicht vorrangig „Karriere machen" wollen, ist es sinnvoll, Ihre Persönlichkeit zu stärken. Sie können auch einfach „nur" Ihr Selbstbewusstsein steigern wollen. Vielleicht sind Sie ein sehr verträglicher Mensch, der immer wieder Aufgaben übernimmt und für Kollegen einspringt. In diesem Fall könnten Sie Ihre Persönlichkeitsentwicklung dahin gehend lenken, sich mehr abzugrenzen und auch einmal Nein zu sagen. Charisma und Persönlichkeit bringen Sie auf jeden Fall weiter, egal wo Sie heute stehen.

Um in der bereits angesprochenen „Scheinwerfer-Metapher" zu bleiben: Manchen Menschen fällt es leicht, den „Scheinwerfer ihrer Aufmerksamkeit" beweglich hin und her gleiten zu lassen und verschiedene Aspekte ihrer Persönlichkeit neu zu durchleuchten, für andere ist es schwerer. Je nach persönlicher Erfahrung und Bereitschaft benötigt ein jeder Mensch seine Zeit. Wann immer Sie Übungen finden, die als „Training" bezeichnet sind, haben Sie die Chance, Ihre Aufmerksamkeit auf einen ganz bestimmten Aspekt Ihrer Persönlichkeit zu richten und diesen hinsichtlich Ihrer Charismaqualitäten zu durchleuchten. Auch wenn es sinnvoll ist, in diesem Buch chronologisch vorzugehen, steht es Ihnen doch frei, den Scheinwerfer so herumzuschwenken, wie Sie es möchten. Auf dass Sie am Ende im eigenen Glanz Ihrer Persönlichkeit erstrahlen.

Starten Sie zunächst damit, zu analysieren, wo Sie derzeit stehen und was Sie erreichen möchten.

Beispiel: Vorgehensweise Karriereplaner

Sie sind z. B. eine loyale und langjährige Mitarbeiterin und möchten nun Führungsaufgaben übernehmen.

Nachfolgend könnten Sie sich folgende Schritte notiert haben, die Sie diesem Ziel näher bringen.

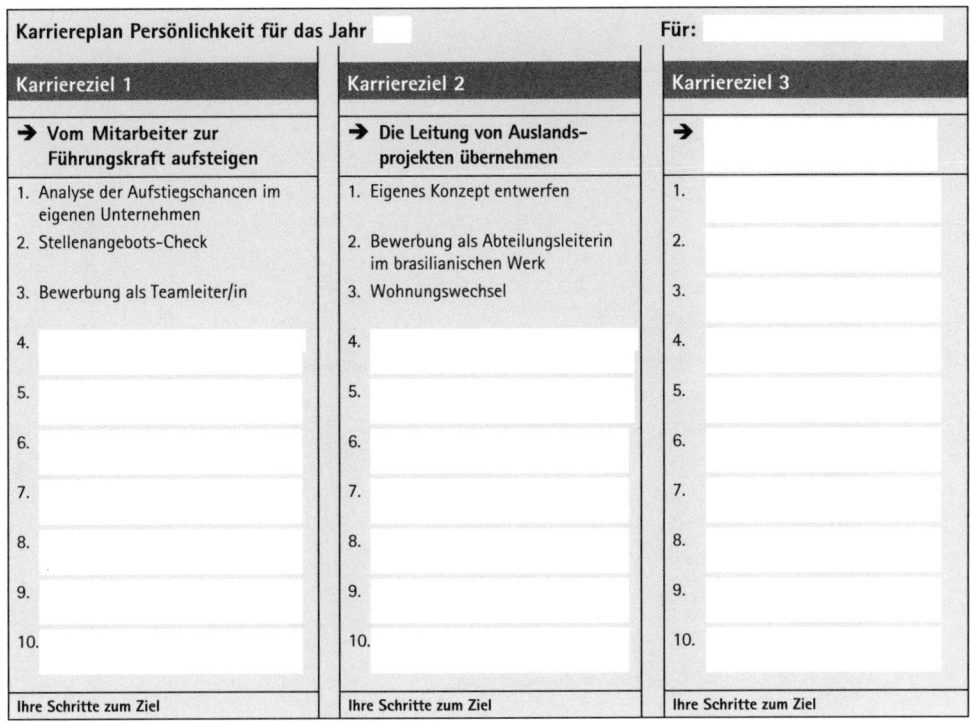

Karriereplan Persönlichkeit für das Jahr		Für:
Karriereziel 1	**Karriereziel 2**	**Karriereziel 3**
→ **Vom Mitarbeiter zur Führungskraft aufsteigen**	→ **Die Leitung von Auslands-projekten übernehmen**	→
1. Analyse der Aufstiegschancen im eigenen Unternehmen	1. Eigenes Konzept entwerfen	1.
2. Stellenangebots-Check	2. Bewerbung als Abteilungsleiterin im brasilianischen Werk	2.
3. Bewerbung als Teamleiter/in	3. Wohnungswechsel	3.
4.	4.	4.
5.	5.	5.
6.	6.	6.
7.	7.	7.
8.	8.	8.
9.	9.	9.
10.	10.	10.
Ihre Schritte zum Ziel	Ihre Schritte zum Ziel	Ihre Schritte zum Ziel

Die hier eingetragenen Ziele dienen Ihnen als Anregung, wie Ihre Ziele für die nächsten Jahre aussehen könnten. Nutzen Sie diese Karrierepläne exemplarisch, um Ihre persönlichen Pläne zu erstellen.

Übung: So nutzen Sie Ihren Karriereplaner

Auf der nächsten Seite finden Sie ebenfalls einen Karriereplaner

Legen Sie sich einen solchen Karriereplan zu! Er kann Ihnen dabei helfen, Ihre Ziele zu entwickeln und sie nicht aus den Augen zu verlieren.

Beginnen Sie damit, Ihre Ziele zu formulieren. Nur wer weiß, wo es hingehen soll, wird aufmerksam seine Ziele verfolgen.

Karriereplan für das Jahr

Für:

Karriereziel 1

↑

1.

2.

3.

4.

5.

6.

7.

8.

9.

10.

Ihre Schritte zum Ziel

Karriereziel 2

↑

1.

2.

3.

4.

5.

6.

7.

8.

9.

10.

Ihre Schritte zum Ziel

Karriereziel 3

↑

1.

2.

3.

4.

5.

6.

7.

8.

9.

10.

Ihre Schritte zum Ziel

Karriereziel 4

↑

1.

2.

3.

4.

5.

6.

7.

8.

9.

10.

Ihre Schritte zum Ziel

Finden Sie heraus, wer Sie sind und wie Sie wirken

Was ist Charisma?

Beispiel: Der Fall Bettina K.
Bettina K. hat sich auf Ihr Vorstellungsgespräch gründlich vorbereitet. Sie ist auf Ihrem Gebiet eine anerkannte Fachkraft, zudem hat sie alle Regeln der Überzeugungskunst auswendig gelernt und weiß genau, was sie sagen will. Als die Tür zum Chefzimmer aufgeht, fühlt sie sich jedoch alles andere als gut. Das Interview dauert 20 Minuten – und drei Tage später kommt die Absage.

Wissenschaftler sind jetzt auf den häufigsten Grund für beruflichen Misserfolg gestoßen: mangelnde Ausstrahlung. Das belegt eine aktuelle Studie der Harvard Business School: Demnach haben Studenten mit Ausstrahlung im Beruf doppelt so hohe Einstiegschancen wie gleich gute, aber spröde Kommilitonen! Nach jüngsten Schätzungen leiden mehr als die Hälfte der Deutschen unter einem Ausstrahlungsdefizit, weil sie der fachlichen Kompetenz mehr Gewicht beimessen als der persönlichen Überzeugungskraft.

Und es gibt die anderen, die einfach nur einen Raum betreten und für einen Bruchteil von Sekunden die Anwesenden verstummen lassen. Diese scheinbar „Auserwählten" haben eben dieses „gewisse Etwas". Manche sprechen auch von Aura und andere bezeichnen es als Charisma, wenn sie aus scheinbar unerklärlichen Gründen von einer Person fasziniert sind. Oft handelt es sich nicht einmal um ausgesprochen schöne Menschen, die als charismatisch empfunden werden. Unter ihnen finden sich auch solche, die selbst mit schlechtem Schulabschluss noch eine brillante Karriere machen.

Doch was ist eigentlich Charisma?

Charisma bedeutet laut Duden „göttliche Gnadengabe". Das Wort kommt aus dem Altgriechischen und bedeutet „Aufmerksamkeit auf sich ziehen", was auf die Göttin Charis zurückzuführen ist. Sie steht in der Mythologie für die Tugenden Anmut und Liebe. Das Evangelium spricht von den Charismatikern als denjenigen, die von Gott mit einer besonderen Gabe bedacht wurden, um andere Menschen zu außergewöhnlichen Aufgaben zu befähigen. Zu ihnen zählt beispielsweise Franz von Assisi.

> Charisma ist die Fähigkeit, Aufmerksamkeit auf sich zu lenken und diese festzuhalten.

Die Eigenschaften, die charismatischen Persönlichkeiten zugeschrieben werden, sind weit gefächert. Hier entscheiden die individuelle Betrachtungsweise und der persönliche Geschmack. Schon ein kurzer Blick in die Filmwelt verdeutlicht die Unterschiede.

- Was macht den Charme von Julia Roberts aus? Wenn sie lacht, dann lacht sie so herzhaft, dass jeder mitlachen muss. Wenn sie weint, weint sie so ergreifend, dass viele zutiefst bewegt sind. Ihr Charisma-Geheimnis: Sie bringt alle Emotionen intensiv zum Ausdruck und berührt die Herzen der Menschen.

- Und was macht die Anziehungskraft von Sean Connery aus? Noch nie gab es einen so souveränen Gentleman wie Sean Connery auf der Leinwand. In welche Rolle er auch schlüpft, dieser Mann wirkt immer gelassen. Sein ruhender Blick und seine entspannten Gesichtszüge signalisieren: Ich bin im Einklang mit mir, und das strahlt innere Stärke aus, die andere schwach werden lässt.

- Ein ganz anderer Typ von Mann ist Robbie Williams. Der eigenwillige Rock-Star hat es als einziger aus der ehemaligen Teennie-Boygroup „Take that" zu einer sagenhaften Solokarriere gebracht. Mal ist er sanft und romantisch, mal knallhart und dann wieder komisch bis melancholisch. Er fällt von einem Extrem ins nächste und wirkt doch authentisch, weil er nicht nur zu seinen Stärken, sondern auch zu seinen Schwächen steht. Durch seine Echtheit und Selbstsicherheit zieht er Menschen jedes Alters in seinen Bann.

In der Berufswelt werden ebenfalls verschiedene Charaktere gefordert und gefördert. Das Tätigkeitsfeld einer Führungskraft erfordert andere Persönlichkeitseigenschaften als das eines technischen Mitarbeiters. Dementsprechend stellt sich die interessante Frage, ob Sie, der Sie sich jetzt mit diesem Thema beschäftigen, den richtigen Beruf gemäß Ihrer Persönlichkeit gewählt haben. Tun Sie das, was Ihnen wirklich Spaß macht und was Sie am besten können? Oder versuchen Sie, sich mehr oder weniger gut an die Anforderungen der Stellenausschreibung anzupassen? Wenn der Beruf und dessen Erfordernisse zu Ihrer Persönlichkeitsstruktur passen, haben Sie die besten Voraussetzungen für überdurchschnittlichen Erfolg.

Kalifornische Forscher haben jüngst versucht, diese „menschliche Leuchtkraft" anhand der Energie zu messen, die Versuchspersonen über die Hautoberfläche aussenden. Und tatsächlich – das messbare Energieniveau war umso höher, je mehr Charisma den Betroffenen zuvor bescheinigt worden war.

Nun fragen Sie sich vielleicht, wie das mit Ihnen ist: Habe auch ich Charisma? Viele Menschen behaupten, dass das erste Lächeln eines Säuglings „unwiderstehlich" sei. Wie viel, glauben Sie, haben Sie sich davon bewahrt?

Selbsteinschätzungs-Check:
Wie groß ist Ihr momentanes Charisma?   Datum:

Wenn Sie im Moment Ihr Charisma auf einer Skala von 0 bis 100 einschätzen sollten, wie hoch ist dann Ihr Charisma zurzeit? Bitte kreuzen Sie die Ausprägung Ihres momentanen Charismas an.

0 %   100 %
(überhaupt kein Charisma)   (unübertrefflich)

Die Überzeugung, die in diesem Buch vertreten wird, ist die, dass selbstverständlich **jeder** Charisma hat, jedoch in unterschiedlicher Ausprägung.

Nur wenige haben eine charismatische Ausstrahlung „in die Wiege gelegt" bekommen. Die meisten haben sich erst zu einer charismatischen Persönlichkeit entwickelt.

Das heißt, jeder Mensch kommt mit der Begabung für Charisma auf die Welt, allerdings macht nicht jeder von diesem Talent Gebrauch. Die Begabung Charisma lässt sich mit der Veranlagung, tanzen zu können, vergleichen. Wenn ein Mensch sein Talent zum Tanz nicht entdeckt, dann findet er auch keine Freude am Tanzen und diese Fähigkeit verkümmert. Im Gegensatz zur Begabung des Tanzens, die tatsächlich nicht jeder hat, ist Charisma im Grunde bei jedem Menschen vorhanden. Es kommt einzig und allein darauf an, dieses Potenzial bei sich selbst zu entfalten und zu trainieren.

Charisma kann jeder lernen!

Und hier liegt Ihre Chance. Auch Sie können an Charisma dazugewinnen! Und los geht's!

Selbsteinschätzungs-Check:
Wie viel Charisma wünschen Sie sich?   Datum:

Bitte kreuzen Sie die Ausprägung Ihres Wunsch-Charismas an.

0 %   100 %
(überhaupt kein Charisma)   (unübertrefflich)

Sie können bereits an dieser Stelle etwas für Ihr Charisma tun, indem Sie sich täglich fragen: Wie groß ist mein momentanes Charisma und wie viel Charisma wünsche ich mir noch?

Durch die Beschäftigung mit dieser Fragestellung richten Sie Ihre Aufmerksamkeit auf das charismatische Potenzial, das in Ihnen steckt, und schaffen die Voraussetzung für Wachstum.

Zu Charisma gehört auch immer die Fähigkeit, Menschen zu motivieren. Dabei spielt es keine Rolle, ob es sich um einen Lehrer handelt, der auf seine Schüler positiv einwirken kann, oder um einen Politiker, der Hoffnung vermitteln kann. Kennen Sie die Rede von Kennedy 1964 vor dem Schöneberger Rathaus in Berlin? Da gab es keine großen Versprechungen und dennoch motivierte Kennedy zum Weitermachen und Durchhalten mit dem legendären Satz: „Ich bin ein Berliner …!

Viele Arbeitnehmer sehen in ihrer Tätigkeit nur eine Beschäftigung, mit der es gilt, den Lebensunterhalt zu verdienen. Mit Pflichterfüllung kann man zwar korrekt arbeiten, aber selten große Leistungen vollbringen. Deshalb ist für es jeden wichtig, der mit Menschen arbeitet, die Macht der Motivation zu erkennen und zu nutzen.

Um Menschen richtig motivieren zu können, bedarf es der Fähigkeit, Beziehungen erfolgreich zu führen. Beziehungsintelligenz heißt, sich so zu verhalten, dass man andere Menschen für sich und seine Ziele gewinnt, für eine gemeinsame Sache begeistert und anregt, selbst aktiv zu werden.

Beziehungsintelligenz ist nur ein anderes Wort für Charisma!

Im beruflichen Umfeld wird oft zu viel Energie in Machtkämpfen, Intrigen und Mobbing vergeudet und zu wenig „beziehungsintelligent" gehandelt. Warum sich nicht lieber auf charismatische Art und Weise „durchsetzen", indem man auf den anderen eingeht, ihn auf der emotionalen Ebene abholt und dann seine Wünsche anbringt?

Wenn Kunden, Mitarbeiter und Vorgesetzte zu Verbündeten werden, wenn Vertrauen und gegenseitige Achtung vorhanden sind, dann ist die Qualität dieser Beziehungen gut und vieles lässt sich leichter regeln. Die charismatischen Eigenschaften, von denen wir hier sprechen, liegen alle nicht im rationalen oder fachlichen Bereich, sondern im emotionalen.

Sie haben es in der Hand, wie gut Sie mit Menschen umgehen können, wie groß Ihre charismatische Ausstrahlungskraft ist. So wie ein Scheinwerfer einen Darsteller auf der Bühne „ins rechte Licht rückt", so können Sie in den nachfolgenden Übungen Ihr charismatisches Entwicklungspotenzial beleuchten.

Training 1:
Beleuchten Sie Ihr charismatisches Potenzial ⏱ 5 Min.

Vergleichen Sie jetzt bitte die Ausprägung Ihrer momentanen Charismaeinschätzung mit der Ihres Charismawunsches.

Um wie viel Prozent liegen beide Einschätzungen auseinander?   %

Lösung 1: Ihr charismatisches Potenzial

Wenn Ihre momentane Charismaeinschätzung z. B. bei 30 Prozent liegt und Ihr Charismawunsch bei 70 Prozent, dann besteht eine Diskrepanz von 40 Prozent, die besagt, dass Sie ein gutes Entwicklungspotenzial mit guten Erfolgschancen haben.

- 0–10 % besagt, dass Sie Ihr Charisma zu fast 100 Prozent erreicht haben: In diesem Fall können Sie sich zurücklehnen, Ihre Ausstrahlung genießen und das Buch als interessante Lektüre zum Vergnügen lesen.

- 11–20 % besagt, besagt dass Sie mit Ihrer Ausstrahlungskraft sehr zufrieden sind und durch das Trainingsbuch noch den ultimativen „Schliff" bekommen können.

- 21–60 % besagt, dass Sie ein gutes Entwicklungspotenzial haben. In Ihnen steckt noch viel mehr, das darauf wartet, entdeckt und gefördert zu werden.

- 61–80 % besagt, dass Sie sich entweder zu wenig charismatisch einschätzen oder zu hohe Erwartungen an sich haben. Hier können Ihnen gerade die nachfolgenden Kapitel (Selbst- und Femdwahrnehmung) eine wertvolle Hilfe sein. Überprüfen Sie Ihre Einschätzung bitte noch einmal, denn je kleiner die Diskrepanz zwischen beiden Einschätzungen ist, desto höher ist Ihre Erfolgswahrscheinlichkeit.

- Über 80 % besagt, dass Sie es für unmöglich halten, charismatischer zu werden. Mit dieser Einschätzung dürfte es für Sie schwierig werden. Vielleicht kann Ihnen das Buch helfen, Ihre Sichtweise etwas zu verschieben und einen Erfolg realistischer machen.

Am Ende dieses Trainingsprogramms werden Sie die gleichen Einschätzungen noch einmal vornehmen und können so selbst überprüfen, wie sehr sich beide Einschätzungen einander angenähert haben. Je kleiner der Unterschied zwischen Momentaneinschätzung und Wunschvorstellung geworden ist, desto größer war Ihr Erfolg.
Jede Persönlichkeitsentwicklung beginnt mit dem ersten Schritt: Endecken Sie sich selbst und beleuchten Sie nachfolgend die Frage: Wer bin ich?

Wer bin ich? Der Persönlichkeits-Check

„Wer bin ich? Und wenn ja: Wie viele?"
(Buchtitel)

Wir alle sind komplexe Wesen, die aus Gedanken, Gefühlen, Erfahrungen, Verhaltensweisen, Fähigkeiten, Ideen, Glaubenssätzen, Werten und Visionen bestehen. Lauter kleine Puzzleteile, die das Bild ergeben das uns ausmacht (siehe Abbildung). So können Sie sich im Berufsleben z. B. als harten Verhandlungspartner erleben, in der Familie als fürsorglicher Elternteil, in der Freizeit als Sportmuffel und im Urlaub als Kulturfan.

Je besser die einzelnen Teile Ihrer Persönlichkeit zusammenpassen, desto integrer sind Sie und desto größer ist Ihre Ausstrahlungskraft.

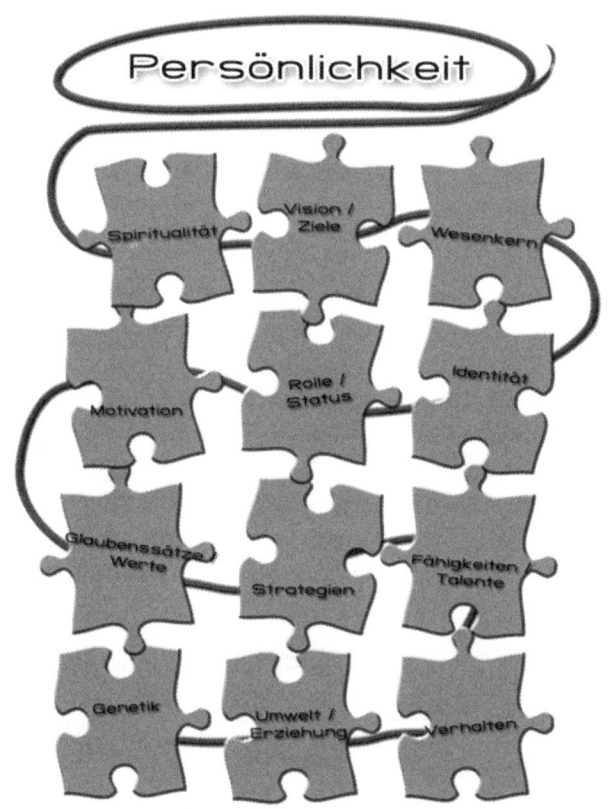

Übung:

Benennen Sie anhand der folgenden Abbildung, welche Persönlichkeitsanteile Se bei sich kennen:

Selbsteinschätzungs-Check: Schätzen Sie Ihre Integrität ein! (1)   Datum:

Wie gut passen die einzelnen Teile Ihrer Persönlichkeit schon jetzt zusammen? Bitte kreuzen Sie an, zu wie viel Prozent sie Sich im Moment als integre Persönlichkeit erleben.

0 %   100 %

(gar nicht integer)   (absolut integer)

Selbsteinschätzungs-Check: Schätzen Sie Ihre Integrität ein! (2)   Datum:

In welchen Situationen haben Sie sich als besonders integer erlebt? Bitte notieren Sie mindestens drei dieser Situationen (Referenzerfahrungen) und geben Sie dazu an, zu wie viel Prozent Sie sich dabei als integre Persönlichkeit erlebt haben.

1.

%

2.

%

3.

%

Persönlichkeitstests

Aus welchen Persönlichkeitsanteilen sich eine Person zusammensetzt, lässt sich auch testen. Am weitesten verbreitet sind derzeit Tests auf der Basis des „Fünf-Faktoren-Modells der Persönlichkeit". Diese Art des Persönlichkeitstests ist in Deutschland unter dem Kurznamen „Big Five" bekannt. Er wird vor allem zur Berufsberatung und bei der Personalauswahl eingesetzt und gibt über die fünf wichtigsten persönlichen Eigenschaften Auskunft sowie darüber, welcher Beruf am besten zur Person passt.

Bei der Entwicklung dieses Tests wurden Tausende von Adjektiven gesammelt, die menschliche Eigenschaften beschreiben, und es wurde versucht, daraus Gruppen zu bilden, um auf übergeordnete „Supereigenschaften" zu stoßen. Schließlich fand man heraus, dass sich nahezu alle menschlichen Eigenschaften auf fünf Gegensatzpaare reduzieren lassen, die voneinander unabhängig sind:

1. Gewissenhaftigkeit vs. geringe Gewissenhaftigkeit

2. Verträglichkeit vs. Durchsetzungswillen

3. Extraversion vs. Introversion (besser bekannt unter den umgangssprachlichen Begriffen „Extrovertiertheit" und „Introvertiertheit")

4. Psychische Stabilität vs. Instabilität, womit die Anfälligkeit für Nervosität, Ängste, Sorgen und Schlaflosigkeit gemeint ist.

5. Offenheit vs. Verschlossenheit für Neues. Hier handelt es sich um recht verschiedene Eigenschaften, die auf der einen Seite einen nüchternen, pragmatischen, bodenständig-konservativen Menschen beschreiben, auf der anderen Seite einen eher intellektuellen, künstlerischen, geistig beweglichen Typus.

Durch Einordnung in diese fünf Gegensatzpaare (die meisten Menschen liegen in der breiten Mitte zwischen den Extremen) lässt sich die Persönlichkeit eines Menschen ziemlich umfassend beschreiben.

Nachfolgend haben Sie nun Gelegenheit, Ihre Persönlichkeit selbst einzuschätzen. Bei dieser Übung handelt es sich nicht um einen Test, sondern um einen Selbstwahrnehmungs-Check, der nach dem Vorbild des soeben beschriebenen „Big-Five-Modells" speziell für dieses Trainingsprogramm entwickelt wurde. Durch Selbsteinschätzung erhalten Sie Auskunft, wie bei Ihnen die fünf genannten Persönlichkeitseigenschaften verteilt sind und welche Vor- oder Nachteile für Sie damit verbunden sein können.

Training 2: Welche Eigenschaften bestimmen Ihre Persönlichkeit?

🕐 15 Min.

Sie sehen fünf Felder, die mit unterschiedlichen Buchstaben gekennzeichnet sind.

Bearbeiten Sie bitte ein Feld nach dem anderen, indem Sie ankreuzen, welche der jeweils 20 Eigenschaften auf Sie zutreffen. Dieser Selbstwahrnehmungs-Check ist nur sinnvoll, wenn Sie ehrlich ankreuzen. Sie können beliebig viele Eigenschaften ankreuzen, aber bitte nur die, von denen Sie meinen, dass sie tatsächlich auch auf Sie zu treffen.

Der Faktor N Neurotizismus

eher depressiv	gelassen	nervös	ausgeglichen	**N –**	
angstfrei	unsicher	beherrscht	selbstmitleidig		
sensibel	vernünftig	stressanfällig	entspannt	**N +**	
selbstsicher	ängstlich	belastbar	wachsam		
besorgt	ruhig	diffuse körperliche Beschwerden	sorglos	**N$_D$ =**	

Der Faktor E Extraversion

gesellig	unabhängig	steht gern im Mittelpunkt	wirkt kühl	**E –**	
still	eher optimistisch	arbeitet lieber allein	enthusiastisch		
gesprächig	eher pessimistisch	übernimmt die Führung	meidet Aufregungen	**E +**	
schreibt lieber, als zu telefonieren	gibt gern den Ton an	schwer beeinflussbar	energisch		
liebt Aufregungen	förmlich	herzlich	schüchtern	**E$_D$ =**	

Der Faktor O Offenheit

hat viele Interessen	realistisch	fantasievoll	wenig fantasievoll	**O –**	
dogmatisch	nachdenklich	unkünstlerisch	an Neuem interessiert		
kreativ	bevorzugt Bekanntes	künstlerische Ader	bodenständig	**O +**	
pragmatisch	wissbegierig	wenig kreativ	mag Theorien		
intellektuell	nüchtern	gefühlsbetont	erledigt gern Routinearbeiten	**O$_D$ =**	

Der Faktor V Verträglichkeit

warmherzig	durchsetzungsfähig	guter Teamarbeiter	hartnäckig	**V –**	
raue Umgangsformen	Hilfsarbeiter	kämpferisch	bescheiden		
passiv	schlechter Teamarbeiter	selbstlos	unabhängig denkend	**V +**	
stolz bis arrogant	vertrauensvoll bis naiv	aggressiv	mitfühlend		
harmoniebedürftig	misstrauisch	nachgiebig	wenig mitleidsvoll	**V$_D$ =**	

Der Faktor G Gewissenhaftigkeit

ordentlich	verstößt gegen Regeln	besonnen	improvisiert gern	**G –**	
unbeständig	pünktlich	bearbeitet Verschiedenes gleichzeitig	fleißig		
sehr ehrgeizig	spontan	diszipliniert	chaotisch	**G +**	
verschiebt Termine	zuverlässig	eher unzuverlässig	sorgfältig		
hält sich an Regeln	lässig	penibel	unvorbereitet	**G$_D$ =**	

Lösung 2: So werten Sie Ihren Persönlichkeits-Check aus

1. Zählen Sie nun in jedem Feld die angekreuzten weißen und grauen Kästchen ab und tragen Sie die Summen in die zugehörigen Felder ein: die der weißen unter [–], die der dunklen unter [+]. Achtung: „Minus" heißt nicht, dass die Eigenschaft negativ ist!

2. Ziehen Sie bei jedem Merkmal die jeweils geringere Anzahl der Treffer von der höheren ab und tragen Sie die Differenz [Wert$_D$] mit dem Vorzeichen des höheren Wertes in die untere Tabelle ein.
Beispiel: Sie haben acht Merkmale von [N –] angekreuzt und zwei von [N +], dann tragen Sie den Wert $N_D = -6$ unter [N –] in die folgende Auswertungstabelle ein.

3. Verfahren Sie entsprechend mit Ihren Ergebnissen in den vier anderen Kategorien und verbinden Sie die Punkte. Nun können Sie Ihre Werte ablesen. Je weiter Ihre Zahlen von der Mitte entfernt sind, desto ausgeprägter ist der Persönlichkeitszug. Bitte beachten Sie, dass kein Wert von vornherein schlecht ist. Alle Ausprägungen haben gute und weniger gute Seiten. Im Nachfolgenden finden Sie die Interpretation Ihrer Werte.

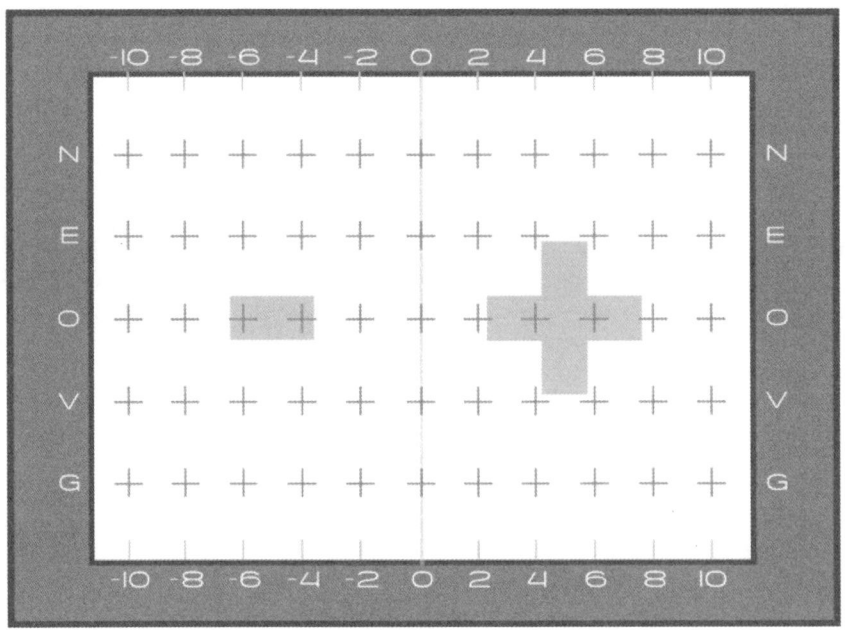

N+	Neurotizismus (emotionale Instabilität)
N–	geringer Neurotizismus (emotionale Stabilität)
E+	Extraversion (Geselligkeit)
E–	geringe Extraversion (Ungeselligkeit)
O+	starke Offenheit für Neues, Kreativität
O–	geringe Offenheit für Neues, mäßige Kreativität
V+	hohe Verträglichkeit, geringer Durchsetzungswille
V–	geringe Verträglichkeit, starker Durchsetzungswille
G+	Gewissenhaftigkeit
G–	geringe Gewissenhaftigkeit

Faktor: Neurotizismus (emotionale Labilität /Stabilität)

[+N4 bis +N10]

Sie sind ein sehr feinfühliger und sensibler Mensch. Sie nehmen sich selbst und andere sehr genau wahr. Dementsprechend groß sind auch Ihr Einfühlungsvermögen und Ihre Anteilnahme an den Problemen anderer.

Sensibilität bedeutet aber, nicht nur für die positiven Seiten des Lebens empfänglich zu sein, sondern auch für die negativen. Leider gehen nicht alle so sensibel wie mit Ihnen um, wie Sie mit ihnen. Das hat zur Folge, dass Sie sich schnell verunsichert fühlen, wenn sich jemand im Ton vergreift oder Sie ein wenig kritisiert.

Bei erhöhtem Stress neigen Sie zu Nervosität bis hin zu Schlaflosigkeit. Dauerstress kann sich bei Ihnen in körperliche Beschwerden niederschlagen, was dann umso mehr auf Ihre Stimmung drückt.

Da hilft nur eines: Entspannung. Raus aus dem Teufelkreis und ab in die Natur oder unter Leute. Gehen Sie tanzen, treiben Sie Sport, relaxen Sie in der Sauna, meditieren Sie auf der Wiese oder machen Sie autogenes Training. Hauptsache Sie sitzen nicht zu Hause und grübeln. Selbst wenn Sie sich in diesen Momenten nicht danach fühlen, tun Sie es einfach, denn so feinfühlig, wie Sie sind, werden Sie sich genauso schnell wider vom Positiven beeinflussen lassen wie vorher umgekehrt.

Expertentipp: Lassen Sie sich nicht ausnutzen

In fast jedem Beruf ist die Kunst, einfühlsam zu sein, ein großes Plus. In der hoch technisierten Welt mangelt es zunehmend an Menschlichkeit. Diese Lücke können Sie durch Ihr hohes Maß an Empathie füllen und somit Ihr berufliches Umfeld humaner gestalten. Achten Sie aber darauf, sich nicht für andere aufzuopfern oder allzu oft „die Arbeit mit nach Hause zu nehmen". Lernen Sie, sich abzugrenzen und Ihr empfindsames Inneres gegen allzu harte Realitäten zu schützen.

[+N3 bis −N3]

Sie sind emotional ein ausgeglichener Mensch. Es dürfte von Ihrer jeweiligen Verfassung und der konkreten Situation abhängen, ob Sie sich entspannt oder gestresst fühlen. Im Allgemeinen sind aber ziemlich belastbar.

In Stresssituationen reagieren Sie angemessen, d. h. entweder „powern" Sie los oder Sie sorgen in sehr hektischen Momenten für die nötige Besonnenheit. Dauerstress geht natürlich auch an Ihnen nicht spurlos vorüber, wobei Sie sich aber auch nicht verrückt machen lassen und nach Dienstschluss schnell abschalten und sich regenerieren können. Dementsprechend wissen Sie, dass Sie es in der Hand haben, wie Sie sich fühlen.

Je weniger Sie sich von den äußeren Umständen beeinflussen lassen, desto selbstsicherer und gelassener wirken sie. Weiter so!

Expertentipp: Der geborene Schlichter

Durch Ihre ausgeglichene Art können Sie insbesondere in Streitfragen schlichten. Ähnlich einem guten Richter haben Sie auf der einen Seite ausreichend Einfühlungsvermögen, um sich in die bestehende Situation hineinzuversetzen, auf der anderen Seite sind Sie sehr objektiv. Wenn Sie sich Ihre Neutralität bewahren, können Sie in Ihrer Firma zum Beispiel bei Personalentscheidungen hilfreich sein.

[−N4 bis −N10]

Beneidenswert, Sie sind die Ruhe in Person. So schnell kann Sie nichts aus der Bahn werfen. Sie nehmen die Dinge so, wie sie kommen.

Selbst wenn nicht immer alles positiv verläuft, machen Sie das Beste daraus und denken sich wahrscheinlich dabei: Wer weiß, wofür es gut ist …! Das verleiht Ihnen eine unglaubliche Gelassenheit und Souveränität.

Achten Sie aber insbesondere bei einem hohen Wert darauf, dass Ihnen Ihre große Selbstsicherheit nicht als emotionale Abgestumpftheit ausgelegt werden kann, indem Sie sich Ihre Anteilnahme und Ihr Mitgefühl für die alltäglichen Sorgen Ihrer Mitmenschen bewahren.

Expertentipp: Gelassenheit – für Führungskräfte wichtig

Ein hohes Maß an Gelassenheit kommt insbesondere Führungskräften zugute. Mit diesem ausgeprägten Persönlichkeitsanteil können Sie Entscheidungen emotional unbelastet fällen und diese dann auch tragen. Dem eventuellen Vorurteil „Arroganz" können sie mit verbaler Anteilnahme entgegenwirken. Nutzen Sie Ihre rethorischen Fähigkeiten, erkundigen Sie sich öfters nach dem Wohlbefinden Ihrer Kollegen und Mitarbeiter und zeigen Sie aufrichtiges Interesse. Damit gewinnen Sie an Vertrauen bei Ihren Kollegen und Mitarbeitern und bauen Ihr Ansehen weiter aus.

Faktor: Extraversion/Introversion

[+E4 bis +E10]

Ein intensiver Umgang mit anderen Menschen ist Ihnen sehr wichtig, wobei Sie sich nicht davor scheuen, auch mal die Führung zu übernehmen.

Sie genießen es, im Rampenlicht zu stehen, und gelten in Ihrer Umgebung als geselliger Typ, der stets für Unterhaltung und gute Laune sorgt. Sie beherrschen die Kunst des Redens in all ihren Facetten und leben sich in jeder Beziehung gerne aus. Dabei besteht auch die Gefahr, dass Sie sich zu sehr im „Außen" verlieren oder anderen die Show stehlen.

Bleiben Sie, wie Sie sind, und achten Sie verstärkt auch auf die Bedürfnisse Ihrer Mitmenschen, dann werden Sie sich noch größerer Beliebtheit erfreuen.

Expertentipp: Nehmen Sie sich auch einmal zurück

Die Präsentation neuer Ergebnisse oder die Vorstellung neuer Projekte sind Ihre ganz persönlichen Stärken. Als Mitarbeiter in einem Team sollten Sie allerdings darauf achten, andere Mitwirkende nicht „unter den Tisch fallen zu lassen" und zu verletzen. Lernen Sie, sich auch einmal zurückzunehmen und anderen den Vortritt zu lassen. In Kundengesprächen sollten Sie darauf achten, Ihr Gegenüber nicht mit Ihrer impulsiven Art zu überfahren.

[+E3 bis −E3]

Ihre Persönlichkeit zeichnet sich durch eine gute Mischung aus „in sich gehen" und gleichzeitig „in regem Kontakt mit der Außenwelt bleibend" aus. Das Bedürfnis sowohl nach intensiven Kontakten als auch nach Ruhe und Muße scheint bei Ihnen sehr ausgewogen zu sein.

Dementsprechend fühlen Sie sich auf einer Party genauso wohl wie mit sich alleine. Sie können sich gegenüber anderen gut abgrenzen und gleichzeitig die Beziehung pflegen. Diese Ausgewogenheit ist ihre große kommunikative Stärke, die das Zusammensein mit Ihnen in dieser Hinsicht angenehm und leicht gestaltet. Weiter so!

Expertentipp: Koordination und Abstimmung

Mit Ihrem Persönlichkeitsprofil fühlen Sie sich besonders wohl in beruflichen Positionen, in denen mehrere Teilleistungen koordiniert und aufeinander abgestimmt werden. Sie arbeiten gern allein, leisten aber auch im Team einen guten Beitrag. Wenn Sie nun für sich herausfinden, wie Sie diese Fähigkeit gezielt in ganz bestimmten Situationen einsetzen können, profilieren Sie sich auf der einen Seite als Individuum, gelten andererseits aber auch als guter Teamplayer.

[−E4 bis −E10]

Ihren Angaben zufolge sind Sie eine Person, die lieber alleine oder mit wenigen wichtigen Menschen zusammen ist. Bei geselligen Anlässen halten sie sich gerne im Hintergrund und beobachten das Geschehen von außen.

Sie pflegen lieber den Kontakt zum Einzelnen, als sich in eine Gruppe einzubringen. Sie haben lieber wenige gute Freunde als viele oberflächliche Bekannte. Dementsprechend sind Sie in Sachen Freundschaft und Kommunikation wählerisch.

Das macht Sie zum einen interessant, weil sie sich nicht mit jedem abgeben. Andererseits kann ein hohes Maß an Introvertiertheit auch zur Isolation führen. Da in der Regel die Menschen auf Sie zukommen müssen, ist es umso wichtiger, dass Sie auf Ihre nonverbale Kommunikation achten und über Ihre Körpersprache positive Signale aussenden. Ein Lächeln, direkter Blickkontakt und eine offene Armhaltung wirken einladend und machen es Ihrem Mitmenschen leichter, auf Sie zuzugehen.

Expertentipp: Stellen Sie Ihr Licht nicht unter den Scheffel

Sie leisten einen Großteil Ihrer Arbeit im Verborgenen. Jeder kennt Ihren Namen, aber keiner weiß eigentlich so richtig, wer Sie sind. Das kann dazu führen, dass Ihre Leistungen nicht in dem Maß gewürdigt werden, wie Sie es verdient hätten. Nun ist es an Ihnen, das zu ändern. Was halten Sie davon, Ihre Arbeit einmal selbst zu präsentieren? Sie müssen ja nicht persönlich vor die versammelte Mannschaft treten, zeichnen Sie Ihre Rede mit einem Video auf und lassen Sie dieses abspielen.

Faktor: Offenheit/Verschlossenheit gegenüber Neuem

[+O4 bis +O10]

Bei Ihnen wird es nie langweilig! Sie brauchen neue Anregungen wie die Luft zum Atmen. Ihre Experimentierfreude kennt keine Grenzen – und das in jeder Hinsicht. Ihr Motto ist: Wer nicht wagt, der nicht gewinnt, denn jedes Risiko birgt auch eine große Chance.

Die Konzentration auf ein und dieselbe Sache und Routine sind Ihnen zuwider. Ihr Leben wird geprägt durch Ihre Kreativität und vor allem durch die Vielfalt Ihrer Interessen. Ihre Offenheit bezieht sich natürlich auch auf Menschen, sodass Sie schnell und unkompliziert neue Kontakte knüpfen.

Dementsprechend groß ist auch Ihr Bekanntenkreis, den Sie noch besser nutzen könnten, wenn Sie die Kontakte regelmäßig pflegen würden. Da Sie aber immer wieder Gefahr laufen, dem Reiz des Neuen zu erliegen und von einem Thema oder Menschen zum nächsten zu springen, könnten Sie von manchen Menschen als oberflächlich angesehen werden. Es wäre gut, den Bereich der Kontaktpflege an einen Mitarbeiter oder Partner zu delegieren. Denn wenn es Ihnen gelingt, Ihre Neugier allem Neuen gegenüber mit einer gewissen Beständigkeit und Kontinuität zu verbinden, sind Sie nicht nur ein inspirierender Gesprächspartner, sondern können zudem durch eine gelassene und machtvolle Ausstrahlung beeindrucken.

Expertentipp: Der kreative Kopf

Sie sind der „kreative Kopf" schlechthin. Ein Betätigungsfeld in der Werbung, beim Film oder im Marketing ist Ihnen wie auf die Haut geschrieben. Bei Ihnen muss man immer auf das Unmögliche gefasst sein. Das kann andere aber auch verunsichern und so auf die Dauer die Zusammenarbeit mit Ihnen belasten. Wenn Sie auch noch einen geringen Gewissenhaftigkeitswert haben, sollten Sie unbedingt lernen, konzentrierter an einer Sache zu arbeiten und auch Absprachen im Team einzuhalten. Gelingt es Ihnen, anderen ein Gefühl von Zuverlässigkeit zu vermitteln, dann sind Sie für Ihr Team eine echte Bereicherung.

[+O3 bis −O3]

Sie fühlen sich sowohl in heimischen Gefilden als auch auf ungewohntem Terrain wohl. Sie sind weder besonders risikofreudig noch besonders vorsichtig. Ihre hohe Anpassungsfähigkeit ist Ihre große Stärke und bedingt, dass Sie sich in unterschiedlichsten Situation angemessen verhalten. Sie können sowohl Routineaufgaben gewissenhaft erledigen als auch sich schnell in ein neues Sachgebiet einarbeiten.

Sie bewundern die Unkonventionalität und den Ideereichtum von Künstlern in gleichem Maße wie die Beständigkeit und Konsequenz klassischer Traditionalisten. Sie gehören zu den „gemäßigten Liberalen", die sowohl dem Fortschritt offen gegenüberstehen als auch gewisse Traditionen pflegen.

Falls Sie bei so viel Ausgewogenheit doch mal den gewissen Kick brauchen, probieren Sie sich doch einfach mal in dem einen oder anderen Extrem aus. Ihre künstlerische Ader könnten Sie z. B. in einem Kurs für abstrakte Malerei freien Lauf lassen, während Sie in Ihrer Familie auf bestimmte Rituale des Zusammenseins pochen können.

Expertentipp: Abteilungs- oder Teamleiter

Sie findet man bestimmt in der Position eines Abteilungs- oder Teamleiters. Ihre Arbeit erfordert Beständigkeit, aber auch Innovationsgeist. Sie haben kreative Köpfe in Ihrem Team, die Ihnen ständig neue Ideen liefern. Die Überprüfung auf Umsetzbarkeit und Profitabilität dieser Ideen liegt in Ihrer Hand. Bei Mitarbeitern, die eher zu den Konservativen in ihrem Team zählen, achten Sie darauf, dass der Fortschritt nicht zu kurz kommt. So halten Sie das Gleichgewicht zwischen Tradition und Innovation aufrecht.

[−O4 bis −O10]

Sie schätzen das Altbewährte und bauen auf Traditionen. Für Sie zählen Werte wie Treue, Sicherheit und Ordnung. Sie sind ein Mensch der Taten, bodenständig, zuverlässig und loyal. Mit Ihnen kann man Verträge per Handschlag schließen, denn auf Ihr Wort ist Verlass. Sie planen gerne im Voraus und mögen einen geordneten und festen Tagesablauf. Veränderungen stehen Sie eher skeptisch gegenüber und lassen sich nicht gern auf Abenteuer und Experimente ein.

Warum sollten Sie auch Neues ausprobieren, wenn das Alte noch funktioniert? Vielleicht, weil es Ihren Erfahrungsschatz erweitern könnte und Sie mehr Wahlmöglichkeiten in Bezug auf Verhaltensweisen und Lösungswege zur Verfügung haben.

Dabei schließt es sich keineswegs aus, sowohl an Bewährtem festzuhalten als auch ab und zu Neues auszuprobieren.

Möglicherweise erweist sich das eine oder andere als tatsächlich besser. Wenn nicht, können Sie ja immer noch auf das Altbewährte zurückgreifen. Dadurch zeigen Sie geistige Wendigkeit und Toleranz gegenüber Andersdenkenden, was Ihrer sonst so konsequenten Art sicherlich keinen Abbruch bedeutet.

Expertentipp: Eigene Grenzen erweitern

Ähnlich einem Fels in der Brandung kann man sich bei Ihnen immer darauf verlassen, dass Sie das tun, was man von Ihnen erwartet. Das wirkt auf der einen Seite beruhigend auf andere, es kann aber auch Stillstand bedeuten. Als Sachbearbeiter können Sie zum Beispiel gute Arbeit leisten. Aber Ihnen werden seltener neue Projekte angeboten. Erweitern Sie Ihre selbst gesteckten Grenzen, probieren Sie etwas Neues, dann werden Sie für Ihr Team noch wertvoller.

Faktor: Verträglichkeit/Durchsetzungswillen

[+V4 bis +V10]

Sie sind jemand, von dem man sich in Sachen Kompromissbereitschaft eine Scheibe abschneiden kann. Aufgrund Ihres hohen Bedürfnisses nach Harmonie sind Sie ausgesprochen teamfähig. Konflikte sind Ihnen ein Gräuel, und so lenken Sie bei aufkommenden Streitigkeiten schnell ein. Sie beharren nicht auf Ihr Recht, sondern suchen nach Lösungen, bei denen es allen gut geht.

Doch wenn es hart auf hart kommt, dann schlucken Sie lieber Ihren Ärger herunter, als sich einfach mal Luft zu machen. Wenn irgendwo Not am Mann oder an der Frau ist, sind Sie der Erste, der kommt und der Letzte, der geht. Das kann von Menschen, die Sie als zu nachgiebig und gutmütig einschätzen, falsch verstanden werden und dazu führen, dass sie Ihnen immer mehr „Freundschaftsdienste" aufbürden.

Auch wenn es Ihnen anfangs vielleicht schwer fallen sollte, versuchen Sie doch, auch mal Nein zu sagen. Vertrauen Sie auf Ihre kommunikativen Fähigkeiten und sprechen Sie ruhig und sachlich Punkte an, die Sie stören. Die Fähigkeit, anderen Grenzen zu setzen ist für eine gute und ehrliche Beziehung genauso wichtig, wie für andere immer da sein zu wollen.

Expertentipp: Verlieren Sie Ihre eigenen Pläne nicht aus den Augen

Sie sind in einem Team derjenige, der alles irgendwie zusammenhält. Sie schlichten Streitigkeiten und versuchen, zwischen verschiedenen Gruppen zu vermitteln. Dabei laufen Sie Gefahr, sich zu sehr darauf zu konzentrieren, Harmonie zu schaffen und so Ihre eigenen beruflichen Pläne aus den Augen zu verlieren. Wenn Sie der Meinung sind, jemand sei im Unrecht, sollten Sie ihm das sagen und Ihren Standpunkt auch vertreten. Das bringt Ihnen den Respekt Ihrer Kollegen oder Mitarbeiter ein und Sie laufen nicht mehr Gefahr, sich für Sachen aufzureiben, die Sie vielleicht gar nichts angehen. Verfolgen Sie Ihre beruflichen Ziele mit etwas mehr Biss.

[+V3 bis –V3]

Sie haben ein gutes Gespür dafür, wann es sich lohnt, für seine Interessen zu kämpfen, oder wann es besser ist, Diplomatie walten zu lassen. Sie sind nicht rechthaberisch oder machtorientiert, sondern versuchen, in erster Linie mit praktischen Lösungen zu überzeugen.

Wenn es sein muss, geben Sie auch schon mal um der Harmonie willen nach, wobei Sie Ihre eigenen Bedürfnisse nie aus den Augen verlieren. Sie suchen dann nach anderen Möglichkeiten, Ihre Interessen zu verwirklichen, wobei Sie immer auf das Gemeinwohl achten. In Konfliktsituationen nehmen Sie kein Blatt vor den Mund, bemühen sich dabei aber immer um Konstruktivität und Sachlichkeit.

Aufgrund Ihrer umgänglichen Art macht es Spaß, mit Ihnen zusammenzuarbeiten oder einfach nur mit Ihnen den Tag zu verbringen.

Expertentipp: Der ideale Mentor

Karriere ist kein Fremdwort für Sie, aber Sie setzen auch nicht rücksichtslos Ihre Ellbogen ein, um ans Ziel zu kommen. Sie sind erfolgreich und erreichen Ihre Ziele, wenn auch manchmal auf Umwegen. Bei Ihnen kann man sich sicher sein, dass Sie fair und trotzdem konsequent sind. Mit diesen Vorzügen können Sie als Mentor für Berufseinsteiger dienen, die ihre Karriere voranbringen wollen. Da Sie in Lösungen denken, können Sie auch Mitarbeiterseminare über Karriere und Berufsgestaltung anbieten.

[–V4 bis –V10]

Mit Ihrem Durchsetzungswillen und Ihrer Power sind Sie der geborene Kämpfer. Mit Ihnen an der Seite oder im Team hat man den Sieg schon so gut wie errungen. Sie haben klare Ziele und verfolgen diese so lange, bis sie erreicht sind. Sie scheuen dabei weder Hindernisse noch Konflikte. Im Gegenteil: Ein mit Fairness ausgetragener Kampf ist für Sie die ehrlichste Form der Auseinandersetzung.

Sollten Sie sich allerdings benachteiligt oder ungerecht behandelt fühlen, ist mit Ihnen nicht gut Kirschen essen. Mit der gleichen Intensität, mit der Sie Ihre Ziele verfolgen, können Sie dann gnadenlos zurückschlagen. Dies macht Sie zu einem gefährlichen Gegner für alle, die versuchen sollten, Ihnen Ihr angestammtes Recht auf einen Sieg streitig zu machen.

Und genau hier liegt auch Ihr wunder Punkt: Sie sind kein guter Verlierer. Sobald Sie befürchten müssen, nicht zu gewinnen, versuchen Sie mit allen Mitteln, Ihr Vorhaben durchzusetzen, was die Fronten aber oft nur noch mehr verhärtet. Dabei können manchmal ein bisschen Diplomatie und ein paar Zugeständnisse an der richtigen Stelle wahre Wunder bewirken. Was nützt es Ihnen, wenn Sie die Schlacht zwar gewonnen haben, aber am Ende alleine dastehen?

Expertentipp: Auch anderen eine Chance geben

Sie verlassen sich, ähnlich einem Einzelkämpfer, oft nur auf sich selbst. Kontrolle ist Ihnen extrem wichtig. Und wen kann man besser kontrollieren als sich selbst? Das verspricht wahrscheinlich eine schnelle Karriere, aber Sie werden auch merken, dass einige Ziele nur im Team zu erreichen sind. Und hier mangelt es ihnen oft an Geduld, denn nicht jeder kann mit Ihrem Tempo mithalten. Als Führungskraft verlangen viel von sich und von anderen. Wenn Sie Ihren Beliebtheitsgrad erhöhen wollen, dann wählen sie doch besser einen sanften Karriereaufstieg. Geben Sie auch anderen eine Chance, sich ihrer Persönlichkeit entsprechend zu verwirklichen. Das bringt Ihnen mehr Respekt und Anerkennung ein, als die Ellenbogenmentalität.

Faktor: Gewissenhaftigkeit/weniger Gewissenhaftigkeit

[+G4 bis +G10]

Sie sind ein ordnungsliebender Mensch und bearbeiten Aufgaben mit Sorgfalt. Ihr Leben wird von Fleiß, Disziplin und einer ausgeprägten Zielstrebigkeit bestimmt. Das macht Sie zu einem verlässlichen Partner.

Sie überlassen selten etwas dem Zufall, sondern nehmen es lieber selbst in Hand. Vor allem versuchen Sie durch eine genaue Planung, unangenehmen Überraschungen vorzubeugen. Dies macht Sie andererseits bei unvorhergesehenen Ereignissen unflexibel. Es fällt Ihnen schwer, sich schnell auf neue Gegebenheiten einzustellen. Manchmal stehen Sie sich mit Ihrem Drang nach Perfektionismus selbst im Weg – vor allem wenn es darum geht, Aufgaben schnell zu erledigen.

Eine fehlerhafte E-Mail würden Sie beispielsweise nie rausschicken. Statt sich jedoch zu sehr in Details zu verlieren, sollten Sie versuchen, den Blick für das große Ganze zu gewinnen. Das wird Ihnen zu mehr Lockerheit verhelfen, die die Zusammenarbeit mit Ihnen angenehmer und leichter gestalten wird.

Expertentipp: Perfekter Koordinator, Verwalter und Organisator

Auf Ihrem Schreibtisch findet man wahrscheinlich genau geordnete Ablagen und gut sortierte Akten. Als Koordinator, Verwalter und Organisator sind Sie unschlagbar und brillieren durch Ihre Perfektion. Das macht die Zusammenarbeit mit Ihnen aber oft nicht leicht, da Sie auch kleine Fehler zu überzogener Kritik verleiten. Fehler sind aber menschlich, deshalb lassen Sie doch Ihren Kollegen oder Mitarbeitern auch mal eine Kleinigkeit durchgehen. Sie werden überrascht sein, wie viel leichter die Arbeit dann vorangeht und Ihr Ansehen wächst.

[+G3 bis –G3]

Sie erledigen Ihre Aufgaben nach bestem Gewissen, setzen sich dabei aber nicht unnötig unter Druck: Wenn Sie Ihr Pensum einmal nicht geschafft haben, beschleicht Sie nicht gleich das schlechte Gewissen. Sie planen um und erledigen die Dinge zu einem anderen Zeitpunkt. Dennoch kann man sich auf Ihr Wort verlassen.

Mit der nötigen Gelassenheit kommen Sie auch mit weniger gewissenhaften Menschen gut aus. Sie stört ein kreatives Chaos nicht, solange es nicht Ihr eigener

Schreibtisch ist. Und bei unpünktlichen Mitmenschen hilft Ihnen Ihre Toleranz. Schließlich ist jeder anders. Das macht Sie zu einem pflegeleichten Zeitgenossen, der sich nicht so leicht aus der Ruhe bringen lässt.

Expertentipp: Puffer zwischen Perfektionisten und Chaoten

Auf Sie kann man zählen, wenn es um die pünktliche Abgabe von Arbeiten geht. Sie strukturieren Ihre Arbeit so durch, dass Sie alles schaffen können. Dieses Talent lässt sich besonders gut in Positionen nutzen, in denen es um die Koordination von Abgabeterminen und Arbeitsabläufen geht. Für eine Präsentation am nächsten Morgen machen Sie auch mal Überstunden. Aber Sie würden nicht so weit gehen, sich Nächte um die Ohren zu schlagen, um eine Woche vor Abgabe das fertige Produkt vor sich zu haben. Sie können sehr gut als Puffer zwischen „Perfektionisten" und „Chaoten" fungieren.

[–G4 bis –G10]

Sie lieben es, auf mehreren Hochzeiten gleichzeitig zu tanzen. Abwechslung ist eines Ihrer Lieblingswörter. Sie haben die Gabe, mehrere Dinge gleichzeitig zu tun und von einer Aufgabe in die nächste zu springen. Das verdanken Sie Ihrer schnellen Auffassungsgabe und Ihrem Improvisationstalent. Von diesen Stärken müssen Sie auch häufig Gebrauch machen, denn bei so viel Hektik bleibt für Planung keine Zeit. Diese streben Sie ohnehin nicht an, da Sie glauben, dass sie Sie in Ihrer Freiheit und Spontaneität einschränken würde. Dabei würde Ihnen und Ihrer Umwelt ein bisschen mehr Organisation durchaus gut tun. Denn durch Ihre Unpünktlichkeit stoßen Sie so machen guten Freund vor den Kopf. Dies bringt Ihnen den Ruf der Unzuverlässigkeit ein. Je stärker Ihr Hang zur Lockerheit ausgeprägt ist, desto schwerer fällt es Ihnen, sich verbindlich auf Verabredungen und Termine einzulassen. Ein ganz kleines bisschen mehr Struktur und Ordnung würde Ihr Leben bedeutsam erleichtern. Sie würden innerlich und äußerlich mehr zur Ruhe kommen und an Klarheit und Souveränität gewinnen.

Expertentipp: Prioritäten setzen

Wenn ein Kollege Sie bittet, „mal kurz rüber zukommen", weil es ein Problem gibt, kann er/sie sich sicher sein, das Sie keine fünf Minuten später vor Ort sind. Dafür lassen Sie alles stehen und liegen, woran Sie gerade gearbeitet haben. Sie springen immer dann ein, wenn es brenzlig wird. Die Kehrseite der Medaille: Ein Termin mit Ihnen ist eigentlich kein Termin. Sie neigen dazu, Ihre Spontanität und ihr Improvisationstalent überall da einzubringen, wo es gerade gebraucht wird. Das prädestiniert Sie zwar für Pionierprojekte jeglicher Art, kostet Sie aber auch eine Menge Energie und Sie laufen Gefahr, sich zu verzetteln. Lernen Sie, Prioritäten zu setzen, und bringen Sie wichtige Aufgaben zuerst zu Ende, bevor Sie sich neuen Herausforderungen stellen.

Welche sind Ihre Supereigenschaften?

Die Grundidee dieses Tests war, dass Sie Ihre sogenannten Supereigenschaften entdecken. Dadurch haben Sie theoriegestützte Aussagen über sich selbst gewonnen und sozusagen die Basis Ihrer Persönlichkeit sprachlich erarbeitet. Im Hinblick auf den Ausbau Ihres Charismas haben Sie nun drei Möglichkeiten:

1. Sie können sich bei Ihren Eigenschaftsbeschreibungen auf die Anteile konzentrieren, von denen Sie glauben, sich verbessern zu wollen, und so versuchen, Ihre Schwäche zu beheben. Dadurch würden Sie Ihr Verhaltens- und Erfahrungsspektrum erweitern und am Ende über mehr Reaktionsmöglichkeiten verfügen. Dafür sind aber Wille, Ausdauer und Training erforderlich.

2. Sie können sich aber auch nur mit den Persönlichkeitsanteilen beschäftigen, mit denen Sie schon jetzt sehr zufrieden sind, und somit Ihre Stärken ausbauen. Dadurch würden Sie gewisse Schwächen quasi überstrahlen. Diese Vorgehensweise ist weniger aufwändig, als Defizite auszugleichen, bringt aber auch eine gewisse Einseitigkeit für die Persönlichkeit mit sich.

3. Sie können versuchen, sowohl eine störende Eigenschaft auszugleichen als auch eine besonders positiv bewertete Eigenschaft zu verstärken. Dadurch gewinnen Sie in doppelter Hinsicht, haben aber auch den doppelten Aufwand an Persönlichkeitsarbeit.

Training 3: Wie können Sie das Beste aus Ihrer Persönlichkeit machen?

⏱ 10 Min.

Notieren Sie bitte, welche Erkenntnisse sich für Sie aus Ihrer Testauswertung ergeben, wenn Sie Ihr Charisma steigern wollen, und wie Sie dabei vorgehen wollen.

Lösung 3: So können Sie das Beste aus Ihrer Persönlichkeit machen

Nehmen wir den Fall, Sie haben in Ihrem Selbstwahrnehmungs-Check herausgefunden, dass Sie einen hohen Wert im Faktor „Gewissenhaftigkeit" haben. Nun haben Sie folgende drei Möglichkeiten, wie Sie mit dem Ergebnis umgehen können:

1. Wenn Sie ein sehr gewissenhafter Mensch sind, diese Eigenschaft aber als eher negativ – im Sinne von: „Ich bin zu pingelig!" – bewerten, dann möchten Sie vielleicht etwas lockerer werden. Damit haben Sie sich entschieden, auf der Ebene „Schwächen ausgleichen" zu arbeiten. Das klingt womöglich einfach, ist aber für jemanden, der die Dinge gerne genau nimmt, eine echte Herausforderung. Eine ganz pragmatische Vorgehensweise wäre dann, einfach zu üben, schneller zu werden, indem Sie sich bei Aufgaben eine relativ enge Zeitspanne setzen, bis wann diese Aufgabe erledigt oder abgegeben werden muss, egal wie vollständig sie dann bearbeitet ist. Fangen Sie mit Kleinigkeiten wie z. B. Saubermachen an und steigern Sie sich bis zu beruflichen Aufgaben. Trauen Sie sich, bewusst kleinere Fehler zu machen und z. B. E-Mails auch mit Rechtschreibfehlern rauszuschicken. Nutzen Sie dann die gewonnene Zeit für etwas Angenehmes wie z. B. eine Tasse Kaffee oder/und einen Plausch mit Kollegen. Loslassen und Delegieren sind ebenfalls ein wunderbares Rezept gegen zu viel Genauigkeit.

2. Sie haben auch die Möglichkeit, Ihre hohe Gewissenhaftigkeit als absolute Stärke auszubauen und zu einem Spezialisten in Sachen „Genauigkeit" werden. In diesem Fall suchen Sie nach einer beruflichen Nische, wo diese Fähigkeit besonders gebraucht wird. Überprüfen Sie, ob Sie Ihren Tätigkeitsbereich hinsichtlich dieser Persönlichkeitsstärke ausbauen können oder eventuell umsatteln wollen. Als Techniker oder Ingenieur könnten Sie sich z. B. auf besonders knifflige und komplizierte Reparaturen spezialisieren. Oder als talentierter Freizeitmaler könnten Sie sich auf die originalgetreue Reproduktion von weltberühmten Altmeistern konzentrieren und damit vielleicht sogar erfolgreicher sein als in Ihrem jetzigen Beruf.

3. Sie könnten aber auch Ihre „Pingeligkeit" wie bereits beschrieben minimieren und gleichzeitig eine andere Eigenschaft, bei der Sie ebenfalls eine starke Ausprägung haben und die Sie als eindeutig positiv bewerten, stärken. Wenn Sie z. B. zusätzlich einen besonders niedrigen Wert im Faktor Neurotizismus hätten, könnte sich dies in Kombination mit weniger Gewissenhaftigkeit äußerst vorteilhaft auf Ihre Persönlichkeitsentwicklung auswirken. Eine Verringerung Ihres Perfektionismusanspruchs würde Sie lockerer und flexibler machen. Gleichzeitig gehören Sie mit einem niedrigen Neurotizismuswert zu den emotional besonders stabilen Menschen, die sich durch eine große Gelassenheit und Ruhe auszeichnen. Diese Kombination von Persönlichkeitseigenschaften und einer hohen Lernbereitschaft könnte Sie z. B. für Führungsaufgaben prädestinieren.

Für welche Vorgehensweise Sie sich auch immer entschieden haben, allein die Tatsache, dass Sie es getan haben, unterscheidet Sie von vielen.

Wer die Lust am Lernen aufgibt, gibt sich selbst auf.

Die Arbeit an sich selbst hat noch einen Aspekt, über den noch gar nicht gesprochen wurde – sie macht Spaß, ist interessant und aufregend. Es wird Sie begeistern, positive Veränderungen zu bemerken – und zwar an den Reaktionen Ihrer Mitmenschen:

- wenn Sie bereits auf dem Weg zur Arbeit Komplimente zu hören bekommen,
- wenn bei einer Sitzung gerade auf Ihre Meinung Wert gelegt wird oder
- wenn neue Kunden und Auftraggeber auf Sie zukommen und Sie zum „Sog" für Aufträge werden – ohne immer hart darum kämpfen zu müssen.

Wie wirke ich? – Der Fremdwahrnehmungs-Check

Wir alle leben nicht isoliert auf diesem Planeten, sondern sind in vielfältige Beziehungen zu anderen eingebunden. Diese anderen können dabei als Fremde oder Feinde angesehen werden oder – was für Sie viel besser wäre – als Quelle von Inspiration und Weiterentwicklung. Letztlich dient die Erweiterung der Selbstwahrnehmung um die Meinungen und Aussagen anderer Menschen der eigenen Identitätsentwicklung.

Zwischen der eigenen Selbsteinschätzung und dem Fremdbild gibt es immer Abweichungen. Daher ist es ratsam, sich von anderen Feedback geben zu lassen, um einen vollständigen Eindruck der eigenen Persönlichkeit zu gewinnen. In der Psychologie spricht man von den „blinden Flecken". Damit sind Eigenschaften oder Verhaltensweisen gemeint, die einem selbst nicht so bewusst sind, die Außenstehende aber sofort erkennen. So kann es durchaus in Ihrem Interesse sein, sich Rückmeldung z. B. vom Lebenspartner, Freunden, Verwandten und sogar Arbeitskollegen geben zu lassen.

Außerdem kann es interessant sein, Ihren Persönlichkeits-Check mit dem Ihres Lebenspartners zu vergleichen. Paare ähneln sich nämlich oft hinsichtlich körperlicher Attraktivität, Bildung und Werten, jedoch nicht unbedingt darin, was die Persönlichkeitsmerkmale betrifft. Beim Partnervergleich sind alle Varianten zu finden, von einander gleichenden Partnern bis zu solchen mit geradezu konträren Eigenschaften. Dieser Punkt führt manchmal zu Zwistigkeiten. In vielen Partnerschaften versucht der eine, den anderen zu verändern – was fast immer zum Scheitern verurteilt ist.

Expertentipp: Unterschiedlichkeiten zum beiderseitigen Vorteil nutzen

Statt also zu versuchen, den anderen zu verändern, sollten Sie die Unterschiedlichkeiten zum beidseitigen Vorteil nutzen. Dann ist die Chance groß, dass Sie füreinander zu „Teamplayern" werden, indem der eine seine Stärken dort einsetzt, wo der andere seine Schwächen hat. Beide Partner können auf diese Art und Weise die optimale Ergänzung füreinander sein und die jeweils andere Persönlichkeit durch gegenseitige Wertschätzung zum Strahlen bringen.

Charismatische Menschenführung

Das ist auch das Erfolgsgeheimnis, auf dem „geniale Teams" beruhen. Spitzenteams bestehen aus Teamplayern, die es verstehen, die unterschiedlichen Fähigkeiten und Persönlichkeiten der Teammitglieder optimal zu nutzen. Führungskräfte können ihr Team enorm motivieren, wenn Sie diese Synergieeffekte bei der Zusammenstellung Ihres Teams beachten und kommunizieren. Das unterscheidet eine charismatische Menschenführung von einer herkömmlichen. Zusammenfassend können Sie bereits an dieser Stelle eine Menge für Ihr Charisma tun, indem Sie

- Ihre eigenen Stärken und Schwächen kennen und schätzen,

- die persönlichen Unterschiede zwischen sich selbst und Ihren Mitmenschen als Ressource betrachten,

- sich mit Menschen umgeben, die Sie ebenfalls für Ihre Stärken und Schwächen schätzen und Ihnen gerne eine Rückmeldung über Ihre Wirkung geben,

- sich und Ihre Mitmenschen (Partner, Arbeitskollegen, Vorgesetzte oder Mitarbeiter) als Teamplayer behandeln, indem Sie sich gegenseitig in Ihren Stärken und Schwächen nutzbringend ergänzen.

Training 4: Wie wirken Sie auf andere?    30 Min.

Stellen Sie bitte eine Gruppe von drei Ihnen vertrauten Menschen zusammen, z. B. eine gute Freundin, einen Verwandten und einen Arbeitskollegen. Holen Sie ein paar alte und neuere Fotos von sich selbst und zeigen Sie Ihren Freunden/Bekannten eine Auswahl dieser Fotos. Fragen Sie diese dann direkt, was sie von Ihnen denken.

Bitten Sie um die Wahrheit und nichts als die Wahrheit. Ehrliche Meinungen sind nicht nur in Bezug auf Ihr Outfit gefragt (Kleidung, Frisur, Parfüm, Schmuck), sondern auch in Sachen Körpersprache. Wie stehen, sitzen oder liegen Sie, wie gucken Sie und lachen Sie, wenn Sie mit Menschen umgehen?

Falls Ihre Gruppe befürchtet, Sie zu verletzen, dann schlagen Sie vor, Ihre Fragen auf einer Skala von 1 (= sehr gut) bis 5 (= schwach) zu bewerten.

Verlieren Sie sich bitte dabei nicht selbst aus den Augen. Sie wollen sich schließlich nicht neu erfinden. Werten Sie das Feedback Ihrer Freunde positiv aus.

Fragen Sie, wo ihre Einschätzung mit der der anderen am meisten übereinstimmt.

Lösung 4: So könnten Sie auf andere wirken

Vielleicht stellen Sie fest, dass Ihre Freunde/Bekannten Ihren Ausdruck auf ein und demselben Foto vollkommen unterschiedlich empfinden und beschreiben.

Es wäre denkbar, dass Sie sich auf einem Urlaubsfoto als besonders gelöst und entspannt empfinden und einer Ihrer Beurteiler Ihre Haltung als gelangweilt oder abwesend bewertet. Vielleicht werden aber auch Dinge, die Sie selbst nicht so mögen, positiv bewertet. So sehen Sie sich auf einem Foto von einem Meeting eventuell als gestresst und unattraktiv, ein Außenstehender dagegen empfindet Sie als interessiert und ernsthaft. Diese Diskrepanzen sollten Ihnen als Anregungen dienen, wie Sie Ihre Selbstwahrnehmung erweitern können.

Wenn Ihre Wahrnehmung mit der Ihrer Freunde recht gut übereinstimmt, dann scheint Ihr Selbstausdruck sehr echt zu sein.

Beide Varianten können dazu führen, dass Sie differenzierter über sich nachdenken, Echtheit im Selbstausdruck dazugewinnen und so Ihre Selbstsicherheit erhöhen.

Expertentipp: Eigenschaften bewusst wählen

Entscheiden Sie selbst und bewusst, welche Eigenschaften Sie zu Ihren individuellen Eigenheiten machen wollen, worin Sie sich noch verbessern wollen, und stehen Sie auch zu vermeintlichen Schwächen. Dann werden Sie beim nächsten Mal ganz anders in die Kamera schauen!

Wenn andere Sie positiv wahrnehmen und die damit einhergehenden Verhaltensweisen für Ihre Ziele wichtig erscheinen, kann dies zu Ihrem Trainingsfeld werden.

Was ist eigentlich Authentizität?

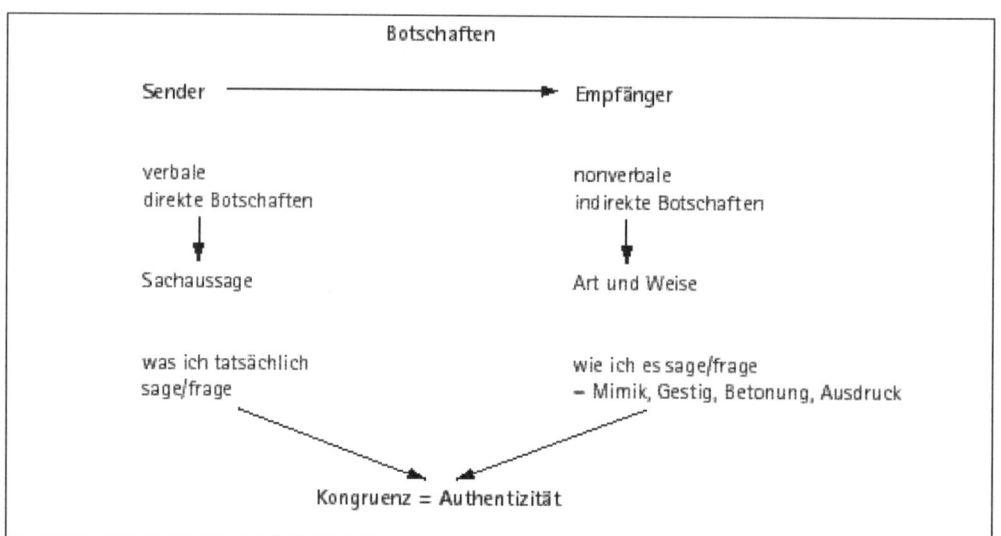

Beide Seiten (Sach- und Beziehungsebene) sollten übereinstimmen, um Echtheit/Glaubwürdigkeit beim Gesprächspartner zu erzeugen. Je kongruenter eine Person in Aussage und Wirkung ist, desto authentischer wirkt diese Person.

Training 5: Authentizität ⏲ 20 Min.

Schreiben Sie mindestens fünf Situationen in Ihrem Leben auf, in denen Sie sich „authentisch" gefühlt haben.

Wo waren Sie da?

Was haben Sie gemacht?

Was haben Sie gedacht?

Wie fühlten Sie sich dabei?

Haben Sie eine metaphorische Beschreibung für sich?

Lösung 5: So könnten Sie authentisch wirken

* **Wo waren Sie da?**

  Es könnte sein, dass Sie sich bei Ihrem ersten Vorstellungsgespräch nach ihrem Schulabschluss sehr authentisch gefühlt haben. Vielleicht erinnern Sie sich, wie Sie damals Ihrem zukünftigen Chef gegenübergesessen haben.

* **Was haben Sie gemacht?**

  Sie haben womöglich sehr sorgfältig auf Ihr Gegenüber geachtet und immer wieder zustimmend genickt. Eventuell haben Sie nicht nur zugehört und die Fragen des Chefs beantwortet, sondern auch aktiv selbst Fragen gestellt, die Sie sich vorher ausgedacht und auch aufgeschrieben hatten.

* **Was haben Sie gedacht?**

  Vielleicht führte diese Art der Vorbereitung dazu, dass Sie sich innerlich sagen konnten: „Ich bin gut. Das zeige ich der Firma. Ich verstelle mich nicht, sondern bin so, wie ich bin: neugierig und interessiert, aber auch von mir überzeugt.“

* **Wie fühlten Sie sich dabei?**

  Bei diesem Vorstellungsgespräch haben Sie sich wahrscheinlich gut gefühlt, auch in dem Sinne, dass Sie sich gleichberechtigt fühlten. Das könnte sehr angenehm gewesen sein.

* **Haben Sie eine metaphorische Beschreibung für sich?**

  Metaphorisch beschrieben, könnten Sie sich wie ein Fisch im Wasser gefühlt haben.

Eine große Übereinstimmung zwischen Selbst- und Fremdwahrnehmung spricht sowohl für eine gute Selbsteinschätzung als auch für optimale Entwicklungsmöglichkeiten.

Übung: Wie schätzen Ihre Freunde Sie ein?

Legen Sie den Persönlichkeits-Check guten Freunden und/oder Arbeitskollegen vor und bitten Sie diese, Ihre Persönlichkeit einzuschätzen. Gleichen Sie dann die Ergebnisse mit Ihrem Selbstwahrnehmungs-Check ab. Das kann sehr aufschlussreich sein, da erst beide Sichtweisen (Selbst- und Fremdwahrnehmung) zu einer vollständigen Beschreibung Ihrer Persönlichkeit führen.

- Achten Sie in der nächsten Woche darauf, wann, wie oft und in welcher Qualität Sie welche Eigenschaften gezeigt bzw. ausgelebt haben. Notieren Sie für sich: Wie haben Sie sich dabei gefühlt?
- Achten Sie in der darauf folgenden Woche darauf, wann, wie oft und in welcher Qualität Sie welche von anderen genannten Eigenschaften gezeigt bzw. ausgelebt haben. Notieren Sie für sich: Wie haben Sie sich dabei gefühlt?

Im Berufsalltag können Sie nun mit Ihren neuen Erkenntnissen experimentieren. Vielleicht stellen Sie fest, dass Sie ähnliche Erfahrungen machen, wie sie von erfolgreichen Führungskräften berichtet werden:

- Kollegen oder Mitarbeiter lassen sich leichter für eine gemeinsame Sache gewinnen.
- Andere fühlen sich mehr verstanden und äußern dies auch.
- Die Zusammenarbeit im Team verläuft effizienter.
- Sitzungen sind kürzer und interessanter.

Das sollten Sie in diesem Kapitel erreicht haben

- Sie sind in Kontakt mit Ihrem charismatischen Potenzial gekommen. Sie kennen Ihre derzeitige charismatische Ausstrahlung und wissen auch um die Ausprägung Ihres Wunsches nach Charisma.
- Sie haben eine Beurteilung der Zusammensetzung Ihrer Persönlichkeit vorgenommen. Dabei haben Sie über Ihre speziellen persönlichen Vorlieben Antworten auf die Frage: „Wer bin ich?" erhalten.
- Sie machen das Beste aus Ihrer Persönlichkeit – durch die Behebung von „Schwächen", durch den Ausbau von Stärken oder eben dadurch, dass Sie beides gleichzeitig tun.
- Sie haben sich von Ihrem Partner, guten Freunden oder vielleicht sogar Arbeitskollegen mithilfe des Persönlichkeits-Checks einschätzen lassen und erfahren, wie Sie auf diese wirken. Sie nutzen diese Informationen, um zu entscheiden, welche dieser Eigenschaften Sie in Ihre persönlichen Möglichkeiten einbauen und wann und wo Sie diese Eigenschaften zeigen wollen.
- Sie haben Erfahrung darüber, wann und wo Sie sich bisher schon als authentisch erlebt haben.
- Insgesamt haben Sie sowohl grundlegende Informationen über Ihren derzeitigen Charisma-Standort erhalten als auch erste Erfahrungen gemacht, die Sie Ihrer charismatischen Ausstrahlung näher bringen.

Finden Sie Ihr Charismavorbild

Lernen von Vorbildern

Insbesondere die großen Erfolge aus der Lern- und Verhaltenspsychologie haben gezeigt, dass sich durch das Einüben neuer Verhaltensvarianten zum einen die eigenen Stärken ausbauen lassen und zum anderen ein Teil persönlicher Beschränkungen ausgleichen lässt.

Das Kopieren erfolgreicher Verhaltensstrategien hat sich dabei als eine besonders effektive Lernmethode erwiesen. Damit ist das Lernen von Vorbildern gemeint. Sich erfolgreiches Verhalten von Personen abzugucken, die wir bewundern, ist Ihnen vielleicht aus der Jugendzeit bekannt. In der Pubertät spielen Idole wie Rock- und Filmstars eine wichtige Rolle, weil sie in dieser von Verunsicherung geprägten Lebensphase eine Orientierung bieten. Sich am Erfolg von Prominenten auszurichten macht aber auch im Erwachsenalter Sinn – und zwar aus evolutionsbiologischer Sicht. Wer reich und berühmt ist, verhält sich offensichtlich „richtig" und muss anscheinend etwas haben, was viele nicht haben.

Anhand der nachfolgenden Fragestellung lassen sich Ihre eigenen Vorstellungen herauskristallisieren, die Sie mit charismatischen Persönlichkeiten verbinden. Schärfen Sie Ihr Bewusstsein für dieses Thema und gewinnen Sie Klarheit über Ihre eigene charismatische Ausrichtung.

Menschen, die etwas bewirken, die aus ihrem Leben etwas gemacht haben, werden gerne als Vorbilder genommen. Denken Sie einmal an die großen Vorbilder unseres Jahrhunderts. Wer fällt Ihnen dazu ein? Nelson Mandela, Coco Chanel, die Beatles, John F. Kennedy, Mutter Teresa, der Papst, Lady Di, Karajan, die Queen, Picasso, Hillary Clinton? Solche Menschen ziehen automatisch die Aufmerksamkeit auf sich. Wo immer sie auftreten, stehen sie im Mittelpunk.

Vorbilder zeichnet es aus, dass sie nicht ängstlich und oder schwach wirken – auch wenn sie sich wie jeder andere Mensch in bestimmten Siuationen so fühlen. Sie sind auch keine perfekten Menschen. Aber sie sind von sich und ihren Fähigkeiten überzeugt. Sie wissen, was sie wollen und können, handeln selbstverantwortlich und konzentrieren sich auf ihre Stärken. Sie strahlen Optimismus aus, können auf andere Menschen zugehen und sie faszinieren

Solche Personen erfüllen dann eine Vorbildfunktion, wenn ihre persönliche Eigenschaften, Verhaltensweisen oder Errungenschaften Anerkennung und Beachtung auslösen. Was denken Sie in diesem Zusammenhang über sich?

Selbsteinschätzungs-Check:
Wie schätzen Sie Ihre Vorbildfunktion ein?   Datum:

Wie gut passen die einzelnen Teile Ihrer Persönlichkeit schon jetzt zusammen?
Bitte kreuzen Sie an, zu wie viel Prozent sie Sich im Moment als integre Persönlichkeit erleben.

0 %   100 %
(kein Vorbild)   (ein beispielhaftes Vorbild)

Übung: Genau beobachten

Beobachten Sie sich in Zukunft genauer. Welche Menschen ziehen Sie an? Wer sucht Ihre Nähe, Ihren Kontakt?

Vorbildern wird nachgeahmt. Das ist ein ganz natürlicher Vorgang. Jeder von uns übernimmt von anderen Menschen bestimmte Verhaltensweisen. Das geschieht oft unbewusst und automatisch. Besonders gut lässt sich dieses Phänomen an zwei Menschen beobachten, die miteinander im Gespräch sind und sich wirklich mögen. Wenn Sympathie zwischen beiden Gesprächspartnern herrscht und beide auf einer Wellenlänge miteinander kommunizieren, dann gleichen sie sich zunehmend in Körperhaltung und Bewegungen einander an. Schlägt der eine die Knie über, dann dauert es nicht lange, bis der andere es ebenfalls tut. Ein Lachen löst das andere ab und im Optimalfall gipfelt die Überstimmung im zeitgleichen Aussprechen derselben Worte. Der Nachahmungseffekt entsteht auf der emotionalen Ebene, entwickelt sich aus Sympathie und verläuft hauptsächlich unbewusst.
Eine Person, die Sie jedoch als Vorbild anerkennen, bewirkt viel mehr. Sie spornt an, sie gibt einen gewissen Kick und löst das Gefühl aus: „Ich kann das auch – das schaffe auch ich!". Und darin liegt der gravierende Unterschied zwischen bewusstem und unbewussten Lernen: Ein bewusst Erfolgreicher kann seinen Erfolg jederzeit wiederholen, weil er weiß, wie es geht. Ein unbewusst Erfolgreicher kann nur auf den Zufall oder die nächste günstige Situation warten.
Schärfen Sie Ihr Bewusstsein für dieses Thema und gewinnen Sie anhand von selbst gewählten Vorbildern Klarheit über Ihre eigene charismatische Ausrichtung.
Die nachfolgende Fragestellung unterstützt Sie darin, Ihre eigenen Vorstellungen herauszukristallisieren, die Sie mit charismatischen Vorbildern verbinden. Wenn Sie sich über Ihre persönlichen Vorbilder im Klaren sind, können Sie deren erfolgreiche Handlungsweisen und Strategien studieren und selbst anwenden, nach dem Motto: Was der oder die kann, schaffe auch ich. Schließlich kochen alle nur mit Wasser.

Training 1: Wen bewundern Sie aus dem öffentlichen Leben?

🕐 10 Min.

Notieren Sie bitte drei Persönlichkeiten aus dem öffentlichen Leben (Wirtschaft, Politik, Film und Fernsehen, Kultur oder Sport), die Sie als charismatisch ansehen. (Es können auch historische Figuren sein, z. B. Jesus oder Spartakus.)

Durch welche besonderen Eigenschaften oder Fähigkeiten zeichnen sich die von Ihnen genannten Personen aus?

1.

2.

31.

Welche Eigenschaften oder Fähigkeiten würden Sie davon gerne selbst besitzen?

Lösung 1: So können Sie Ihre Bewunderung von Menschen aus dem öffentlichen Leben für sich nutzen

Lassen Sie mich an dieser Stelle ein Beispiel aus meiner eigenen Erfahrung bringen: Ich habe Sabine Christiansen in den ersten zwei Jahren ihrer Politik-Talkshow für ihr Durchhaltevermögen und ihre Konsequenz bewundert. Ich war von ihr so beeindruckt, dass ich unbedingt für sie arbeiten wollte, um von ihrer Art zu lernen. Ich hatte zwar redaktionelle Erfahrungen im TV-Business, aber die lagen im Unterhaltungsbereich. Ich war in erster Linie Casterin und nicht Journalistin – und schon gar nicht hatte ich irgendetwas mit Politik am Hut. Das wäre ungefär so, als würde sich ein kreativer Werbemensch für eine Controllerposition bewerben.

Dennoch war ich fest entschlossen, von meinem Vorbild zu lernen – zumal es nicht so viele weibliche Vorbilder dieser Art in der Branche gibt. So verfolgte ich jede Sendung, studierte ihre Bewegungen, ihren Sprachstil, ihr Lachen, ihre Stärken und auch ihre Unsicherheiten. Mir entgingen keine Nachrichten über sie und keine Sendung mit ihr (ob gut oder schlecht) und ich versuchte, auf Medienevents mit ihr ins Gespräch zu kommen, um sie besser kennenzulernen. Nachdem ich dann ein Jahr lang vergeblich versucht hatte, bei Frau Christiansen einen Fuß in die Tür zu bekommen, und schon fast aufgeben wollte, ergab es sich dann mehr oder weniger durch Zufall, dass ich für das Duell „Schröder/Lafontaine" 1999 als Casterin tätig werden konnte und mein Idol aus nächster Nähe studieren durfte. Jede Information, die ich dazugewann, stellte ich der Frage gegenüber: Wie schaffte sie es nur, als erste weibliche Leitfigur bei den Tagesthemen im Öffentlich-Rechtlichen und dann wieder als erste weibliche Polittalkerin im deutschen Fernsehen Karriere zu machen? Was macht diese Frau so erfolgreich?

Als Antwort kristallisierten sich für mich drei wichtige Eigenschaften/Fähigkeiten heraus:

1. eine klare Zielsetzung verbunden mit einem konkreten Handlungsplan,

2. Professionalität gekoppelt mit Hartnäckigkeit und Durchsetzungswillen,

3. ein hohes Maß an Kommunikationsfähigkeit gepaart mit Lernbereitschaft von Mentoren.

Sabine Christiansen verfügt über ein berufliches Beziehungsnetz wie kein anderer in dieser Branche. Jahrelang hat sie von Vorbildern gelernt, heute ist sie selbst eines. Bei der Suche nach Antworten fielen mir aber auch Eigenschaften auf, die ich für mich persönlich als nicht so erstrebenswert empfand. So verkörpert Sabine Christiansen für mich diesen kühlen hanseatischen Typ von Frau, der einerseits mit Stil und Klarheit überzeugt, andererseits jedoch wenig Warmherzigkeit und Humor austrahlt. Von der Klarheit, der Professionalität und der Eleganz habe ich mir eine Scheibe abgeschnitten, aber mein Temperament, mein Improvisationstalent und meinen Humor habe ich behalten. Auf diese Weise konnte ich neben meinen bereits vorhandenen persönlichen Stärken noch zwei bis drei andere dazugewinnen, die es mir heute gestatten, noch virtuoser auf der Klaviatur meiner Persönlichkeit zu spielen.

Finden Sie Ihr charismatisches Ich-Bild

Da Charisma von jedem anders empfunden wird, kann es durchaus sein, dass Sie die eine oder andere Person, die in diesem Buch als charismatisches Beispiel aufgeführt wird, nicht als solches betrachten würden. Sie als Individuum entscheiden, was Sie sich von Ihren persönlichen Vorbildern abgucken wollen. Manchmal sind es eben nur Teilbereiche, die auf Sie passen. Fühlen Sie sich frei, das auszuwählen, was Sie interessiert. Jede Einzelheit liefert Ihnen wichtige Informationen für Ihre eigene Charisma-Optimierung. Am Ende dieses Kapitels werden Sie Ihr persönliches charismatisches Ich-Bild gefunden haben, das Sie durch alle weiteren Übungen führen wird.

Woran Sie charismatische Persönlichkeiten erkennen

Charisma ist aber nicht nur den Menschen vorbehalten, die im Rampenlicht stehen. Jeder in Ihrem Bekanntenkreis kann es haben. Charismatische Persönlichkeiten lassen sich daran erkennen, dass sie

- Optimismus,

- Sicherheit und

- Individualität

ausstrahlen. Oft besitzen sie auch die Fähigkeit, Zweifel und Bedenken schnell aus-
zuräumen. Vor allem aber können sie andere begeistern.

Beispiel: Mögliche charismatische Perönlichkeiten

Vielleicht hat der Lehrer Ihrer Kinder Charisma, der einen positiven Einfluss auf ihre Entwicklung ausübt, indem er den Zugang zu ihren Herzen findet und sie durch Begeisterung
motiviert.

Oder es hat die Marktfrau, bei der Sie so gerne einkaufen, weil sie nicht nur besonders
freundlich ist, sondern auch noch mit Humor und Esprit ihre Waren anpreist.

Oder Sie bemerken die charismatische Ausstrahlung des älteren Herrn, der Ihr Nachbar ist.
Wenn der anfängt zu erzählen, werden die alten Geschichten wieder so lebendig, dass die
Zuhörer an seinen Lippen hängen.

Kennen Sie Vorgesetzte, die sowohl fachlich als auch menschlich vorbildlich handeln und mehr durch ihre Persönlichkeit als durch ihre Position überzeugen?
Diese Führungspersönlichkeiten zeichnen sich neben ihrem fachlichen Know-how
vor allem dadurch aus, dass sie ein ehrliches Interesse und Verständnis für die Mitarbeiter zeigen, fähig sind, positiv zu motivieren, und auch den Mut haben, eigene
Fehler zuzugeben. Dass es davon nicht viele gibt, zeigt eine groß angelegte Umfrage
vor einigen Jahren, in der 5.000 Arbeitnehmer zwischen 16 und 55 Jahren ihren
Vorgesetzten bescheinigten, dass sie zwar durchsetzungsfähig, kompetent und belastbar seien, aber in den o.g. „weichen Kompetenzen" zu 90 Prozent versagen.
Dreiviertel der ebenfalls befragten Manager stimmten diesem Ergebnis sogar zu
und waren sich darüber im Klaren, dass eine bessere Kommunikation, Teamarbeit
und vor allem mehr Menschlichkeit eine Veränderung zum Positiven bewirken
könne.
Für die wenigen charismatischen Führungskräfte hingegen ergreifen Mitarbeiter
gern von selbst die Initiative und wachsen über sich hinaus, weil sie sich von der
Art vom Denken ihres Vorgesetzten inspiriert fühlen. Das ist Macht, die aufgrund
von persönlicher Überzeugungskraft entsteht, und nicht durch die Position. Persönliche Macht entsteht also auf der Beziehungs- und nicht auf der Sachebene. Wer
Charisma hat, beeinflusst – bewusst oder unbewusst – über positive Emotionen, die
er beim Gegenüber auszulösen vermag. Dieses Resultat macht deutlich, welch starken Einfluss die Persönlichkeit einer Führungskraft auf die Leistungsfähigkeit von
Mitarbeitern hat. Einer charismatischen Führungspersönlichkeit folgt man eben
nicht aus Pflichtgefühl, sondern weil man an sie glaubt und ihr vertraut. Dadurch
entsteht unbewusst der Wunsch, ebenso zu werden wie das charismatische Vorbild
– und das beflügelt.

Training 2: Wen bewundern Sie aus Ihrem persönlichen Umfeld?

🕐 10 Min.

Wen kennen Sie aus Ihrem persönlichen Umfeld, den Sie für charismatisch halten?

Nennen Sie bitte wieder drei Personen und das, was sie an ihnen bewundern.

1.

2.

3.

Welche Fähigkeiten, Verhaltensweisen oder Eigenschaften würden Sie sich bei diesen Personen abgucken wollen?

Lösung 2: So können Sie Ihre Bewunderung von Menschen aus Ihrem persönlichen Umfeld für sich nutzen

Vielleicht bemerken Sie, dass Sie ganz unterschiedliche Menschen aus Ihrem privaten Umfeld als charismatisch empfinden. So könnten Sie Ihren Chef beispielsweise für sein Durchsetzungsvermögen schätzen, während Sie bei Ihrer Kollegin deren Einfühlungsvermögen bewundern. Von beiden Vorbildern können Sie durchaus für Ihr eigenes berufliches Fortkommen profitieren. So könnten Sie sich Ihren Chef nicht nur als mentales Vorbild wählen, sondern ihn zu Ihrem Mentor machen. Gleichzeitig könnten Sie dafür sorgen, dass Sie mit Ihrer Kollegin enger zusammenarbeiten, um von Ihrer Empathiefähigkeit zu lernen. Wenn es Ihnen nämlich gelingt, durchsetzungsstark und zugleich warmherzig und mitfühlend zu sein, dann gehören Sie mit Sicherheit zu den bewundernswerten Menschen, die auf sanfte und somit charismatische Art und Weise die Karriereleiter hochspazieren anstatt die Ellenbogen benutzen zu müssen.

Übung: Finden Sie einen Mentor

Suchen Sie die Nähe von solch charismatischen Menschen, dann müssen Sie nicht alle Erfahrungen selbst machen und verschwenden nicht nach dem Prinzip von Versuch und Irrtum kostbare Lebenszeit mit dem Ausprobieren und Verwerfen neuer Verhaltensstrategien.

Machen Sie es sich leichter und lernen Sie von den Menschen, die das, was Sie erreichen wollen, bereits haben. Wenn Sie ein überzeugender Verkäufer werden wollen, dann schauen Sie zu, wie der Top-Verkäufer in Ihrer Firma arbeitet. Wenn Sie eine respektierte und beliebte Führungskraft in Ihrem Unternehmen werden wollen, dann finden Sie jemanden, der es vor Ihnen geschafft hat und den Sie mögen. Fragen Sie diese Person, ob sie Ihr Mentor sein möchte, und nutzen Sie diese wertvolle Chance, am „lebenden Modell" lernen zu dürfen. Verfolgen Sie aufmerksam, was diese Person tut, wie sie es tut und was sie damit bewirkt. Das ist eine der schnellsten und effektivsten Möglichkeiten, seine Persönlichkeit zu erweitern und dazuzulernen.

Erschaffen Sie sich eine charismatische Leitfigur

Das Bedürfnis nach Vorbildern ist tief in unserem Menschsein verankert. Schon in alten Hochkulturen erschufen sich Menschen ein Gegenüber, an dem sie sich in ihrem Streben nach Vollkommenheit ausrichten konnten.

- In der Antike wurde das Ideal der körperlich-geistigen Perfektion des Menschen in Form von Gottheiten ausgedrückt.

- Für Kinder haben Märchenfiguren Vorbildcharakter, indem sie beispielsweise die Bedeutung des geschwisterlichen Zusammenhalts durch „Hänsel und Gretel" verstehen lernen.

- Die „Lehrmärchen" der Erwachsenen sind die großen Mythologien, deren Akteure menschliche Charaktereigenschaften idealisieren und zur Nachahmung animieren sollen. So tauchen in Sagen und Märchen immer wieder Figuren wie Könige/Königinnen, Ritter, Zauberer/gute Hexe sowie Liebende auf, die ihre ganze Kreativität und Klugheit einsetzen müssen, um zueinander zu finden.

Psychologisch gesehen sind diese archaischen Vorbilder – ob historisch, erfunden oder real – Metaphern, die auf bildhaft-symbolische Weise ein so komplexes System wie die Persönlichkeit eines Menschen umfassend beschreiben können. In einem solchen Vorbild sind sozusagen alle wünschenswerten Eigenschaften komprimiert, die sich sinnbildlich weitaus schneller erfassen lassen, als es Worte allein vermögen.

Metaphern sind deshalb besonders einprägsam, weil sie sofort ein inneres Bild erzeugen, das jederzeit wieder abrufbar ist. Im Gegensatz dazu fällt die Erinnerung an einzelne Worte und Inhalte einer Aussage sehr viel schwerer. Das liegt daran, dass unser Gehirn vorzugsweise in Bildern denkt als in Worten. Sprache schafft Bilder im Kopf und beides löst Emotionen aus, die uns zu außergewöhnlichen Leistungen bewegen können. Kein Sprachmittel vermag es mehr als die Metapher, ein solch komplexes Thema wie Identität, Persönlichkeit und Charisma zu verdeutlichen und auf spielerische Weise Identifikationsmöglichkeiten anzubieten. Deshalb sind Metaphern ein so machtvolles Instrument zur Erfüllung Ihrer persönlichen und beruflichen Ziele.

Die metaphorische Bedeutung der soeben beschriebenen Figuren (König, Krieger, Zauberer, Liebhaber, alle natürlich auch in ihrer weiblichen Ausprägung) ist bis in die Neuzeit erhalten geblieben. Noch heute spielen sie die Hauptrollen sowohl auf der Leinwand als auch im richtigen (Berufs-)Leben. Die archaischen Vorbilder lassen sich in moderne Gewändern gekleidet genauso gut an der Börse wie in der Forschungsabteilung eines Automobilherstellers oder auch hinter dem Schreibtisch einer Versicherungsgesellschaft finden:

- Aus dem König ist die integrative Führungskraft geworden, die das Team zusammenhält und die Erfolge sichert.
- Der Krieger kämpft heute um den Erhalt von Marktanteilen und erobert mit unternehmerischer Risikobereitschaft neue Wirtschaftsmärkte.
- Aus dem Zauberer ist der visionäre Manager geworden, der lange Wirtschaftszeiträume überblicken muss, die Mitarbeiter für größere Ziele begeistert und Geschäftspartner überzeugt.
- Die Liebenden sind die heutigen „kreativen Köpfe", die ihr Unternehmen durch Innovationen an die Spitze befördern und technischen und wirtschaftlichen Fortschritt ermöglichen.

Die Art und Weise, wie wir uns selbst sehen, welchen Karriereentwurf und welches Verständnis wir von unserer „Rolle" haben, ist ebenfalls fundamental metaphorisch begründet. Die Metapher ermöglicht es, Identität allumfassend zu beschreiben – das „berufliche Ich" als Integrator, Kämpfer, Visionär oder Innovator. Dementsprechend lassen sich berufliche Ziele über personifizierte Vorbilder (öffentliche, historische, fiktive oder private) besonders treffend in Sprichwörtern oder Gleichnissen darstellen.

Beispiel: Sprichwörter und Gleichnisse

So könnten Sie Ihren beruflichen Aufstieg beispielsweise vom „Zauberlehrling" zum „Visionär" „so leicht wie eine Feder" meistern und später „so frei wie ein Vogel" in Ihren Entscheidungen sein, um schließlich „alt und weise wie Methusalem" andere Menschen als Wirtschaftsexperte zu beraten. Dabei stellen Sie womöglich fest, dass Sie den Kontakt zu anderen Menschen „wie die Luft zum Atmen" brauchen und nicht im „stillen Kämmerlein" an Ihrer beruflichen Entwicklung basteln wollen.

„Um zu wissen, wohin man will, muss man erst einmal wissen, wo man steht." In diesem Sinne soll Sie die nachfolgende Übung darin unterstützen, Ihr jetziges Ich-Bild im Vergleich zu Ihrem gewünschten Ich-Bild zu sehen, um anschließend eine charismatische Leitfigur anhand der bereits beschriebenen Führungsmetaphern (Integrator, Vorreiter, Visionär oder Innovator) zu entwerfen.

Training 3: Welches berufliche „Ich–Bild" haben Sie und wünschen Sie sich?

🕐 15 Min.

Bitte beantworten Sie die nachfolgenden Fragen, indem Sie Ihren momentanen Zustand mit Gefühlsbegriffen so genau wie möglich beschreiben und sich dann ein Bild als Vergleich dafür suchen.

Wie fühlen Sie sich zurzeit in Ihrem beruflichen Umfeld?

Wie würden Sie Ihre Rolle in Ihrem Unternehmen bezeichnen und mit welcher Redewendung oder welchem bildlichen Vergleich würden Sie Ihre derzeitige Persönlichkeit im beruflichen Kontext beschreiben?

Wie möchten Sie sich stattdessen in Ihrem beruflichen Umfeld fühlen?

Welche Rolle würden Sie gerne übernehmen, als wer oder was sehen Sie dann Ihre Persönlichkeit repräsentiert?

Lösung 3: Dieses berufliche Ich–Bild können Sie haben oder sich wünschen

- In Ihrem beruflichen Umfeld könnten Sie sich z. B. zurzeit unterfordert fühlen. Zum einen fühlen Sie sich oft durch Routineaufgaben gelangweilt, zum anderen sind Sie auch gereizt und nervös, weil Sie wissen, dass Sie viel mehr können, und Sie wollen dies endlich unter Beweis stellen. Manchmal könnten Sie vor Ungeduld platzen, weil Sie einfach nicht zum Zuge kommen und Ihnen immer irgendeiner die guten Projekte vor der Nase wegschnappt. Dann fühlen Sie sich so, als ob Sie auf einer „tickenden Zeitbombe" sitzen, und Sie wünschen sich, dass endlich etwas passiert.

- Vielleicht sehen Sie sich in Ihrem Unternehmen in der Rolle des „Lückenbüßers", der immer nur da eingesetzt wird, wo ein anderer seine Aufgaben nicht vollständig erledigt hat. Sie wissen um Ihr kreatives Potenzial, sehen sich aber stattdessen als „Mädchen für alles".

- Jetzt steht die Frage im Raum, wie Sie von Ihrem jetzigen Ich-Bild zu Ihrem charismatischen Ich-Bild finden. Um im Beispiel zu bleiben, könnten Sie sich wünschen, dass Sie sich in Ihren Fähigkeiten bestätigt und anerkannt fühlen. Sie sind hochmotiviert und aufgrund Ihrer positiven Ausstrahlung und klaren Kommunikation werden Ihnen die ersehnten Projekte anvertraut. Die errungenen Erfolge lassen Sie wie „auf Wolke sieben schweben". Sie fühlen sich „stark wie ein Löwe" und könnten vor Freude „Bäume ausreißen".

- In Ihrem Unternehmen sehen Sie sich in der Rolle des „Ideenlieferanten", der sowohl durch sein technisches Know-how als auch durch seine Originalität und brilliert. Ihr Wunschbild entspricht dem eines kreativen „Innovators".

Mit der Verwendung von Metaphern schlagen Sie quasi zwei Fliegen mit einer Klappe: Zum einen helfen Metaphern, die eigenen Vorstellungen von sich selbst zu konkretisieren und emotional nachzuvollziehen. Zum andern fördern sie Ihre sozialen und kommunikativen Fähigkeiten. Denn metaphorisches Denken ist der Schlüssel zur Bewältigung jeglicher Komplexität. Metaphern in Form von Geschichten-Erzählen sind eine wirkungsvolle verbale Strategie. Gute Kommunikatoren erzählen ständig Geschichten, aus denen man lernen kann. Mit Metaphern können Sie indirekt agieren: Probleme ansprechen, ohne zu verletzen, Ziele nennen, ohne Druck auszuüben, und Lösungen vorschlagen, ohne überheblich zu wirken. Metaphern geben sich „sanft" und können durch ihre indirekte Wirkungsweise eine enorme Sprengkraft entwickeln. Es macht schließlich einen erheblichen Unterschied auf der Beziehungsebene, ob beispielsweise ein Manager glaubt, dass Verhandlungsgespräche „Kampf" bedeuten oder ein „Spiel" sind. Dementsprechend muss er dem „Gegner" bzw. „Partner" entweder „das Wasser abgraben" oder „die Bälle zuspielen".

Die vier Leitfiguren

Nachfolgend lernen Sie die vier modernen Leitfiguren (Integrator, Kämpfer, Visionär oder Innovator), anhand derer Sie Ihr gewünschtes charismatisches Ich-Bild ausfeilen können, näher kennen. Alle vier Methapern stehen für die Beschreibung charismatischer Führungspersönlichkeiten, die jeweils ganz unterschiedliche Charaktereigenschaften vermitteln, durch besondere Stärken bestechen und sich durch unterschiedliche „Charismaqualitäten" auszeichnen.

Lesen Sie sich bitte alle vier Metaphern durch und bearbeiten Sie dann Training 4, um herauszufinden, welche Persönlichkeitsanteile Sie bei sich selbst fördern und welche charismatische Wirkung Sie damit erzielen wollen.

Der Integrator

Es gibt nicht viele, die bereit sind, die Rolle des Integrators wirklich auszufüllen. Aber diejenigen, die es versuchen, werden an Macht, natürlicher Autorität und Souveränität gewinnen. Dem Integrator liegt die physische und emotionale Sicherheit seiner Mitmenschen besonders am Herzen. Integratoren sind bodenständig und lassen sich nicht so schnell aus der Ruhe bringen. Entscheidungen fällen sie mit Bedacht und sind stets an einem Konsens interessiert. Sie sind warmherzig, mitfühlend, harmoniebedürftig und die klassischen Bewahrer des Alten – traditionell, zuverlässig und gewissenhaft.

Der Integrator strebt nach Einheit und Zusammenhalt und hält sein „Reich" – seine Firma, einen Verein, die Gemeinde oder seine Familie – zusammen. Er führt und bewahrt, agiert bestimmt, aber freundlich, bemüht sich um Integration und Frieden. Es ist ein schöpferischer Führungstyp, denn er erzeugt die Strukturen und Rahmenbedingungen für optimale Entfaltungsmöglichkeiten. Sein Anliegen ist die Ordnung, im Kleinen wie im Großen. Im Berufsleben ruht er mit Vollmacht und Autorität in sich und setzt sich und seinen Mitarbeitern klare Grenzen, um sie zu schützen. Wie kein anderer macht der Integrator Verantwortung zu seiner Lebensaufgabe, die manchmal auch eine Bürde sein kann und die er dennoch mit Würde trägt. Ein Integrator füllt den Raum, ob er will oder nicht. Er wird nichts dazu tun müssen, um Aufmerksamkeit auf sich zu ziehen.

Integratoren sind, wenn sie nicht zu Tyrannen werden, allgemein beliebt. Sie werden bewundert und können sich in einer Zuneigung sonnen, die nur wenigen zuteil wird. Das ist der Lohn für die Verantwortung, die sie stets bereits sind zu übernehmen. Ein Integrator herrscht dann am besten, wenn er seine Macht nicht ausnutzt, sondern als kluger Ratgeber agiert. Dann wird er immer von vielen Menschen umringt sein, die von seinem Wissen profitieren wollen. Deshalb ist er im praktischen Leben eher jemand, dem es schwer fällt, sich ein Minimum an Alleinsein zu erobern.

Im Berufsalltag will der Integrator stets das Beste für seine Mitarbeiter und ist auch bereit, große persönliche Opfer dafür zu bringen. Das macht ihn zum Mentor für viele Kollegen. Vor allem Berufseinsteigern oder Neulingen gewährt dieser Führungstyp große Freiheiten in der persönlichen Entwicklung und gibt ihnen gleichzeitig durch klare Grenzen Orientierung und Halt. Menschen, mit denen er länger zusammenarbeitet und denen er vertraut, übergibt er Aufgaben, mit denen sie wachsen und sich selbst entdecken können Dabei setzt er Maßstäbe, die aus seiner eigenen Erfahrung stammen, und wendet Gesetze und Regeln nicht so an, als seien sie von Gott gegeben. Das bedeutet, dass Integratoren in allen Berufssparten und

Tätigkeitsbereichen zu finden sind, die nur irgendwie einen Hauch von Verantwortung, Macht oder einer Vorbildfunktion erforderlich machen.

Beispiel: Der Integrator John F. Kennedy

John F. Kennedy war ein z. B. ein „junger sozialer Integrator", der einen großen Teil seines politischen Erfolgs und seiner weltweiten Resonanz einer strahlenden Selbstsicherheit und Siegesgewissheit verdankte. Menschen aus aller Welt umjubelten ihn und verehrten ihn als „König der amerikanischen Nation". In privaten Kreisen wurde ihm aber auch Selbstherrlichkeit vorgeworfen. Er war es gewohnt, sich alles zu erlauben, und duldete wenig Widerspruch. Er war so sehr von seiner „mythischen Unverwundbarkeit" überzeugt, dass er bei seien Auftritten oft Sicherheitsvorkehrungen vernachlässigte. Er wollte seinem Volk so nahe wie möglich sein, was ihm schließlich zum Verhängnis wurde.

Der/Die Kämpfer/in

Gäbe es keine Kämpfer, würde unserer Welt der Wunsch nach Fortschritt und Veränderung fehlen. Dieser Führungstyp handelt, kämpft und setzt sich mit aller Kraft für eine gute Sache ein. Kämpfertypen sind die energischsten unter allen Führungspersönlichkeiten – willensstark, tatkräftig und beseelt vom Wunsch zu siegen. Kämpfer sind dynamisch, durchsetzungsstark und vor allem zielstrebig. Sier brauchen ein klares Ziel, das sie achtsam im Auge behalten und auf das hin sie konzentriert „ihren Bogen spannen", um es exakt zu treffen.

Der Kämpfer hat ein Verständnis für die Hierarchie, denn er kämpft in Treue und Loyalität für einen „Herrn" oder eine „gute Sache". Er zeichnet sich durch die Charisma-Faktoren Energie, Durchsetzungskraft und Loyalität aus. Die weibliche Form des Kämpfers ist die Amazone, sie repräsentiert die durchsetzungsstarke Frau.

Fast alle Menschen im heutigen Berufsleben brauchen Persönlichkeitsanteile des Kämpfers, um Aufgaben zu erfüllen, um etwas zu leisten und vorwärts zu kommen. Aber auch im sozialen und politischen Bereich sind es die Vorreiter, die sich für die Schwächeren stark machen. Dieser Typ ist nach außen gerichtet und hat in erster Linie seine Sache im Blick.

Er baut Strategien auf, boxt sich durch, überwindet Hindernisse, zeigt Ausdauer und Disziplin, die ihm eine ungeteilte Bewunderung von allen Seiten zukommen lässt. Denn niemand anderes als er ist bereit, sich bis zum „letzten Blutstropfen" für „eine gute Sache" oder andere einzusetzen. Dabei „kämpft" er nicht unter Druck, sondern aus eigener Überzeugung. Kämpfer setzen sich mit Vorliebe sich für Belange anderer ein. Sind sie erst einmal von einer Sache überzeugt, sind sie nicht mehr davon abzubringen. Als Führungspersonen sind sie harte, aber faire Verhandlungspartner, die für das Unternehmen den besten Deal aushandeln. Im Kollegenkreis, sind es diejenigen, die sich schon seit Jahren für einen Ausbau der Firmenparkplätze oder ein fleischloses Gericht in der Kantine einsetzen oder sich im Betriebsrat engagieren.

Sie sind diejenigen, die für Gerechtigkeit und Ordnung eintreten. Deshalb ist der Kämpfer häufig darauf angewiesen, dass andere ihn dafür einsetzen, das zu erreichen oder zu erstreiten, was ihnen selbst erstrebenswert erscheint. Dann fühlt er sich gebraucht. Siegen zu wollen ist den Kämpfer so wichtig, dass er sich schnell unnütz oder überflüssig fühlt, wenn es mal nichts zu erringen gibt. Er versteht selten, wie andere einfach nichts tun können oder sich abwartend verhalten, wo man doch etwas gegen Untreue, Verrat und Ungerechtigkeit tun kann.

Dementsprechend schwer fällt es ihm, sich auch mal auszuruhen. Denn dann kommen ihm immer Wünsche und Fantasien, die ihm Ziele vor Augen führen, um die es sich wieder zu kämpfen lohnt. Nimm einem Kämpfer das Ziel und du wirst ihm seiner Lebenslust berauben. Ein Sieg, der ihm einfach so zufällt, ohne dass er sich darum bemüht hat, ist ihm nichts wert.

Beispiel: Berühmte Kämpfer

Konrad Adenauer war ein weiser Kämpfer, der im Laufe seines Lebens lernte, zu überzeugen statt zu bezwingen. Er begriff, dass er im Kampf um die Erneuerung des Staates große Siege erringen konnte, wenn er auf Loyalität statt auf Ruhm setzte. Seine Einstellung war die eines Kriegers, der die Mittel der Diplomatie und die seines Starrsinns einsetzte, um Widrigkeiten zu überwinden. Seine Strategie war die Ausdauer.

Ein ganz anderer Kämpfertyp war Mahatma Gandhi. Die Klugheit und Zähigkeit, mit der er seine Auseinandersetzung mit dem Empire führte, brachten ihm nicht nur Respekt bei den Briten ein, sondern veränderten das Denken ganzer Generationen. Statt Krieg schaffte er Frieden.

Der Innovator

Dieser Führungstyp drängt nach kreativem Selbstausdruck. Sein „Verkaufsschlager" sind Ideen. Innovatoren verstehen es, Neues am laufenden Band zu produzieren – ob Tag oder Nacht. Improvisation gehört zu ihrem Handwerkzeug. Der Innovator ist fantasievoll, gefühlsbetont, braucht die Abwechslung, agiert unkonventionell und ist offen gegenüber allem Neuen. Sein Bedürfnis ist die künstlerische Freiheit. Dementsprechend interessieren ihn auch keine regulären Arbeitszeiten oder andere Formalitäten. Er besticht durch die Charismaqualitäten Originalität und Individualiät. Zum Innovator passt der Werbespruch „Ein bisschen ‚Bluna' sind wir doch alle." Er ist ein Individualist par excéllence.

Innovateure sind diese kreativen Köpfe, die auch mal morgens um sieben Uhr völlig übermüdetet, aber gut gelaunt aus dem Büro marschieren, weil sie mal wieder die Nacht durchgemacht haben, um den ultimativen Einfall für eine neue Werbestrategie oder eine technische Neuheit auszuarbeiten. Die Verwirklichung von Ideen steht im Mittelpunkt ihres Handelns. Routine ist dem Innovator ein Gräuel, er braucht die Abwechslung durch die Erschaffung von etwas Neuem.

Der Innovator möchte der Nachwelt ein originelles Werk präsentieren. Das Unerforschte, dasjenige, was erstaunt und überrascht, das ist seine Domäne. Dabei ist es unwichtig, auf welchem Gebiet er etwas Neues gebiert. Eine solche „Künstlerseele" kann sich ebenso im Erstellen einer innovativen Datenbank manifestieren wie in der Entwicklung eines Akquisitionsprojekts, das an Originalität kaum zu übertreffen ist. Als Führungspersönlichkeit gewährt er gemäß seinem Naturell auch den anderen viel Handlungsspielraum, nach dem Motto: „Macht, was ihr wollt, Hauptsache, das Ergebnis stimmt am Ende."

Der Inhalt oder die Resonanz beflügeln den kreativen Innovator erst in zweiter Linie. An erster Stelle steht für ihn die Lust, die er verspürt, wenn er Elemente oder Fakten miteinander kombiniert und in Verbindung bringt, die es vorher so noch nicht gab. Dadurch verleiht er den Dingen einen neuen Sinn. Dabei kommt immer wieder der große Wunsch nach Einmaligkeit und Unverwechselbarkeit zum Ausdruck. Dieser Wunsch manifestiert sich auch in extravaganter Kleidung und einem unkonventionellen Auftreten.

Es gibt viele Möglichkeiten, diesen Führungstyp in der eigenen persönlichen Ausstrahlung zu fördern. Die kreative Umgestaltung einer Präsentation für einen Kunden zählt dazu ebenso wie die Ausgestaltung der nächsten Weihnachtsfeier im Kollegenkreis. Eine andere Form, den Innovator in sich zu wecken, kann sein, die Kunst anderer zu bewundern, zu verstehen und zu fördern, indem Sie sich Ihr Büro in originellen Farben streichen und Werke von Künstlern aufhängen, die Sie begeistern.

Auch in Beziehungen zu anderen Menschen und besonders in der Wahl seiner Freunde bietet und wünscht sich dieser Typ Abwechslung. Jeder, der ihm sympathisch ist, wird in den großen Kreis seiner Bekannten aufgenommen. Dabei legt er keinen besonderen Wert darauf, ob jemand seiner Karriere förderlich ist oder nicht – ihn interessieren einfach die Menschen. Innovatoren sind hingebungsvolle Gefährten und wären am liebsten mit der ganzen Welt befreundet.

Beispiel: Berühmte Innovatoren

Einstein war und ist bis heute wohl der genialste Innovator unserer Zeiten. Physik und Mathematik waren sein Territorium, in dem er sich in seiner wissenschaftlichen Freiheit austobte wie ein Dalí in seinen Bildern. Seine Formel $E = mc^2$ hat über die Wissenschaftskreise hinaus das gesamte Denken über Zeit und Raum revolutioniert. Je älter er wurde, desto eigenwilliger und unkonventionelller wurde er auch. Die öffentliche Meinung interessierte ihn wenig und er war auf jeder Party ein gern gesehener Gast. Humor gab es gratis bei ihm.

Coco Chanel war sicherlich nicht im geringsten so amüsant wie Einstein, aber auf ihrem Gebiet mindestens ebenso genial. Niemand vor und nach ihr hat es bisher geschafft, einen so klassischen Stil zu entwerfen, der alle Trends überdauert und immer wieder eine neue Renaissance erfährt, wie der ihrige. Das Parfum No. 5 ist legendär und bis heute das meistverkaufte Produkt dieser Art auf der Welt.

Der/Die Visionär/in

Dieser Führungstyp verkörpert die Erfüllung größerer Ziele und höherer Ideale – ein Kommunikationstalent mit sozialer Ader, „ein Wanderprediger der Moderne", der seine Zuhörerschaft durch neuartige Vorstellungen inspiriert und dem es gelingt, mit Enthusiasmus und Überzeugungskraft die „Weisheit in Tüten" zu verkaufen.

Visionäre sind im Informationszeitalter die gefragtesten Führungsvorbilder. Sie sind extrovertiert, gesellig und sensibel genug, sich in andere hineinversetzen zu können. Darüber hinaus sind sie tiefsinnig und immer auf dem Laufenden. Ihr Markenprodukt sind im wahrsten Sinne des Wortes die Weisheiten des Geschäftslebens. Kommunikationsgeschick, Begeisterung, Verständnis und die Fähigkeit, unmittelbar Vertrauen herzustellen, sind die großen charismatischen Stärken dieses Typs.

Der Visionär ist derjenige, der es vermag, über den Tellerrand eines Vorhabens hinauszusehen und in größeren Zusammenhängen zu denken. Er ist seiner Zeit immer etwas voraus und muss schon deshalb über hervorragende Kommunikationsfähigkeiten verfügen, um andere für seine Zukunftsprojekte gewinnen zu können. Es ist ihm ein Herzensanliegen, Ideen von einer besseren Welt zu vermitteln und sich zum Wohle einer Gemeinschaft einzusetzen. Darüber hinaus besitzen Visionäre die Gabe, sich schnell in unvorhergesehene Situationen und unterschiedlichste Persönlichkeiten hineinversetzen zu können. Das macht diesen Führungstyp zu einer Figur, an der man nicht vorbei kommt, weil er es wie kein anderer versteht, durch seine Ausdruckstärke die Herzen zu berühren und durch Überzeugungskraft die Geister aufzurütteln. Zu den Visionären zählt zum Beispiel ein Entdeckertyp wie Kolumbus, der es schaffte, fünf Schiffsmannschaften von der Idee der „neuen Welt" zu überzeugen – und das in einer Zeit, da alle noch glaubten, dass die Erde eine Scheibe sei.

Im beruflichen Kontext ist der Visionär für die Pionierarbeit im Team oder im Unternehmen zuständig. Er ist bekannt dafür, in Lösungen zu denken. Visionäre fühlen sich in ihrem Element, wenn sie diskutieren, präsentieren und philosophieren können. Sie sind diejenigen, die auch in wirtschaftlichen Krisenzeiten die Mitarbeiter mit ihrem grenzenlosen Optimismus motivieren können. Während andere den „besseren Zeiten" nur hinterhertrauern, verkündet der Visionär eben diese. Visionäre fühlen sich an den Rednerpulten aller Berufssparten zu Hause. Sie sind es, die einen neuen Gedanken in den Raum stellen und mit Esprit und Enthusiasmus ihr Anliegen vertreten oder an Unternehmenswerte und die Wahrung ethischer Prinzipien erinnern.

Der Visionär ist ein Forscher, der unermüdlich nach den Geheimnissen unseres Seins fragt. Wie der Kämpfer einer „guten Sache" dienen will, so hat sich der Visionär der Verkündigung einer tieferen Einsicht oder eines höheren Ziels verpflichtet. Ganz gleich, worin der Visionär sein Ideal sieht, er möchte es immer zum Wohle aller einsetzten – für ein besseres Miteinander, eine humanere Arbeitswelt. Deshalb findet man diesen Führungstyp bevozugt in Bereichen der Psychologie und Lebensberatung, aber auch unter gewissen Politikern, die es noch ehrlich meinen, und natürlich als visionäre Manager.

Beispiel: Berühmte Visionäre

Bill Gates motivierte die Vision, dass bis 2005 alle Haushalte auf der Welt einen Computer besitzen sollen. Obwohl er für dieses kühne Vorhaben anfangs belächelt wurde, war er dennoch von seiner Idee so überzeugt, dass er sie bereits zum damaligen Zeitpunkt auf den Fußboden seines Firmeneingangs einmeißeln ließ.

Eine sehr ungewöhnliche Visionärin war Beate Uhse, die sich im Nachkriegsdeutschland als „Liebes-Missionarin" für die sexuelle Befreiung eingesetzt hat. Ihre Vision von der „lustvollen" Ehe vertrat sie Anfang der 60er Jahre unbeirrt gegen alle gesellschaftlichen und juristischen Anfeindungen. Mit ihren Produkten und ihrem persönlichen Enthusiasmus brachte sie die sexuelle Aufklärung in die deutschen Schlafzimmer und wurde obendrein eine der erfolgreichsten Unternehmerinnen der deutschen Wirtschaftsgeschichte.

Die Führungsmetaphern repräsentieren nicht alle, aber entscheidende Komponenten einer charismatischen Persönlichkeit. Keine der beschriebenen Führungsfiguren ist besser als eine andere. Es gibt auch keine Hierarchie unter ihnen. Jede Figur stellt lediglich eine bestimmte Ausprägung von Eigenschaften in den Vordergrund. Sie selbst entscheiden, welche der genannten Fähigkeiten und Eigenschaften Sie für Ihre Persönlichkeit im Hinblick auf Ihre beruflichen Anforderungen nutzen wollen. Die Bedeutung und Wichtigkeit bestimmter Persönlichkeitsmerkmale hängt immer vom beruflichen Kontext ab.

Beispiel: Wahl der Leitfigur

So kann es sein, dass Sie in der Rolle des Innovators bereits erfolgreich als Projektleiter in einer Entwicklungsabteilung arbeiten, weil Innovationsfähigkeit und Kreativität zu Ihren persönlichen Stärken gehören. Dennoch wollen Sie sich beruflich weiterentwickeln und interessieren sich für eine gleichrangige, aber inhaltlich andere Führungsposition, die mehr Planungs- und Organisationsgeschick erfordert – Fähigkeiten, die Sie zwar mitbringen, aber aufgrund Ihres bisherigen Tätigkeitsschwerpunkts weniger stark brauchten. Aus diesem Grunde kann es durchaus Sinn machen, an dieser Stelle Ihrer beruflichen Laufbahn die Führungsmetapher des Integrators in den Vordergrund zu schieben und diese zu Ihrer persönlichen Leitfigur zum machen. Das heißt aber noch lange nicht, dass Sie dann in Ihrer gesamten Persönlichkeit wie ein Integrator werden sollen.

Persönlichkeitsentwicklung ist immer ein dynamischer Prozess und kein starres Gebilde. Sie nehmen lediglich ein paar ausgewählte Persönlichkeitsanteile näher unter die Lupe, um sie für ein bestimmtes berufliches Ziel zu nutzen. Dabei haben Sie die Möglichkeit, sich entweder an einem Ihrer persönlichen Vorbilder (öffentlich oder aus Ihrem privaten Umfeld) zu orientieren oder eine der Führungsmetaphern als Leitfigur zu nehmen, um Ihre Persönlichkeit nach Ihren beruflichen Anforderungen zu erweitern. Dann entscheiden Sie sich entweder dafür, Ihre bereits vorhandenen Stärken zu stärken oder/und Schwächen auszugleichen. Sollten Sie mehr als eine Führungsmetapher interessant finden, dann wählen Sie bitte trotzdem nur einen Typ, um eine überschaubare Auswahl charismatischer Qualitäten trainieren zu können, anstatt mehrere Berge gleichzeitig besteigen zu wollen.

In der nachfolgenden Abbildung (Charisma-Kompass) finden Sie die die jeweiligen Führungsmetaphern (Integrator, Kämpfer, Innovator, Visionär) noch einmal zusammengefasst mit ihren jeweiligen prägnanten Persönlichkeitseigenschaften und ihren besonderen Charismaqualitäten:

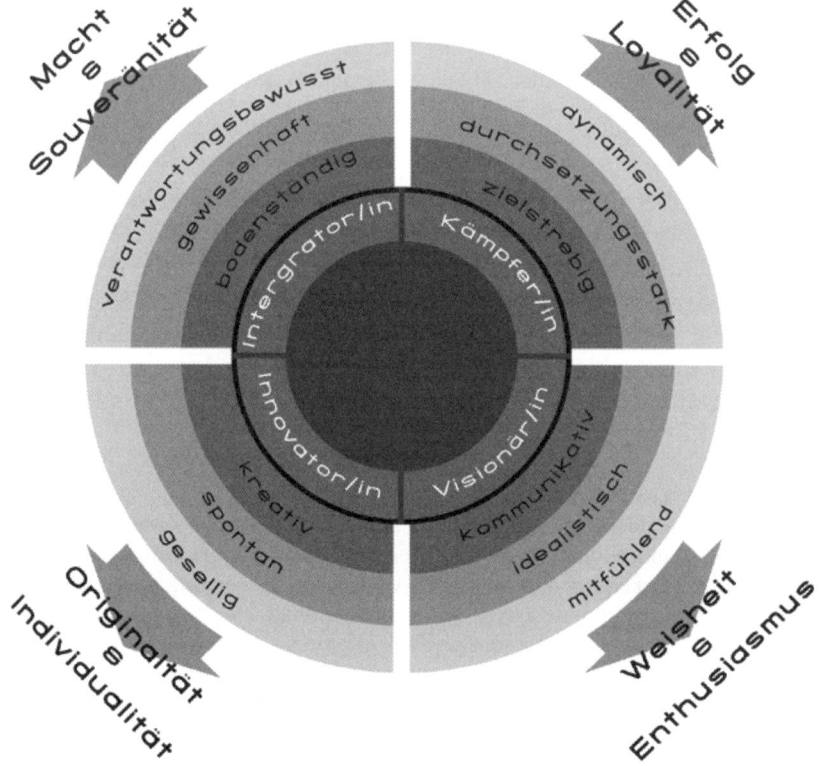

Die Abbildung beschreibt im Kern die genannten Führungsmetaphern. Die Facetten ihrer Persönlichkeit werden jeweils durch drei typische Eigenschaften repräsentiert. Die besondere charismatische Ausstrahlung, die diese bewirken, werden durch die Richtungspfeile symbolisiert.

Nachfolgend können Sie sich Ihr eigenes charismatisches Leitbild erschaffen, das Sie durch alle nachfolgenden Kapitel Schritt für Schritt führt und ihnen demonstriert, wie Sie Ihre Persönlichkeit im Hinblick auf Ihre Karriere erweitern können.

Den größten Lerneffekt erzielen Sie, wenn Sie entweder Ihre Lieblingsleitfigur auswählen und dadurch Ihre Stärken ausbauen oder einen der anderen Typen wählen, dessen Qualitäten Sie in Ihrer Persönlichkeit vermissen.

Training 4: Erschaffen Sie sich Ihre charismatische Leitfigur

🕐 120 Min.

Für welche berufliche Situation wollen Sie Ihre persönlichen Kompetenzen ausbauen?

Welches Vorbild – entweder eine öffentliche Person, eine aus Ihrem persönlichen Umfeld oder eine der Führungsmetaphern – würde Ihnen in Bezug auf Ihr berufliches Fortkommen als charismatische Leitfigur dienen?

Wählen Sie eine charismatische Leitfigur, um entweder Ihre Stärken weiter auszubauen oder bestimmte Schwächen auszugleichen.

Wichtig: Sollten Sie mehr als ein Vorbild interessant finden, dann entscheiden Sie sich trotzdem bitte nur für einen Typ, um eine überschaubare Anzahl charismatischer Qualitäten trainieren zu können.

Lösung 4: So erschaffen Sie sich eine charismatische Leitfigur

- Beispiel für ein öffentliches Vorbild: Sie könnten Bill Gates als Prototyp eines extrem erfolgreichen Visionärs auswählen.
- Beispiel für ein Vorbild aus der persönlichen Umgebung: Ihre Kollegin gilt aufgrund ihrer verständnisvollen Art und der hervorragenden rhetorischen Fähigkeiten als „die gute Seele" im Betrieb, bei der alle Rat einholen. Sie hat immer ein offenes Ohr und nimmt ihre Mitarbeiter ernst. Das fasziniert Sie derart, dass Sie in ihr die Führungsmetapher des Integrators sehen, den Sie auch gern verkörpern möchten.
- Metaphern-Beispiel für einen charismatischen Wunschzustand: „Ich möchte mich zukünftig in der Rolle des Ideenlieferanten so frei wie ein Vogel fühlen." Entsprechend könnten Sie sich den Innovator als persönliche Leitfigur aussuchen.
- Wenn Sie sich als eine verantwortungsvolle Führungskraft bezeichnen, die das Beste für ihre Mitarbeiter und das Unternehmen will, dann leben Sie bereits erfolgreich die Führungsmetapher des Integrators. Dennoch könnte es für Sie

sinnvoll sein, diesen Typ als Leitfigur zu nehmen, da Sie auf diese Weise Ihre bereits vorhanden Qualitäten zum Optimum ausbauen könnten.

- Wenn Sie die Durchsetzungsfähigkeiten Ihres Chefs faszinieren, weil Sie sich selbst als zu harmoniebedürftig beschreiben und gerne dynamischer und selbstbewusster aufträten, dann könnte die Führungsmetapher des Kämpfers für Sie eine inspirierende Leitfigur darstellen.

Zwar ist es empfehlenswert, eine der vorgeschlagenen Führungsmetaphern als Ihr persönliches Charisma-Leitbild zu verwenden, Sie können aber auch eine eigene Figur wählen oder tatsächlich bei einem lebendigen Vorbild bleiben. Die Metaphern sollen Ihnen nur exemplarisch zeigen, wie Sie Ihre Persönlichkeit nach Ihren eigenen Wünschen und Bedürfnissen ausbauen können.

Schlüpfen Sie in die Rolle Ihres Leitbildes

Nachfolgend heißt es, in die Rolle Ihres Leitbildes zu schlüpfen. So wie ein Schauspieler können Sie versuchen, Ihr Leitbild mit Leben zu erfüllen, und einzelne Verhaltensweisen in der beruflichen Praxis ausprobieren.

Training 5: Probieren Sie sich in der Rolle Ihres Leitbildes aus

120 Min.

Trainieren Sie in der nächsten Woche eine bis drei Eigenschaften, Verhaltensweisen oder Fähigkeiten Ihres Leitbildes.

Notieren Sie sich die Antworten auf folgende Fragen in Ihr Charisma-Tagebuch.

Wo haben Sie sich ausprobiert?

Was haben Sie gemacht?

Was haben Sie gedacht?

Wie fühlten Sie sich dabei?

Wie würden Sie sich beschreiben?

Lösung 5: So könnten Sie sich in der Rolle Ihres Leitbildes ausprobieren

Vielleicht sind Sie eine gewissenhafte, zuverlässige und ruhige Person. Nun haben Sie sich möglicherweise dafür entschieden, dass Sie in Ihrem Job Ihre Kriegerqualitäten stärker betonen wollen. Sie könnten sich vornehmen, bestimmter und energischer aufzutreten und Ihre Ziele eindringlicher zu verfolgen.

Antwortbeispiele für die Fragen:

- Sie könnten in Ihrer Abteilung eine neue Aufgabe übernommen haben.

- Vielleicht haben Sie eine Präsentation gestaltet und diese vor Ihrem Chef und Kollegen dargeboten.

- Möglicherweise haben Sie für sich feststellen können: „Das lief ja richtig gut!".

- Nachdem Sie sich anfangs vielleicht etwas unsicher fühlten, könnten Sie im Laufe der Vorstellung immer souveräner geworden sein.

- Möglicherweise sehen Sie sich jetzt als der oder die „Mutige".

Das sollten Sie in diesem Kapitel erreicht haben

- Sie wissen um die metaphorische Bedeutung von Vorbildern und haben für sich Vorbilder aus dem öffentlichen Leben und Ihrem privaten Umfeld gefunden.

- Sie können Ihren charismatischen Wunschzustand sinnbildlich beschreiben.

- Sei kennen vier Führungsmetaphern, die als Beispiele für eine charismatische Unternehmensführung stehen.

- Sie wissen, für welche beruflichen Ziele Sie Ihre Persönlichkeit ausbauen wollen.

- Sie haben anhand der vier Führungsmetaphern Ihr charismatisches Leitbild gefunden, das Sie inspiriert und Ihnen klar aufzeigt, in welche Richtung Sie Ihre Persönlichkeit weiterentwickeln wollen.

- Sie haben bereits erste Erfahrungen in der Rolle Ihrer Leitfigur gesammelt.

Finden Sie Ihr Charismaziel

Den Wunschzustand formulieren

Jetzt, da Sie sich ein genaues Bild von dem gemacht haben, was Sie bei sich in den charismatischen Vordergrund schieben wollen, können Sie sich gezielt auf diese Qualitäten ausrichten.

Dabei ist es wichtig, sich immer wieder bewusst zu machen, dass unser Gehirn nicht nur in Sprache, sondern vorzugsweise in Bildern denkt! Sprache schafft Bilder im Kopf, die Sie in Ihrer Zielerreichung effektiv unterstützen können. Das heißt, je konkreter Sie Ihren gewünschten Zielzustand in Bezug auf Ihre Ausstrahlung formulieren, desto klarer und eindeutiger entsteht vor Ihrem geistigen Auge ein Bild Ihres individuellen charismatischen Wirkens.

Training 1: Finden Sie eine allgemeine Zielvorgabe anhand Ihres gewählten Leitbildes
🕐 10 Min.

Bitte lesen Sie noch einmal aufmerksam die Charakterbeschreibung Ihres gewählten Leitbildes durch. Versetzen Sie sich dabei in dessen Rolle und beantworten Sie folgende Fragen schriftlich.

Welche Ziele verfolgt Ihr Leitbild?

Welche Persönlichkeitseigenschaften und Charismaqualitäten zeichnen Ihr Leitbild aus?

Was wollen Sie in der Rolle Ihres Leitbildes beruflich erreichen?

Lösung 1: So finden Sie eine allgemeine Zielvorgabe anhand Ihres Leitbildes

Nachfolgend finden Sie die Lösungsantworten anhand der vier Führungsmetaphern:

- Der **Kämpfer** liebt es, sich für eine „gute Sache" oder Veränderungen voll und ganz einzusetzen.

Ziel:	mit Fairness und 100 Prozent Einsatz Fortschritt und Veränderung bewirken
Markante Persönlichkeitseigenschaften:	zielstrebig, dynamisch, durchsetzungsstark
Charismaqualitäten:	Erfolg und Loyalität

Der Leitfigur „Kämpfer" entsprechend könnte es Ihr Ziel sein, in Ihrem Beruf aufzusteigen, mehr Umsatz zu machen, ein höheres Einkommen zu erzielen und sich für eine „gute Sache" wie z. B. für mehr Gleichberechtigung von Frauen im Berufsleben einzusetzen. Dafür benötigen Sie mehr Durchsetzungsvermögen und Kampfgeist.

- Der **Integrator** ist eine wahrhaftige Führungspersönlichkeit, die Macht schätzt.

Ziel:	mit Verantwortung andere Menschen führen, beschützen, Werte bewahren
Markante Persönlichkeitseigenschaften:	verantwortungsbewusst, gewissenhaft, bodenständig (traditionell)
Charismaqualitäten:	Macht und Souveränität

Als Integrator können Sie mehr Verantwortung, die Leitung eines neuen Projekts übernehmen oder als Mentor den beruflichen Werdegang eines Mitarbeiters/neuen Kollegen/Azubi betreuen. Eine integrative Aufgabe wie die Übernahme eines Vorsitzes in einem Verein oder Wirtschaftsclubs könnte Sie ebenfalls in der Rolle des Integrators stärken.

- **Innovatoren** sind die kreativen und originellen Individualisten.

Ziel:	etwas Einmaliges, Originelles erschaffen und sein
Markante Persönlichkeitseigenschaften:	fantasievoll, eigenwillig, innovativ
Charismaqualitäten:	Originalität und Individualität

In der Rolle des Innovators wollen Sie kreativer arbeiten und erlernen z. B. die Bedienung neuer Bildbearbeitungsprogramme oder eine Fremdsprache. Sie arbeiten immer an den neuesten Projekten und tüfteln Innovationen aus. Privat nehmen Sie sich mehr Zeit für Gefühle und probieren auch mal einen ganz anderen Kleidungsstil aus.

- **Visionäre** sind die Idealisten, die sich enthusiastisch für eine bessere Welt oder eine größere Idee einsetzen.

Ziel:	einen Beitrag für die Gemeinschaft oder eine „bessere Welt" leisten
Markante Persönlichkeitseigenschaften:	kommunikativ, enthuisiastisch, weise
Charismaqualitäten:	Idealismus und Optimismus

Als Visionär könnten Sie vermehrt Ihren rethorischen Fähigkeiten Ausdruck verleihen, indem Sie Gesprächsrunden moderieren, Präsentationen übernehmen oder/ und Vorträge halten.

Um es Ihrem Gehirn leichter zu machen, sich Ihren charismatischen Wunschzustand vorzustellen, werden Sie in der nachfolgenden Übung Ihr Ziel bildhaft darstellen. Nur Sie allein wissen, welche Vorstellungen und Gefühle Sie mit welchen Worten verbinden.

Training 2: Visualisieren Sie Ihren charismatischen Wunschzustand

⊕ 20 Min.

Malen Sie ein Bild von Ihrem charismatischen Wunschzustand, indem Sie sich in Gedanken in die Rolle Ihres Leitbildes versetzen und folgende Fagen als Anregung nutzen:

Wo agieren Sie als charismatiche Persönlichkeit?

Über welche Fähigkeiten verfügen Sie?

Welche Rolle füllen Sie in Ihrem Unternehmen aus?

Wen und was haben Sie dazugewonnen?

Lösung 2: So visualisieren Sie Ihren charismatischen Wunschzustand

Beim Aufmalen Ihrer persönlichen Zielvorstellungen können Sie sowohl abstrakte Symbole verwenden als auch konkrete Figuren und Gegenstände. Es kommt nicht darauf an, wie gut Sie zeichnen können, sondern darauf, dass Sie in Bildern denken. Wenn Sie die Beispielfragen als Anregung genutzt haben, könnten Sie für den Ort Ihres Agierens etwa das Logo Ihrer Firma aufmalen. Die Fähigkeiten Durchsetzungskraft und Dynamik ließen sich mit dem Symbol einer aufsteigenden Rakete darstellen. Des Weiteren könnten Sie sich in der Rolle des erfolgreichen Kämpfers mit den Symbolen der $-Note und einem Schwert repräsentiert sehen, der Freunde (Herz) und Wohlstand (Tresor) dazugewonnen hat.

Alternativ können Sie auch eine Fotocollage von Ihrem charismatischen Wunschzustand anfertigen. Das ist besonders effektvoll, weil Sie sich erstens viel intensiver und länger mit Ihren ganz individuellen Vorstellungen beschäftigen und zweitens Ihr Zielbild noch realitätsnaher wirkt.

Sich Ziele setzen und SMART formulieren

Sich ein Ziel zu setzen ist keineswegs eine Selbstverständlichkeit. Vielen Menschen fällt es schwer, sich Ziele zu setzen, weil es bedeutet, sich überhaupt erst einmal klar darüber zu werden, was man will, um sich dann festzulegen und schließlich zu dem zu stehen, was man sich vorgenommen hat. Das wiederum bedeutet, transparent zu werden für Gelingen, aber auch für Misslingen. Dieses Risiko wollen viele nicht eingehen. Sie bleiben deshalb lieber unkonkret und lassen sich weiterhin von den Umständen bestimmen statt umgekehrt.

Fragen Sie doch mal ein paar Ihrer Bekannten nach ihren Zielen und Wünschen. Die Mehrheit wird erst einmal darüber nachdenken müssen und Ihnen dann aufzählen, was sie alles nicht wollen. Sie werden Aussagen wie: „Ich will nicht mehr so viel arbeiten" zu hören bekommen oder: „Den Job mag ich nicht mehr" oder: „Ich will auf keinen Fall in meiner Entwicklung stehen bleiben". Was diese Menschen aber stattdessen wollen, geht aus den Formulierungen nicht hervor.

Statt zu formulieren, was man nicht will, ist es erfolgversprechender, gleich zu sagen, was man will. Zum Beispiel: „Ich will erst ab 12.00 Uhr anfangen zu arbeiten", oder: „Ich beschaffe mir einen neuen Job", oder: „ Für mich ist es wichtig, mich in meinem Leben weiterzuentwickeln".

Charismatische Menschen sind anders. Sie wissen genau, was sie wollen.

Mit einer klaren Zielsetzung können Sie vom Reagierenden auf Umstände zum Kreierenden der Umstände werden und sich bereits dadurch von der breiten Masse abheben! Es geht also darum, die äußeren Umstände wie Ort und Zeitraum Ihres Handelns im Voraus festzulegen, und zwar durch selbst gesteckte Ziele. Auch wenn sich nicht immer alle äußeren Umständen nach den eigenen Wunschvorstellungen bestimmen lassen, so können Sie dennoch mit der nachfolgenden „SMART-Formel" die Wahrscheinlichkeit Ihrer Zielerreichung und die Größe Ihres persönlichen Einflusses erheblich steigern. Die SMART-Formel eignet sich hervorragend für alle Arten von Vorhaben und ist ein äußerst effektives Instrument zur Zielerreichung.

Ein Ziel hat dann die größten Chancen auf Verwirklichung, wenn es wie folgt „SMART" formuliert ist:

S	=	spezifisch, d. h. keine vagen Wünsche, sondern konkrete Vorhaben
M	=	messbar, d. h. Angaben mit Zahlen, Daten, Fakten belegen
A	=	aktionsorientiert und affirmativ, d. h. keine Verneinungen und keine Konjunktive wie „würde, hätte, müsste", sondern konkrete Handlungsanweisungen, emotional positiv und in der Gegenwartsform
R	=	realistisch, d. h. nicht zu viel auf einmal anstreben, sondern besser in realisierbaren Schritten vorgehen
T	=	terminiert, d. h. Anfangs- und Endzeitpunkt festlegen, ggf. Zwischenschritte markieren

Beispiel: SMART = erfolgreicher

In den USA hat man in 1950er Jahren einmal über 3.000 Verkäufer von Unterwäsche und Hemden in großen Kaufhäusern per Fragebogen gebeten, sich selbst einzuschätzen, ob sie gute Verkäufer seien. Das folgende Experiment wurde nur bei denjenigen vorgenommen, die sich als überdurchschnittlich gut eingestuft hatten und die in einem Nachfassgespräch auch mündlich klar zum Ausdruck brachten, dass sie ihren beruflichen Erfolg durch Verkaufen in dieser Abteilung begründen wollten.

Zu den 124 Verkäufern, die jetzt übrig blieben, kam jeweils ein Kunde, der zwei Paar Socken verlangte. Während der Verkäufer diese einpackte, erzählte der Kunde beiläufig, dass es in seinem Hotel zu einem Zimmerbrand gekommen sei und dass er jetzt den Ärger habe, alle seine Sachen ersetzen zu müssen. Die Versicherung werde zwar den Schaden, sprich den Preis der Textilien, ersetzen – er brauche im Übrigen eine richtige Rechnung, ein Kassenbon reiche nicht aus – die Zeit und Mühe, die ihn das koste, könne ihm jedoch niemand ersetzen!

Was glauben Sie, wie viele von den Spitzenverkäufern haben ihre Chance genutzt, den Mann von Kopf bis Fuß neu einzukleiden? Gerade mal drei! Obwohl das schon die Elite unter den befragten Verkäufern war!

Woran mag das wohl gelegen haben? Nur drei von 124 Spitzenverkäufern hatten ihr Unterbewusstsein durch eine klare Vorstellung auf ihr Ziel hin ausgerichtet!

Allein die konkrete Formulierung von Zielen hat bereits Auswirkungen auf die Motivation und die Wahrscheinlichkeit, ein Vorhaben erfolgreich umzusetzen. Überprüfen Sie selbst anhand der nachfolgenden Beispielsituation, welchen Unterschied eine konkrete Zielformulierung im Vergleich zu einer allgemeinen macht, und entscheiden Sie, welche von beiden die höheren Realisierungschancen hat:

Beispiel: Ausweg aus der Misere

Die Situation: Die Chefs zweier mittelständischer Unternehmen haben aufgrund der schwierigen Wirtschaftslage exitenziell schwer zu kämpfen und möchten nun, dass ihre Mitarbeiter für die Firma einstehen und Überstunden machen. Sie wählen jeweils folgende Ansprachen:

- Chef 1:
  „Wir müssen es schaffen, demnächst etwas mehr Umsatz zu erwirtschaften. Dafür brauche ich eure Hilfe."

- Chef 2:
  „Bis Mai nächsten Jahres ist es notwendig, dass unsere Firma auch am Wochenende einsatzbereit ist. Dafür brauchen wir einen neuen Schichtplan, der festlegt, wie und wann jeder Mitarbeiter an zwei Wochenenden im Monat für vier bis sechs Stunden mehr arbeiten kann. Mit diesem Service sichern wir uns Aufträge, die uns einen Gewinn von 150.000 Euro für dieses Jahr einbringen. Mit diesen Einnahmen lassen sich die Mitarbeiterlöhne und die Modernisierung unserer Anlagen bis Ende des nächsten Jahres sicherstellen."

Chef 2 hat weitaus mehr Chancen, seine Mitarbeiter zu motivieren, da er sie nicht nur in die Problemlage einweiht, sondern ihnen gleich nachvollziehbare Lösungsschritte aufzeigt. Damit wird das Problem überschaubar und jeder weiß, was er zu tun hat. Das bereits der halbe Erfolg.

Präzisieren Sie nun mithilfe der SMART-Formel Ihr Zielvorhaben und motivieren Sie sich damit für die Ausführung.

Training 3: Ist Ihr Ziel spezifisch formuliert?  5 Min.

Überprüfen Sie Ihre Zielformulierung aus dem vorigen Abschnitt auf das erste Kriterium der SMART-Formel. Ist ihr Ziel spezifisch formuliert, d. h. beschreibt es ein ganz konkretes Projekt mit Orts- und Zielangabe?

Lösung 3: So formulieren Sie Ihr Ziel spezifisch

* Kämpfer:
  Ich setze mich gegen meine Mitbewerber durch und bekomme die Position als Pressesprecher von Schiller & Mustermann in München.

* Integrator:
  Ich übernehme die Verantwortung für Personalentscheidungen und pflege meine geschäftlichen Kontakte im Marketingclub.

* Innovator:
  Ich entwickle einen originellen Werbespot und erfinde ein neuartiges Grafikprogramm, mit dem ich die nächste große Präsentation gestalten kann.

* Visionär:
  Ich halte Vorträge und Diskussionsrunden zum Thema „Human Resource Management" und übernehme anlässlich des zehnjährigen Firmenjubiläums die Mitarbeiteransprache.

Übung: Präzise Formulierungen testen

Experimentieren Sie eine Woche lang mit der unterschiedlichen Wirkung von präzisen im Vergleich zu vage formulierten Aussagen. So könnten Sie beispielsweise die Bitte oder Arbeitsanweisung, einen Brief für Sie zu schreiben, wie folgt unterschiedlich kommunizieren:

* „Tippen Sie das bitte ab!", oder
* „Tippen Sie mir diesen Brief bitte ab und legen Sie ihn mir in Original und Kopie bis ein Uhr Mittag auf meinen Schreibtisch!"

Beobachten Sie den Unterschied im Ergebnis. Wann bekommen Sie das, was Sie sich vorgestellt haben?

Haben Sie vielleicht auch schon festgestellt, dass Sie Vorhaben, die Ihnen nicht so wichtig sind, eher ungenau formulieren? Da aber anzunehmen ist, dass Ihnen Ihre beruflichen Ziele und deren Erfüllung wichtig sind, werden Sie das nächste Kriterium, nämlich das der Messbarkeit, für eine erfolgreiche Zielerreichung zu schätzen wissen.

Mit der Einführung objektiver Kriterien wie Mengenangaben, Häufigkeiten und Zeiteinheiten gewinnen Sie für sich eine objektive Überprüfbarkeit. Anhand von vorher festgelegten Erfolgskriterien können Sie auf dem Weg zur Zielerreichung immer wieder überprüfen, wie viel Sie schon erreicht haben oder wie viel noch vor Ihnen liegt. Das kann zum einen motivierend wirken und Ihnen zum anderen klar machen, dass Sie sich ein wenig mehr anstrengen müssen, wenn Sie Ihr Ziel wirklich erreichen wollen.

Training 4: Ist Ihr Vorhaben messbar? 🕐 5 Min.

Nun klopfen Sie bitte Ihre Zielformulierung auf ihre Messbarkeit hin ab, indem Sie objektiv überprüfbare Erfolgskriterien hinzufügen wie z. B. Verkaufszahlen, Häufigkeit von Treffen, Mengenangaben usw.

Lösung 4: So machen Sie Ihr Vorhaben messbar

- Kämpfer:
  Ich setze mich bei meinen Mitbewerbern durch und bekomme die Position als Pressesprecher von Schiller & Mustermann in München mit einem Jahreseinkommen von mindestens 75.000 Euro und der Verantwortung für mehr als 20 Mitarbeiter.

- Integrator:
  Ich übernehme die Verantwortung für Personalentscheidungen und pflege meine geschäftlichen Kontakte, indem ich zweimal wöchentlich einen Marketingclub besuche.

- Innovator:
  Ich ein bis drei originelle Werbespots und erfinde innerhalb des nächsten halben Jahres ein neuartiges Grafikprogramm, mit dem ich die nächste große Firmenpräsentation gestalte.

- Visionär:
  Ich halte einmal im Monat Vorträge und Diskussionsrunden zum Thema „Human Resource Management" und übernehme anlässlich des zehnjährigen Firmenjubiläums die Mitarbeiteransprache.

Beispiel: Die erfolgreiche Tänzerin

Mehr als sechs Jahrzehnte hat die Tänzerin Gret Palucca (1902-1993) in Dresden unterrichtet. In den vierziger Jahren wurden drei Schülerinnen gefragt, wo sie denn einmal tanzen wollten, wenn sie ihre Ausbildung beendet hätten. Die eine antwortete sinngemäß: „Weiß nicht!" Eine zweite war sich noch nicht sicher, aber auf jeden Fall wollte sie in Dresden bleiben. Die dritte Schülerin war zwar etwas zurückhaltend, sagte aber völlig unbeirrt: „Carnegie Hall".

Nach 25 Jahren wurden die jetzt fertigen Tänzerinnen noch einmal aufgesucht. Und siehe da: Die erste tanzte schon lange nicht mehr. Die zweite arbeitete als Tanzlehrerin in Dresden. Und die dritte war ein weltweit gefeierter Star und tanzte selbstverständlich regelmäßig in der Carnegie Hall.

Um ein Ziel zu erreichen, bedarf es auch der Motivation. Und Motivation hat etwas mit Emotion und Aktion zu tun. Ein positives Gefühl setzt uns in Bewegung. Kurz gesagt: Begeisterung bewirkt Erfolg. Deshalb ist so wichtig, Ziele affirmativ zu formulieren, sodass Sie sich 100%-ig damit identifizieren können. Ein Ziel ist dann affirmativ, wenn Sie die Hand aufs Herz legen (oder sich dies vorstellen) und sich fragen: Wie viel Prozent meiner Person sind daran beteiligt? Stellen Sie sich besonders folgende Fragen:

1. Wie würde sich eine 100%-ige Beteiligung meiner Person anfühlen? Wie würde ich diesen Zustand benennen/beschreiben?

2. Welche körperlichen Empfindungen vermittelt mir das 100-Prozent-Gefühl? Welche Gedanken stellen sich unter Umständen ein?

3. Stellen Sie sich vor, Sie wollten dieses Gefühl in Ihrem Alltag verwirklichen: Was bräuchten Sie dafür oder wer könnte Ihnen dabei helfen? Wie würden Sie merken, dass Sie auf dem Weg sind, die 100 Prozent zu erreichen?

Training 5: Fomulieren Sie Ihr Ziel affirmativ und aktionsorientiert

🕐 5 Min.

Damit Ihr Ziel Sie auch auf der emotionalen Ebene erreicht, ergänzen Sie bitte Ihre Formulierung um positive Gefühlsqualitäten (affirmativ). Benutzen Sie keine Verneinungen oder Konjunktive, sondern formulieren Sie Ihr Ziel in der Gegenwartsform. Achten sie außerdem darauf, dass Ihr Ziel konkrete Handlungsanweisungen beinhaltet, also aktionsorientiert ist.

Wie wollen Sie Ihren Erfolg erleben und was tun Sie dafür?

Lösung 5: So könnten Sie Ihr Ziel affirmativ und aktionsorientiert formulieren

- Kämpfer:
  Ich setze mich mit Fairness und Können bei meinen Mitbewerbern durch und bekomme die Position als Pressesprecher von Schiller & Mustermann in München mit einem Jahreseinkommen von mindestens 75.000 Euro und der Verantwortung für mehr als 20 Mitarbeiter und fühle mich gebraucht. Von meinen Vorgesetzen werde ich besonders wegen meiner Loyalität geschätzt.

- Integrator:
  Ich fühle mich geehrt, die Nachfolge des Personalleiters zu übernehmen, und pflege meine geschäftlichen Kontakte, indem ich zweimal wöchentlich einen Marketingclub besuche, wodurch ich an Respekt und Einfluss gewinne. Meine Meinung wird geschätzt und ich gelte als wertvolles Mitglied.

- Innovator:
  Ich entwickle ein bis drei originelle Werbespots, von denen mindestens einer mit dem Werbefilmpreis in Cannes ausgezeichnet wird, und erfinde innerhalb des nächsten halben Jahres ein Grafikprogramm, das unsere Firmenpräsentation einzigartig macht. Ich fühle mich frei, weil ich mich selbst verwirklichen kann und meine Ideen gefeiert werden.

- Visionär:
  Ich halte einmal im Monat aufschlussreiche Vorträge zum Thema „Human Resource Management". Außerdem übernehme ich anlässlich des zehnjährigen Firmenjubiläums die Mitarbeiteransprache. In den anschließenden Diskussionsrunden genieße ich den Fachaustausch, erhalte anerkennendes Feedback und neue Beratungsaufträge.

Bei der Überprüfung, ob Ihr Vorhaben realistisch ist, fragen Sie am besten Ihren Körper oder Ihre Intuition und nicht Ihren Verstand, ob Sie Ihr Ziel erreichen wollen und können.

Oft halten wir Vorhaben für unrealistisch, nur weil wir sie uns nicht zutrauen oder schwer vorstellen können. Das hat aber noch lange nichts mit der Realität zu tun. Erst das Ergebnis zeigt, was wirklich möglich ist. Die Einschätzung darüber, was möglich ist, lässt sich also nicht objektiv beantworten, sondern ist eine Frage der persönlichen Einstellung. Natürlich beeinflussen objektive Kriterien den Erfolg eines Vorhabens, indem sie begünstigend oder hemmend einwirken. Entscheidend ist aber immer, wie Sie darüber denken und was Sie dabei fühlen.

Viele Menschen überschätzen, was sie in einem Jahr schaffen können, aber unterschätzen, was Sie in zehn Jahren zu erreichen vermögen.

Michael Schumacher beispielsweise hat das geschafft, was zuvor noch keiner vollbracht hat. Er hat bis heute sieben Weltmeistertitel eingefahren und ist damit der erfolgreichste Rennfahrer aller Zeiten.

1994 äußerte er sich zum Thema Erfolg: „Wenn mir jemand am Anfang der Saison gesagt hätte, dass ich die ersten beiden Rennen gewinnen würde, dann hätte ich den für verrückt erklärt. Mich hat niemand in Schranken zu verweisen. Meine Grenzen setze ich mir selber."

Training 6: Überprüfen Sie, ob Ihr Ziel für Sie realistisch ist!

🕐 10 Min.

Halten Sie die Erreichung Ihres Ziels für realistisch? Wie fühlen Sie sich, wenn Sie an Ihr Ziel denken: inspiriert oder gestresst?

Lösung 6: So wird Ihr Ziel realisierbar

Die Einschätzung, ob etwas realistisch ist, hat vor allem mit der eigenen Einstellung zu tun und damit, wie viel Sie sich selbst zutrauen. Manche nehmen sich zu Anfang so viel vor, dass sie gleich wieder aufgeben, wenn es nicht auf Anhieb klappt. Andere wiederum sind so vorsichtig in ihren Zielsetzung, dass es für sie keine wirklichen Herausforderungen darstellt.

Wenn Sie also irgendwelche Zweifel haben, dann formulieren Sie kleinere Schritte. Weniger ist manchmal mehr. Sollte es Ihnen aber an Antrieb fehlen, formulieren Sie Ihr Ziel emotionaler und wählen Sie in dem nachfolgenden Überprüfungsschritt einen engeren Zeitrahmen, damit Ihr Vorhaben an Dynamik gewinnt.

Wenn Sie Ihr Vorhaben inspiriert und Ihnen einen gewissen Kick gibt, dann ist es durchaus realistisch bzw. dann halten Sie es für realistisch, und darauf kommt es vor allem an. Fühlen Sie sich stattdessen irgendwie unter Druck gesetzt, gehemmt oder so gar nicht motiviert, gilt es, das Ziel noch einmal auf Stimmigkeit und Machbarkeithin zu überprüfen. In diesem Fall gehen Sie bitte die SMART-Formel einfach noch einmal von oben nach unten durch und fragen Sie sich nochmals, ob Sie das wirklich wollen, was Sie sich vorgenommen haben.

Beispiel: Von der Sachbearbeiterin zur Abteilungsleiterin

Frau J. hat sich einen Karriereplaner, wie Sie ihn zu Beginn des Buches gesehen haben, zurechtgelegt. Ihr erstes Ziel war, eine Stelle als Abteilungsleiterin in ihrer Firma zu bekommen. Als sie sich ihr Vorhaben genauer ansieht, bekommt sie Bauchschmerzen. Sie fühlt sich in ihrer derzeitigen Position als Sachbearbeiterin zwar unwohl, doch ist ihr der Schritt zur Abteilungsleiterin zu gewaltig. So schaut sie sich die Aufstiegschancen in ihrer Firma nochmals genau an und entscheidet sich für die Position als Teamleiterin. Sie ist überzeugt, dass diese Stelle für sie erreichbar ist. Jetzt bereitet ihr der Blick auf das größere Ziel kein Unbehangen mehr, denn sie weiß, wenn sie die eine Etappe als Teamleiterin geschafft hat, ist es nur noch ein kleiner weiterer Schritt zur Abteilungsleiterin.

Dieses Beispiel zeigt, dass die Einführung von Zwischenschritten vor allem dann sinnvoll ist, wenn Sie sich bei aufkommenden Hindernissen schnell entmutigen lassen. Diese Strategie hilft Ihnen, Ihr Vorhaben in realistische kleinere Pläne zu unterteilen. Das wiederum motiviert Sie, Ihr Vorhaben überhaupt in Angriff zu nehmen.

Expertentipp: Noch ist der Weg zum Ziel nicht wichtig

Bitte fragen Sie sich an dieser Stelle noch nicht, wie Sie Ihr Ziel erreichen können. Oft hebeln wir uns selbst aus, wenn wir uns zu viele Gedanken darüber machen, wie wir an ein Ziel kommen. Was dafür zu tun ist und wie Sie es am besten erreichen erfahren Sie im nachfolgenden Kapitel. Hier geht vielmehr erst einmal nur darum, eine konkrete und vor allem motivierende Zielformulierung zu finden.

Haben Sie Ihr Vorhaben auch terminiert und einen Anfangs- und Endpunkt festelegt? Durch die Festlegung eines Zeitrahmens können Sie messen, ob Sie wirklich Fortschritte machen und im Plan liegen. Damit werden Ihre Ziele berechenbar. Nichts beflügelt so sehr wie nachweisbare Erfolge.

Training 7: Terminieren und fixieren Sie Ihr Vorhaben schriftlich

🕐 10 Min.

Bis wann wollen Sie Ihr Ziel erreicht haben (genaues Datum)?

Halten Sie Ihre komplette „SMART" formulierte Zielvorstellung schriftlich fest – so wie es die nachfolgenden Lösungsbeispiele zeigen.

Lösung 7: So terminieren und fixieren Sie Ihr Ziel schriftlich

* Kämpfer:

Bis spätestens 31.5.2014 bin ich zur Abteilungsleiterin mit einem Jahreseinkommen von mehr als 75.000 Euro und der Verantwortung für über 20 Mitarbeite aufgestiegen. Zudem habe ich noch Spaß daran, Führungskräfteseminare zu besuchen, und zähle bis Ende 2015 mit Auszeichnung zu den besten Führungskräften des Unternehmens, das mich besonders für meine Durchsetzungskraft und Loyalität wertschätzt.

* Integrator:

Ich fühle mich geehrt, bis 1.6.2014 die Nachfolge des Personalleiters zu übernehmen, und pflege meine geschäftlichen Kontakte, indem ich ab 2.5.2014 zweimal wöchentlich einen Marketingclub besuche, wodurch ich an Respekt und Einfluss gewinne. Bis Ende des Jahres werde ich in den Vorstand des Marketingclubs berufen. Meine Meinung wird geschätzt und ich gelte als wertvolles Mitglied.

* Innovator:

Bis 12.12.2013 entwickle ein bis drei originelle Werbespots, von denen mindestens einer 2014 mit dem Werbefilmpreis in Cannes ausgezeichnet wird. Außerdem entwickle ich bis spätestens 31.12.2013 ein Grafikprogramm, das unsere Firmenpräsentation einzigartig macht. Ich fühle mich bestätigt in dem, was ich tue, weil ich mich selbst verwirklichen kann und meine Ideen gefeiert werden.

* Visionär:

Ich halte ab dem 31.10.2013 einmal im Monat aufschlussreiche Vorträge zum Thema „Human Resource Management". Außerdem übernehme ich am 15.02.2014 anlässlich des zehnjährigen Firmenjubiläums die Mitarbeiteransprache. In den anschließenden Dikussionsrunden genieße ich den Fachaustausch, erhalte anerkennendes Feedback und neue Beratungsaufträge.

Übung: Vergleich Zielbild – Formulierung

Nehmen Sie abschließend noch einmal Ihr Zielbild zur Hand und vergleichen Sie Ihr gemaltes Bild mit Ihrer Endformulierung. Ist Ihr Bild vollständig oder wollen Sie noch etwas hinzufügen?

Dann legen oder hängen Sie dieses Bild bitte an einen Ort, an dem Sie es oft anschauen können. Es wird Ihnen helfen, sich im Laufe der folgenden Kapitel immer wieder auf Ihr Ziel und die damit verbundenen Vorstellungen auszurichten.

Leben Sie Ihr Ziel!

Nun ist es wichtig, dass Sie Ihr Ziel „leben", d. h. sich täglich an Ihr Ziel erinnern und dadurch das Unterbewusstsein auf „Zielerreichung" programmieren.

Außerdem ist es wichtig, dass Sie Ihre Wahrnehmung schärfen in Bezug auf das, was sich alles verändert, wenn Sie ein klares Ziel vor Augen haben. Sich an ein Ziel automatisch zu erinnern funktioniert am besten mit Symbolen, die Ihr Ziel repräsentieren. Hervorragend eignet sich dafür z. B. ein Schlüsselanhänger, weil Sie diesen mindestens zweimal am Tag in die Hand nehmen. Dadurch ist gewährleistet, dass Sie öfter am Tag an Ihr Ziel denken.

Übung: Leben Sie Ihr Ziel!

- Finden einen passenden Gegenstand, der Ihren gewünschten Zielzustand gut repräsentiert und den Sie für mehr als acht Wochen bei sich tragen.
- Legen Sie ein „Charisma-Tagebuch" an, indem Sie in Ihrem Terminkalender zielführende Ereignisse festhalten. Registrieren Sie auch Reaktionen Ihrer Mitmenschen wie Komplimente, Lob und Anerkennung. Kleine Notizen oder Stichworte reichen völlig aus.
- Es ist eine häufig beobachtete Tatsache, dass, sobald man sich intensiv mit einem Thema beschäftigt, sich die Aufmerksamkeit hinsichtlich der Thematik verstärkt. Auf einmal nehmen wir Dinge wahr, die uns vorher nicht aufgefallen sind. Uns fallen Zeitungsartikel oder Bücher in die Hände, die etwas mit unserem Ziel zu tun haben. Häufig trifft man „ganz zufällig" Menschen, die als Unterstützung zur Zielerreichung erlebt werden. Oder es kommt plötzlich ein Angebot ins Haus geflattert, das ausgerechnet zu unsere formulierten Ziel passt. Lassen Sie sich überraschen, was Ihnen in Bezug auf Ihr Ziel alles passieren kann.
- Beurteilen Sie am Ende der Woche, um wie viel näher Sie Ihrem Ziel gekommen sind. Geben Sie den Unterschied in Prozenten an: Diese Woche bin ich meinem Ziel um ... Prozent näher gekommen.

Auf diese Weise bewegen Sie sich systematisch auf Ihren charismatischen Wunschzustand zu und können anhand Ihrer dokumentierten Erfahrungen Ihre positiven Veränderungsprozesse registrieren. Führen Sie Ihr „Charisma-Tagebuch" auch nach dieser Praxisübung weiter und halten Sie Ihre Beobachtungen mindestens einmal in der Woche kurz fest.

Das sollten Sie in diesem Kapitel erreicht haben

Sie haben für sich eine gute Zielformulierung gefunden, die folgende Merkmale aufweist:

- spezifisch,
- messbar,
- aktionsorientiert,
- realistisch und
- terminiert.

Gleichzeitig haben Sie eine Visualisierung von Ihrem gewünschten charismatischen Zielzustand in Form eines gemalten Bildes.

Sie tragen ein Symbol bei sich, dass Sie täglich an Ihr Charismaziel erinnert.

Sie führen regelmäßig ein „Charisma-Tagebuch", indem Sie in Ihrem Terminkalender Ereignisse festhalten, die Sie in Ihrer charismatischen Zielereichung unterstützen.

Herzlichen Glückwunsch!

Mit der präzisen Ausformulierung und Visualisierung Ihres ganz persönlichen Charismaziels sowie durch die Praxisaufgabe haben Sie die erste Stufe zur Erhöhung Ihres eigenen Charismas erklommen.

Da Sie jetzt genau wissen, was Sie wollen, können Sie in Ihrem beruflichen Umfeld anders agieren. Nur wer sich über seine Ziele im Klaren ist, kann diese auch erreichen. Dafür ist es wichtig, dass Sie Ihre Ziele nicht nur zu Hause für sich formulieren, sondern sie auch an geeigneter Stelle im beruflichen Kontext kommunizieren.

Übung: Vorbereitung auf Zielvereinbarungsgespräche

Machen Sie sich vor dem nächsten Zielvereinbarungsgespräch mit ihrem Vorgesetzten Gedanken darüber, was Sie für ihre Karriere, Ihre Abteilung oder Ihr Team erreichen wollen. Formulieren Sie diese beruflichen Ziele gemäß der SMART-Formel schriftlich und kommunizieren Sie Ihre Zielvorstellungen dementsprechend präzise.

Realisieren Sie Ihr Charismaziel

„Wenn du weißt, was du tust,
kannst du tun, was du willst."
Moshe Feldenkrais

Nachdem Sie Ihr Ziel auf der mentalen Ebene definiert haben, geht es jetzt darum, auf der Verhaltensebene in Aktion zu kommen. Analysieren Sie bitte wieder Ihre Leitfigur. Durch welche Handlungen und Verhaltenweisen zeichnet sie sich aus? Was tut sie, um ihre Ziele zu erreichen?

Auf der Verhaltensebene geben Sie die meisten Informationen über Ihre Gefühle, Gedanken, Fähigkeiten und Einstellungen ab und treten am stärksten mit Ihrer Umwelt in Kommunikation. Und hier haben Sie große Einflussmöglichkeiten – sowohl auf sich selbst als auch auf das, was andere über Sie denken. „An Ihren Taten wird man sie erkennen …" – so steht es schon in der Bibel. Denn an Ihrem Verhalten werden Sie von anderen am meisten beurteilt – das ist es, was man von außen an Ihnen beobachten kann. Dazu gehören Ihre Handlungen (Resultate), Ihr Sprachgebrauch, Ihre Körperbewegungen, Ihre Stimme, Ihr Aussehen – kurz gesagt die gesamte Kommunikation Ihrer Person mit anderen. Anhand dessen, was Sie tun und bewegen, ziehen andere Rückschlüsse auf Ihre Persönlichkeit.

Selbst wenn Sie ein Mensch mit hehren Zielen und wunderbaren Fähigkeiten sind, sich aber nicht dementsprechend verhalten, wird man nur schwer Ihre inneren Qualitäten erkennen können. Deshalb ist es so wichtig auf das eigene Kommunikationsverhalten zu schauen und sich an dieser Stelle um Eindeutigkeit zu bemühen. Sie werden nie zu 100 Prozent dafür sorgen können, dass alle Menschen sie genauso sehen, wie Sie gerne verstanden werden möchten, aber Sie können eine Menge dafür tun. Und mit dem richtigen Handlungskonzept, einem Plan, wie Sie sich verhalten werden, erhöhen Sie wiederum Ihre Erfolgswahrscheinlichkeit.

Erstellen Sie einen Handlungsplan

Dabei ist es wichtig zu wissen, dass das Bedürfnis zu planen eine Frage der Persönlichkeit ist. Sind Sie jemand, der jedes Vorhaben detailliert durchplant? Oder gehören Sie eher zu denen, die ihre Aufgaben meistern, ohne vorher großartig über das Wie nachzudenken? Sitzen Sie schon Tage vor einer Reise über einem Atlas und suchen die beste Route für Ihre Urlaubstour aus? Oder fahren Sie am liebsten einfach los?

- Wenn Sie sich eher als gewissenhaft, ordnungsliebend und strukturiert bezeichnen würden, dann kommt der Entwurf eines Handlungsplans Ihrem Naturell entgegen und Sie werden die Vorzüge einer guten Planung nicht missen wollen.

- Sind Sie hingegen eher extrovertiert, kreativ, offen gegenüber Neuen und weniger gewissenhaft, dann könnten Sie sich unter Umständen durch eine zu genaue Planung eingeengt fühlen. Oder Sie arbeiten an derart vielen Projekten gleichzeitig, dass Sie ohnehin keine Zeit für Planung haben. Bei aller Kreativität und Spontaneität laufen Sie aber auch Gefahr, sich zu verzetteln oder den Überblick zu verlieren. Es würde Ihnen einen Karrierevorteil verschaffen, wenn Sie neben Ihrem Improvisationstalent Ihre Planungskompetenz ausbauen würden.

Ein gut durchdachter Handlungsplan ist so strukturiert, dass er Ihnen hilft, den Überblick zu behalten, und Ihnen gleichzeitig genügend Spielraum lässt, um Ihrer Kreativität freien Lauf zu lassen. Der persönliche Planungsbedarf ist – wie gesagt – individuell verschieden, aber in jedem Fall stellt ein Handlungskonzept ein wertvolles Zielerreichungsinstrument dar, das Ihnen zusammenfassend folgende Vorteile bietet:

- Transparenz der beruflichen und privaten Ziele,
- Sicherstellung der Eigenbestimmung,
- Gewährleistung der Überschaubarkeit eines Projekts,
- Überprüfbarkeit des Erfolgs.

Wie entsteht ein Handlungsplan?

Zunächst ist es wichtig, dass Sie Ihren eigenen Ist-Zustand bestimmen. Nur wer weiß, wo er steht, weiß, wo es lang geht. Danach werden Sie Ihren charismatischen Wunschzustand festlegen und erfahren, wie Sie daraus konkrete Handlungsschritte ableiten und anschließend in einem Aktionsplan umsetzen können.

Bei der nachfolgenden Beschreibung Ihres Ist-Zustands empfiehlt es sich, die Auswertungen Ihres Persönlichkeits-Checks zur Hand zu nehmen.

Training 1: Beschreiben Sie Ihren charismatischen Ist-Zustand

🕐 *10 Min.*

Dafür benötigen Sie eine freie Fläche auf dem Boden, Ihr Zielbild, ein weiteres Blatt Papier, 10 Karteikarten und einen Stift. Ihr Bild versehen Sie jetzt bitte mit der Überschrift „Ziel" und dem vorgesehenen Datum der Zielerreichung. Das leere Blatt beschriften Sie mit „Heute" und dem dazugehörigen Datum.

Denken Sie bitte über Ihren momentanen charismatischen Zustand nach und beantworten Sie sich folgende Fragen:

Wo bin ich diese Person? (z. B. im Job, zu Hause)

Wie verhalte ich mich, was tue ich?

Was kann ich, welche Fähigkeit zeige ich?

Welches sind meine Werte, woran glaube ich?

Wer bin ich?

Notieren Sie sich die Antworten auf diese Fragen auf dem Blatt, das Sie mit „Heute" beschriftet haben. Nun haben Sie Ihren charismatischen Ist-Zustand und somit Ihre Ausgangssituation skizziert. Legen Sie dieses Blatt bitte vor sich auf den Boden.

Lösung 1: So könnten Sie Ihren charismatischen Ist-Zustand beschreiben

Heute-Blatt   Datum: *TT.MM.JJJJ*

Sowohl im Beruf als auch im Privaten brauche ich ständig neue Anregungen wie die Luft zum Atmen. Ich bin der Kreative, offen gegenüber allem Neuen und risikofreudig. Dementsprechend übernehme ich gerne die Pionierarbeit in neuen Projekten.
Die Bewältigung von Routineaufgaben gehört nicht zu meinen Stärken, stattdessen überzeuge ich durch mein hohes Maß an Flexibilität, Improvisationstalent und Ideenreichtum. Außerdem habe ich ein Faible für alles Technische und „fachsimple" gerne.
Für mich zählen Werte wie Freiheit, Selbstbestimmung und Kreativität.
Wenn ich mich mit den Führungsmetaphern vergleiche, finde ich die meisten meiner Persönlichkeitsanteile in der Rolle des „Innovators" repräsentiert.

Sie haben sich durch die Bearbeitung der vorangegangenen Aufgabe intensiv mit Ihrem Ist-Zustand beschäftigt. Vielleicht sind Sie mit Ihrem Ich-Bild im Großen und Ganzen zufrieden, haben jedoch auch einige Züge an sich entdeckt, die Sie gern erweitern oder verändern möchten. Um eine Veränderung bewirken zu können, ist es notwendig, dass Sie sich der Unterschiede zwischen Ihrem Ist- und Ihrem Wunschzustand bewusst sind. Der Wunsch, diese Diskrepanz schließlich zu überwinden, ist der Motor, der Veränderungen überhaupt erst ermöglicht. Dabei durchläuft ein jeder Mensch bestimmte Stadien, die ich Ihnen anhand des folgenden Praxisbeispiels verdeutlichen will:

Beispiel: Von der Analyse des Ist-Zustands zum Wunschzustand

Herr P. ist in einer großen Firma als IT-Spezialist angestellt. Er zählt zu den Besten seines Fachs. Derzeit ist er mit der Entwicklung einer neuen Firmensoftware beschäftigt. In dieser Aufgabe geht er so richtig auf, weil er hier sein Persönlichkeitsbild des Innovators ausleben kann. Dennoch bemerkt er, dass er seine Begeisterung anderen nur schwer mitteilen kann. Immer wenn er enthusiastisch von seinen Fortschritten berichtet, wenden sich viele seiner Kollegen aus anderen Abteilungen mit Unverständnis ab. Zuerst schiebt er die Reaktion seiner Kollegen auf deren „intellektuelle Beschränktheit".

Als aber sein engster Austauschpartner ins Ausland versetzt wird, macht er sich verstärkt Gedanken, woran es liegen mag, dass er so wenige berufliche Kontakte hat, und beginnt sich zu fragen, was er anders machen kann. Als er einem befreundeten Psychologen davon erzählt, bittet dieser ihn, ein Gespräch exemplarisch zu wiederholen. Als sich der Techniker in Einzelheiten der Programmiersprache verliert, unterbricht ihn der Psychologe mit den Worten „Ich kann dir nicht folgen". Jetzt erst beginnt Herr P. zu verstehen, wo die Lösung liegt. Er definiert seinen charismatischen Wunschzustand dahin gehend, dass er mehr von den kommunikativen Fähigkeiten des Visionärs für sich haben möchte, um einer Führungsposition in seinem Bereich gerecht zu werden.

Training 2: Definieren Sie Ihren charismatischen Wunschzustand

🕐 10 Min.

Versetzen Sie sich bitte in Ihren gewünschten charismatischen Wuschzustand und beantworten Sie folgende Fragen:

Bis wann und wo will ich als charismatische Persönlichkeit agieren? (z. B. im Job, zu Hause)

Wie verhalte ich mich als charismatische Persönlichkeit?

Was kann ich?

Welches sind meine Werte, woran glaube ich?

Wer bin ich als charismatische Person?

Schreiben Sie diese Antworten bitte auf die Rückseite Ihres gemalten Zielbildes.

Legen Sie Ihr Zielbild einige Meter vom „Heute-Blatt" entfernt auf den Boden – je nachdem, wie weit Sie das Erreichen des Ziels für sich einschätzen.

Lösung 2: So definieren Sie Ihren charismatischen Wunschzustand

ZIEL-Blatt

Bis 12.09.14 bin ich Leiter der IT-Entwicklungsabteilung und leite persönlich Schulungen, um die von mir entwickelte Software erfolgreich in der Belegschaft einzuführen.

Neben meinen bisherigen Stärken (Ist-Zustand) kann ich heute komplizierte Sachverhalte einfach und verständlich darstellen. Dabei helfen mir mein Humor und meine rethorischen Fähigkeiten, die ich in zwei Kommunikationskursen verbessert habe.

Neben meinen bisherigen Werten ist mir heute auch wichtig, mich meinem Team und dem Unternehmen zugehörig zu fühlen.

Ich nutze immer noch mein kreatives Potenzial als Innovator, sehe mich aber zunehmend in der Rolle des Visionärs, dessen Know-how, Weitblick und Kommunikationstalent meine Führungsqualitäten als Entwicklungsleiter hervorheben. Ich zeichne mich durch Enthusiasmus, professionelle Didaktik und technische Versiertheit aus, die mir auch außerhalb meines Fachbereichs eine große Zuhörerschaft bescheren.

So wie Herrn P. ergeht es vielen Menschen in Berufen, die eine hohe fachliche Kompetenzen erfordern. Ohne es zu merken, wird der Fachspezialist zum „Fachautisten". Mit der Veränderung des Ich-Bildes setzte Herr P. neue Prioritäten in seinem Berufsfeld und hob sich damit von anderen Technikern ab. Damit machte er sich zu etwas Besonderem und steigerte nicht nur sein Charisma, sondern auch seine Führungskompetenzen. So ein Veränderungsprozess geschieht aber nicht von heute auf morgen. Neben der Lernbereitschaft bedarf es eines Übungszeitraums von drei bis neun Monaten.

Beispiel: Handlungsplan

Um nochmals auf Herrn P. zurückzukommen, der als IT-Spezialist seine kommunikativen Fähigkeiten ausbauen wollte.

Er war schon 35 Jahre alt, als er für sich das Singen entdeckte. Ein Freund, ausgebildeter Sänger, hatte ihn zu einer Premierenfeier eingeladen. Als P. ihn singen hörte, war er fasziniert. Er fragte seinen Freund, wie lange er, Herr P., denn brauchen würde, um so singen zu können. Der andere lachte und meinte: zehn Jahre. So lange hätte er auch gebraucht.

Bis dahin hatte Herr P. unter der Dusche besonders zeitgenössische Lieder gesungen. Jetzt spürte er dem Charisma von Enrico Caruso und Luciano Pavarotti im klassischen Gesang nach.

Na, ob sich das denn noch lohne, in seinem Alter, meinten seine Arbeitskollegen.

Also machte er sich einen Handlungsplan.

Er wusste um seine Dusch-Gesangserfahrungen. Meistens war er da laut, schief und alleine, aber begeistert. Grundsätzlich könne er also singen. Sein Glaube war, dass er auch gegen Konkurrenz bestehen könne. Er fühlte sich schon jetzt als „kleiner Pavarotti".

Sein Ziel war die große Bühne. Er sah sich immer wieder auf der Freilicht-Bühne von Verona (Italien) und sang mit Inbrunst die Arie seines Freundes, Mozarts „Un aura d´amorosa" (Der Odem der Liebe).

Ihm war klar, dazu muss und will er seine Gesangesfähigkeiten ausbauen. Sicher war er in dem Glauben, dass er es lernen könne. Innerlich fühlte er sich schon als großer Opernstar, „der große P".

Um sein Ziel zu erreichen, bewarb er sich erst einmal bei einem Chor. Er machte sofort einen Termin für ein Vorsingen aus. Er überlegte sich auch, ob er nicht beim Chorleiter, wenn der nett wäre, auch Einzelunterricht nehmen könne. Gleichzeitig informierte er sich über die Möglichkeiten, in der Universität noch Gesang zu studieren.

Ein Freund informierte ihn über sogenannte Sängerlexika. Dort stehen Kurzbiografien aller Sänger der letzten Jahrhunderte. Herr P. beschloss, diese durchzuarbeiten, um herauszufinden, ab welchem Alter die „Kollegen" mit ihrer Karriere angefangen haben.

Er beschloss darüber hinaus, in den örtlichen Kunstverein einzutreten. Das sicherte ihm monatlich verbilligte Eintrittskarten in die Oper und ins Theater.

Ihm war nur eines klar: Er hatte zehn Jahre Zeit. Diese dachte er sinnvoll zu nutzen.

Außerdem nahm er sich vor, mit einer kleinen Show auf der nächsten Betriebsfeier aufzutreten. Die Kollegen und sein Chef waren überrascht, welche Talente in Herrn P. stecken. Er war sonst eher schüchtern und hielt sich auf Betriebsfeiern immer zurück. Die Anwesenden sahen in Herrn P. plötzlich nicht mehr nur das, was er von Berufs wegen für sie repräsentierte, sondern entdeckten vollkommen neue Seiten an ihm. Sie lernten seinen Humor schätzen und suchten auch nach der Feier verstärkt den Kontakt zu ihm. Auf diese Weise ergab sich dann immer öfter, dass er den Kollegen auch technische Fragen mal eben nebenbei beantworten konnte. Somit war es ihm erneut gelungen, seine kommunikativen Fähigkeiten auf der Beziehungsebene zu erweitern.

Übung: Lassen Sie sich anstecken

Lassen Sie sich von dem Beispiel des Herrn P. motivieren und setzen Sie Ihren eigenen Charisma-Aktionsplan in die Realität um, indem Sie genau das tun, was Sie sich als Aufgaben gestellt haben.

Um Ihrem Vorhaben mehr Durchschlagskraft zu verleihen, ist es sinnvoll, wenn Sie einen Vertrag mit sich selbst abschließen. Damit richten Sie Ihr Unterbewusstsein auf Erfolg aus und motivieren sich, Ihren Plan auch in Angriff zu nehmen. Dieser Vertrag erinnert Sie konsequent an Ihr Vorhaben. Im Folgenden finden Sie den ausgefüllten Vertrag einer „Kämpferin", die sich als energische, durchsetzungsstarke und erfolgreiche Persönlichkeit etablieren will.

Charismavertrag

Hiermit willige ich ein, mein Charismaziel, mich auf faire Art gegenüber meinen Mitbewerbern durchzusetzen und zur Abteilungsleiterin mit einem Jahreseinkommen von mehr als 75. 000 Euro und der Verantwortung für über 20 Mitarbeiter aufzusteigen, bis zum 31.05.2014 zu erreichen.

Zudem habe ich noch Spaß daran, Führungskräfteseminare zu besuchen, und ich zähle bis Ende 2014 mit Auszeichnung zu den besten Führungskräften des Unternehmens, das mich besonders für meine Durchsetzungskraft und Loyalität wertschätzt.

Mit meiner Unterschrift bestätige ich, dass ich nicht aufgeben werde, bis ich mein Ziel erreicht habe. Ab sofort führe ich ein Erfolgsjournal in Form eines Charisma-Tagebuchs, in dem ich jeden Abend meine Teilerfolge notiere.

Berlin, 15.09.2012   Peggy Maier
Ort, Datum   Unterschrift

Training 3: Finden Sie Ihren Weg vom Ist-Zustand zum Soll-Zustand

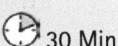 30 Min.

Nehmen Sie jetzt bitte den Stapel Karteikarten und den Stift zur Hand und stellen Sie sich auf das „Heute"-Blatt, das für Sie das Hier und Jetzt darstellt.

Vergegenwärtigen Sie sich Ihren jetzigen Zustand (Ist-Zustand) und betrachten Sie vom „Heute-Blatt" aus Ihren angestebten Soll-Zustand.

Nehmen Sie wahr, dass Sie leider heute noch nicht am Ziel sind. Es gilt also noch die Spannung = Entfernung vom Jetzt-Zustand zum Ziel-Zustand zu überwinden.

Schauen Sie auf Ihr „Ziel"-Blatt und beantworten Sie sich folgende Frage: Was kann ich konkret als Nächstes tun, um meinem Ziel näher zu kommen?

Schreiben Sie Ihre Antwort auf eine Karteikarte, legen Sie diese in Richtung Ziel vor sich auf den Boden und gehen Sie einen Schritt weiter auf Ihr Ziel zu. (Die Größe Ihrer Schritte bestimmen Sie selbst, sie sollte sich nach Ihrer Einschätzung zum Gesamtziel richten.)

Von der neuen Position aus wiederholen Sie dieselbe Prozedur noch einmal. Fahren Sie damit so lange fort, bis Sie bei Ihrem „Ziel"-Blatt angelangt sind, und stellen Sie sich dann auf Ihr Ziel.

Lösung 3: So finden Sie Ihren Weg vom Jetzt– zum Zielzustand

Heute-Blatt   Datum: *TT.MM.JJJJ*

> In meinem Job bin ich eine zuverlässige, ruhige Mitarbeiterin.
> Ich bin stets pünktlich und erfülle meine Aufgaben zur Zufriedenheit aller.
> Ich kann mich gut mit meinen Kollegen unterhalten.
> Meine Werte sind Kollegialität, Mitgefühl und gegenseitiges Verständnis.
> Ich bin die „Gewissenhafte und Vorsichtige".

- **Schritt 1:**
  Ich informiere mich über die Anforderungen an den Job eines Filialleiters.
- **Schritt 2:**
  Ich berate mich mit einer Freundin, wie ich mich am besten bewerbe.
- **Schritt s:**
  Ich schreibe eine Bewerbung an meinen Vorgesetzten.

Ziel-Blatt

> Bis zum TT.MM.JJJJ bin ich Filialleiterin in meiner Firma.
> Ich bin zukunftsorientiert und engagiert.
> Ich kann gut mit meinen Kunden und Mitarbeitern umgehen und sie als Fachkraft beraten.
> Meine Werte sind Karriereorientierung, Selbstverwirklichung und Individualismus.
> Ich bin die „Powervolle und Mutige".

Was ist Ihnen schwerer gefallen: den ersten Schritt in Richtung Ihres Ziels zu formulieren oder die Größe der Schritte richtig einzuschätzen? Vielleicht fiel es Ihnen ja auch überhaupt nicht schwer, Ihren Weg zu finden?

Auf jeden Fall sollten Sie jetzt einen Eindruck davon gewonnen haben, was Sie Ihrem Ziel näher bringen könnte und wie sich der Weg dorthin gestalten kann. Vielleicht sind Ihnen ja auch schon erste Ideen gekommen, wie Sie eventuellen Schwierigkeiten begegnen können?

Ein Ziel zu erreichen, löst eines der schönsten Gefühle aus. Dieses „Ich-habe-es-geschafft-Gefühl" entschädigt nicht nur für all die Anstrengungen, sondern macht auch Lust auf mehr. Die meisten Menschen nehmen sich leider gar nicht mehr die Zeit, ihre Erfolge so richtig zu feiern. Oft steht schon das nächste Ziel auf dem Plan. Doch nur der Genuss des Erfolgs stärkt das Selbstvertrauen und nährt das Gefühl von Unschlagbarkeit.

Training 4: Reflektieren Sie Ihren Handlungsentwurf  15 Min.

Spüren Sie nach, wie es sich anfühlt, Ihr Ziel erreicht zu haben:

Wo in Ihrem Körper nehmen Sie dieses ganz bestimmte „Ziel-erreicht-haben-Gefühl" wahr?

Was ist es genau, woran Sie deutlich erkennen, dass Sie am Ziel sind?

Was hören Sie sich in diesem Moment sagen?

Und dann drehen Sie sich bitte um und schauen Sie sich die einzelnen Schritte an, die Sie zu Ihrem Ziel gebracht haben.

Wie haben Sie die einzelnen Schritte bewältigt?

Was ist Ihnen besonders leicht gefallen und was war schwieriger?

Was haben Sie getan, um diesen Prozess zu beginnen?

Gehen Sie nun die Schritte vom Ziel- bis zum Heute-Blatt zurück und sammeln Sie dabei alle Handlungskarten ein. Nummerieren Sie alle Schritte ihrer Reihenfolge nach durch.

Lösung 4: So reflektieren Sie Ihren Handlungsentwurf

- Möglicherweise spüren Sie Ihr persönliches Erfolgsgefühl ganz tief in ihrem Bauch.
- Es könnte Sie ein Gefühl der Erleichterung überkommen und Sie sind ungemein stolz auf sich.
- Vielleicht fassen Sie Ihren Stolz in diese Worte: „Ich habe es geschafft!", „Super!".
- Wahrscheinlich fiel es Ihnen zu Beginn noch etwas schwer, sich zu den einzelnen Schritten durchzuringen, doch mit immer geringerer Entfernung zum Ziel könnte es Ihnen immer leichter gefallen sein, die gestellten Aufgaben zu bewältigen.
- Vielleicht sind Ihnen die Schritte, bei denen Sie jemand unterstützt hat, leichter gefallen und Dinge, bei denen Sie auf sich gestellt waren, etwas schwerer.

- Um den Prozess zu beginnen, haben Sie haben sich vielleicht Informationen über Ihren zukünftigen Job besorgt.

Gratulation,

Sie halten nun den ersten Handlungsentwurf in Ihren Händen, der es Ihnen ermöglicht, Ihr Ziel zu erreichen.

Nun gilt es sicherzustellen, dass Sie diese Schritte auch tatsächlich in Ihrem Alltag umsetzen. Dabei hat es sich gezeigt, dass Vorhaben, mit denen man nicht innerhalb von drei Tagen beginnt, niemals realisiert werden. Viele gute Vorsätze bleiben im Ansatz stecken, weil wir zu lange darüber nachdenken, anstatt sofort zu beginnen. Wenn nicht jetzt, wann dann?

Expertentipp: Direkt-Regel

Machen Sie es sich zur Regel, Dinge möglichst gleich zu entscheiden und wenigstens mit einer Teilaufgabe sofort zu beginnen. Das erspart Ihnen lange To-do-Listen und bringt Ihnen sofortigen Erfolg. Direkt tun heißt sofort Erfolg haben.

Vom Handlungsentwurf zum Aktionsplan

Wenn Sie also sicher gehen wollen, dass Sie die Dinge, die Sie sich vorgenommen haben, auch tun, dann machen Sie am besten gleich mit der nächsten Übung weiter und entwerfen einen Aktionsplan für Ihre Handlungen, der Ihren ersten Handlungsentwurf in überprüfbare Schritte umwandelt.

Training 5: Entwerfen Sie einen Charisma-Aktionsplan 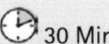 30 Min.

Setzen Sie bitte Ihre Zielformulierung aus Training 2 an den Anfang Ihres Aktionsplans.

Erstellen Sie eine To-do-Liste, indem Sie die einzelnen Handlungsschritte von den Karten aus der vorangegangenen Übung in die Tabelle übertragen. Bitte lassen Sie pro Eintrag jeweils drei Spalten für mögliche nachfolgende Unteraufgaben frei.

Versehen Sie dann jede Aufgabe mit einem konkreten Termin, wann Sie mit dem Vorhaben beginnen wollen und bis wann Sie damit fertig sein wollen.

Beachten Sie dabei die Drei-Tages-Regel. Wählen Sie mindestens eine Aktion aus, mit der Sie jetzt sofort beginnen wollen (Direkt-Regel).

Mein Charisma–Aktionsplan für mehr

Mein Ziel als   **(Leitfigur):**

Meine Aufgaben	Termin von – bis
1.	
1.1	
1.2	
1.3	
2.	
2.1	
2.2	
2.3	
3.	
3.1	
3.2	
3.3	
4.	
4.1	
4.2	
4.3	
5.	
5.1	
5.2	
5.3	

Lösung 5: So entwerfen Sie einen Charisma-Aktionsplan

Ziel: Krieger

Ich setze mich gegenüber meinen Mitbewerbern durch und bin bis spätestens 31.5.2014 Abteilungsleiterin bei Schiller & Mustermann in München mit einem Jahreseinkommen von mehr als 75.000 Euro und mit Verantwortung für über 20 Mitarbeiter aufgestiegen.

Mögliche Zwischenschritte:

- Bis 15. Mai dieses Jahres bewerbe ich mich zunächst als Teamleiterin in der PR-Abteilung von Schiller & Mustermann in München.

- Um meine Chancen, mich gegenüber meinen Mitbewerbern durchzusetzen, zu erhöhen, beginne ich ab 1.5.2013 ein persönliches Coaching.

- Für das Vorstellungsgespräch, das spätestens Mitte Juni stattfinden soll, übe ich ab dem 30.5. mit einer Freundin.

- Zudem habe ich noch Spaß daran, Führungskräfteseminare zu besuchen und zähle bis 24.12.2014 mit Auszeichnung zu den besten Führungskräften des Unternehmens, das mich besonders für meine Durchsetzungskraft und Fairness wertschätzt.

- Nach meiner Einstellung als Teamleiterin im Juli oder August 2013 besuche ich für ein halbes Jahr Seminare zur Fortbildung von Führungskräften.

- Bis Ende Mai 2014 ist dann meine Beförderung zur Abteilungsleiterin ausgesprochen und ich erhalte eine Gehaltserhöhung.

So könnte in diesem Fall der Charisma-Aktionsplan eines Kriegers für mehr Energie, Durchsetzungskraft und Erfolg aussehen:

Meine Aufgaben	Termin von – bis
1. Bewerbung bei Schiller & Mustermann als Teamleiterin	1.–15.5.2013
1.1. Recherchen über Schiller & Mustermann anstellen	
1.1.2. Coaching starten	
2. Vorstellungsgespräch	Bis spät. 15.6.2013
2.1. Mich mit Freundin vorbereiten	30.5.2013
3. Einstellung als Teamleiterin bei Schiller & Mustermann	Juli-August 2013
3.1. An Fortbildungsmaßnahmen für Führungskräfte teilnehmen	Okt 2013-März 2014
4. Beförderung zur Abteilungsleiterin+ Gehaltserhöhung	Bis 31.5.2014

Das sollten Sie in diesem Kapitel erreicht haben

- Sie haben Ihren charismatischen Ist-Zustand sprachlich bestimmt.

- Ihnen ist Ihr charismatischer Ziel-Zustand bekannt.

- Sie haben einen ersten Handlungsentwurf schriftlich fixiert und überdacht (reflektiert). Sie nutzten die Direkt-Regel und haben bereits mit mindestens einer Aufgabe aus Ihrem Aktionsplan begonnen.

- Sie setzen Ihren Charisma-Aktionsplan in die Tat um und schaffen in der angegeben Zeit überprüfbare Resultate.

Finden Sie heraus, was Sie unverwechselbar macht

Welche Fähigkeiten und Talente besitzen Sie?

Es ist nicht nur von Bedeutung, was Sie tun, sondern auch wie Sie es tun. Auf dieser Ebene geht es um Ihre Fähigkeiten und Talente, mit denen Sie Ihrem Verhalten eine Richtung geben und sich von anderen Menschen sichtbar unterscheiden können.

Durchleuchten Sie wieder einmal Ihr Vorbild, diesmal hinsichtlich seiner besonderen Fähigkeiten:

*   Was sind die markanten Fähigkeiten Ihres Vorbildes?
*   Worin zeichnet sich Ihre gewählte Leitfigur besonders aus?

Je gezielter Sie Ihre Fähigkeiten einsetzen, desto schneller und effektiver erreichen Sie Ihr charismatisches Ziel. Die wichtigste Voraussetzung für den effektiven Einsatz eigener Fähigkeiten und Stärken ist, dass Sie überhaupt wissen, was Sie an sich selbst schätzen! Wenn Sie jetzt denken, das sei doch selbstverständlich, dann gehören Sie bereits zu den 40 Prozent der Menschen, die sich über Ihre Stärken im Klaren sind. Über 60 Prozent der Deutschen gehen zu kritisch mit sich selbst um.

Training 1: Worin liegen Ihre Stärken? ⏱ 10 Min.

Was ist an Ihrem Aussehen besonderes?

Was ist ein für Sie besonderes bzw. typisches Verhalten?

Wofür haben andere Sie schon einmal besonders gelobt?

Was können Sie besonders gut?

Wofür würden Sie Geld bezahlen, um es tun zu dürfen?

Lösung 1: Darin könnten zum Beispiel Ihre Stärken liegen

- Möglicherweise finden Sie Ihr Lächeln bezaubernd.
- Eventuell sind Sie ein Mensch, der stets pünktlich ist.
- Andere könnten besonders Ihre Kreativität und Ihren Esprit schätzen.
- Vielleicht zeichnen Sie sich dadurch aus, dass Sie anderen gut zuhören und interessante Ratschläge geben können.
- Sie könnten sich vorstellen, Malerei oder ein Instrument zu erlernen.

Um es im Marketingjargon auszudrücken: Es geht es hier um Ihr „Alleinstellungsmerkmal". Im Marketing sind das die Besonderheiten, mit denen sich Produkte oder Dienstleistungen von denen anderer Anbieter auf dem Markt abheben und sich somit besser verkaufen lassen.

Werden Sie zur Marke

Was unterscheidet eigentlich Markenprodukte von anderen Artikeln? Das sind Produkte, die man bereits visualisiert, wenn man den Namen hört, wie z. B. Coca-Cola, Nike, Milka oder auch eine Person wie Madonna. Sie kann tun und lassen, was sie will, ob Sie nun als Sexgöttin oder brave Hausfrau posiert, sie ist immer eine „Marke". Oder erinnern Sie sich noch die eingangs erwähnten Prominentenbeispiele Julia Roberts, Robbie Williams und Sean Connery?

> Charisma hat jemand, von dem man sofort eine Idee hat, was seine Persönlichkeit ausmacht.

Es gibt nur einen ersten Eindruck – machen Sie ihn zu Ihrem magischen Moment! Begeben Sie sich in die „Marktforschung" und finden Sie heraus, woran Sie feilen müssen, wenn Sie Ihren Wirkungsgrad erhöhen möchten. Dabei geht es nicht darum, dass Sie Ihre gesamte Persönlichkeit verändern sollen, denn es sind ja gerade die gewissen kleinen „Schwächen", die Ihre Persönlichkeit ausmachen.

Training 2: Was macht Ihre Persönlichkeit aus? ⏱ 20 Min.

Wenn Sie sich mit einem Satz beschreiben sollten, wie würde der lauten?

Wenn Sie für Ihre Beschreibung eine typische Bewegung finden müssten, welche wäre das dann?

Lösung 2: Das könnte Ihre Persönlichkeit ausmachen

Vielleicht erleben Sie sich als sehr aktiver und zukunftsorientierter Mensch, der im Ausland Karriere machen möchte und fremde Kulturen kennen lernen will. Ihr Satz könnte also lauten: Ich bin ein erfolgreicher Kosmopolit. Demnach könnten Sie sagen: Meine persönliche Bewegung ist die „Schumi-Faust".

Im Berufsleben kann man sich nicht immer die Menschen aussuchen, mit denen man zusammenarbeitet. Da treffen viele verschiedene Persönlichkeiten aufeinander, die alle gewürdigt werden wollen. Oft treten aber Spannungen auf, weil sich jemand unverstanden fühlt. Am nachfolgenden Beispiel soll deutlich werden, wie Charakterunterschiede zum Vorteil aller in in einem Team genutzt werden können:

Beispiel: Charakterunterschiede nutzen

In der Marketingabteilung einer großen Werbeagentur arbeiten fünf Mitarbeiter zusammen.

- Herr G. ist der kreative, innovative Künstler.
- Frau M. ist die sehr gewissenhafte und zuverlässige Planerin.
- Zwei weitere Mitarbeiter sind sehr extrovertiert und offen für Neuerungen.
- Die letzte Person in diesem Team ist technisch versiert und liebt es, am Computer Herrn G.s Ideen umzusetzen.

Eine optimale Aufgabenverteilung, die den jeweiligen Persönlichkeitsunterschieden im Team gerecht würde, könnte wie folgt aussehen:

- Die beiden extrovertierten Mitarbeiter betreiben Marktforschung und verhandeln mit den Kunden über neue Vorschläge für Werbekampagnen. Sie sind auch für die Neukundenwerbung zuständig.
- Herr G. ist der kreative Kopf der Mannschaft. Das Team verdankt ihm die ausgefallenen Ideen, die zu den begehrtesten Aufträgen dieser Branche geführt haben. Dafür genießt er ein Stück Narrenfreiheit im Team, denn Pünktlichkeit, Ordnung und die Einhaltung von Terminen sind nicht gerade seine Stärke.

- Frau M. dagegen ist mit ihrer Gewissenhaftigkeit genau die Richtige für die Überwachung von Terminen. Bei ihr laufen alle Fäden zusammen, sie koordiniert die Arbeitsabläufe und sorgt auch bei größter Hektik für einen professionellen Geschäftsauftritt ihrer Kollegen.
- Der fünfte Mitarbeiter ist der Spezailist in Sachen „raffinierte Präsentationsformen". Er ist auf dem neuesten technischen Stand und hat das Team schon oft mit ungewöhnlichen Lösungen aus brenzlichen Situationen gerettet.

Bei der Verteilung von Aufgaben müssen Persönlichkeitsunterschiede unbedingt berücksichtigt werden. Die wichtigste Aufgabe einer kompetenten Führungspersönlichkeit besteht darin, die Aufgaben nach den Stärken der Mitarbeiter zu verteilen.

Außerdem ist die Zusammensetzung des Teams von großer Bedeutung. Ein optimales Team, besteht aus Teamplayern, die einander in ihren Fähigkeiten so ergänzen, dass die Schwächen des einen Mitglieds von den Stärken eines anderen ausgeglichen werden. Das unterscheidet „normale" Teams von genialen.

Richtig gefördert, kann jedes Teammitglied ein Teamplayer sein. Voraussetzung dafür ist eine wertschätzende Haltung gegenüber den Besonderheiten der eigenen Persönlichkeitsstruktur und der der anderen. Je mehr Sie Ihre eigene Persönlichkeit zu schätzen wissen, ein desto besserer Teamplayer können Sie für andere sein. Die Einzigartigkeit Ihrer Persönlichkeit ist Ihr Erfolgsfaktor.

Training 3: Erkennen Sie, was Sie einzigartig macht 🕐 10 Min.

Wann und wo haben Sie sich als einzigartig erlebt?

Wann haben andere Sie als einzigartig erlebt?

Was können Sie davon für Ihr Charisma nutzen?

Wenn Sie sich eindeutig nur positiv, sogar übertrieben positiv darstellen würden: Wie würden Sie sich dann beschreiben?

Lösung 3: Das könnte Sie zum Beispiel einzigartig machen

- Möglicherweise bei der letzten Teamsitzung in Ihrem Büro einzigartig gefühlt.
- Andere könnten Sie auf der letzten Betriebsfeier als einzigartig humorvoll erlebt haben.
- Vielleicht könnten Sie aus Ihrer Kreativität und Ihrem Hu-mor schöpfen.
- Denkbar wäre, dass Sie der kreativste Kopf in Ihrer Firma sind. Außerdem könnten Sie der humorvollste und witzigste Kollege sein, den man haben kann.

Die Einzigartigkeit jeder Person kann sehr inspirierend sein. Man kann Eigenschaften entdecken, über die man selbst verfügt und die man perfektionieren möchte. Oder man schätzt besonders die Eigenschaften, die das Gegenteil zur eigenen Persönlichkeit darstellen.

Übung: Psychologe spielen

Spielen Sie doch mal Psychologe und versuchen Sie, Menschen in Ihrem beruflichen Umfeld nach ihren Stärken und ihrer Einzigartigkeit auszuloten: Welche Fähigkeiten machen diese Personen zu etwas Besonderem? Sind es Eigenschaften, die den Ihren sehr ähnlich sind? Oder fallen Ihnen eher die Gegensätze auf? Möglicherweise sind Sie ein sehr gewissenhafter Mensch, der immer pünktlich ist und sich immer an die Regeln hält. Eigentlich beneiden Sie aber Ihren Kollegen, der auch mal „fünf gerade sein" lässt. Sie bewundern ihn für seine Gelassenheit und Ruhe.

Lernen Sie sich mögen

Ihre Marke ist der Spiegel Ihrer Identität. Je vertrauter Sie mit Ihrem eigenen Spiegelbild sind, desto überzeugender wirken Sie. Voraussetzung für jede positive Wirkung nach außen ist eine positive Selbstwahrnehmung.

Ist es Ihnen auch schon einmal so ergangen, dass Sie sich über ein Kompliment nicht so richtig freuen konnten, weil Sie nicht nachvollziehen konnten, warum es Ihnen gemacht wurde? Oder Sie finden etwas besonders schön an sich, wofür Ihnen wiederum noch nie ein Kompliment gemacht wurde? Das kann daran liegen, dass zwischen Ihrer Selbst- und der Fremdwahrnehmung Unterschiede bestehen.

Ihr Spiegelbild gibt nur das wieder, was Sie ausdrücken wollen. Je positiver Sie sich selbst gegenüberstehen, desto positiver können Sie auch auf andere wirken. In der folgenden Übung sollen Sie sich mit Ihrem Spiegelbild auseinander setzen.

Training 4: Lernen Sie Ihr Spiegelbild kennen

🕐 täglich 2 Min.

Betrachten Sie sich bitte in den nächsten zwei Wochen regelmäßig ein paar Minuten lang bewusst im Spiegel. Versuchen Sie dabei nicht selbstkritisch zu sein, sondern betrachten Sie sich so wohlwollend wie einen Menschen, den Sie lieben.

Was gefällt Ihnen an Ihrem Spiegelbild am meisten?

Entdecken Sie Ihre ganz eigenen positiven Besonderheiten:
Wie ist Ihr Mund geschwungen, wenn Sie lächeln?

Was sagen Ihnen Ihre Augen an Positivem?

Welche Gesichtshälfte ist Ihre „Schokoladenseite"?

Lösung 4: So lernen Sie Ihr Spiegelbild lieben

- Vielleicht finden Sie Ihre Augen am schönsten.
- Möglicherweise sind Ihre Lippen verschmitzt nach oben gezogen, wenn Sie lächeln, und Sie haben ein sympathisches Grübchen.
- Ihre Augen könnten interessiert schauen oder verführerisch glitzern.
- Gerade wegen des Grübchens beim Lächeln wäre diese Seite Ihre „Schokoladenseite".

Selbsteinschätzungs-Check: Spiegelbild 1   Datum:

Wie hoch ist der Anteil, den Sie an sich selbst gut leiden können?

0 %   100 %
(Ich mag mich überhaupt nicht)   (Ich finde mich super!)

Selbsteinschätzungs-Check: Spiegelbild 2   Datum:

Wie, glauben Sie, bewerten andere ihr Aussehen?

0 %   100 %
(hässlich)   (wunderschön)

Nachdem Sie sich so richtig an sich satt gesehen haben, widmen Sie sich nun den Dingen, die Sie weniger schön an sich finden. Störfaktoren sollten Sie entweder beseitigen oder sich mit ihnen anfreunden, in jedem Fall aber sollten Sie damit aufhören, sich darüber zu ärgern. Denn nur ein Mensch, der sich selbst mag – mit allem, was zu ihm gehört – kann eine positive Ausstrahlung haben. Es ist alles eine Frage der Einstellung. Versuchen Sie, Ihre Eigenheiten als individuelle Einmaligkeit zu betrachten und nicht als Defizite. Wenn Sie das nicht können, ändern Sie diese Eigenschaften zu Ihrer Zufriedenheit (sofern dies rein physisch möglich ist).

Dabei geht es nicht darum, perfekt zu werden, sondern unverwechselbar!

Heben Sie also Ihre persönlichen Vorzüge heraus und kultivieren Sie Ihre „Schwächen" als besondere Eigenheiten – nach dem Motto: Ich will werden, was ich bin!

Charisma zu haben bedeutet nicht, perfekt zu sein, sondern unverwechselbar!

Je besser Ihr optisches Erscheinungsbild Ihre markanten Persönlichkeitseigenschaften hervorhebt, desto stimmiger ist Ihre Außenwirkung. Zählen Sie beispielsweise Gewissenhaftigkeit und einen „Touch" von Introvertiertheit zu Ihren Stärken, können Sie diese durch einen klassisch-strengen Kleidungsstil in gedeckten Farben nach außen hin präsentieren. Empfinden Sie Ihre Korrektheit dagegen als ein Ausstrahlungsdefizit, können Sie dieser Einsschätzung z. B. mit einer lockeren und farbenfrohen Kleidung entgegenwirken. Wichtig ist, dass das innere Empfinden zu dem nach außen dargestellten Bild passt!

Training 5: Wie können Sie das Beste aus sich machen?

🕐 10 Min.

Betrachten Sie sich erneut im Spiegel und achten Sie dieses Mal auf Dinge, die Ihnen nicht so gut gefallen. Versuchen Sie auch dieses Mal, nicht in Selbstkritik zu verfallen, sondern registrieren Sie nüchtern und neutral, was Sie gerne anders hätten.

Überlegen Sie, wie Sie Ihr äußeres Erscheinungsbild (inklusive Mimik) optimieren können, indem Sie

- Ihre Vorzüge betonen

- Gewisse „Makel" ausgleichen

- Besonderheiten zu Ihrem „Markenzeichen" machen

Lösung 5: So können Sie das Beste aus sich machen

Beispielsweise kann es sein, dass Sie jünger wirken, als Sie sind. Das gefällt Ihnen zwar, aber andererseits beklagen Sie, dass Sie aufgrund Ihres jugendlichen Erscheinungsbildes in Ihren beruflichen Fähigkeiten immer wieder unterschätzt werden. Obwohl Sie die fachliche und soziale Kompetenz besitzen, werden wichtige Verhandlungen Ihrem Kollegen überlassen, der viel unerfahrener ist als Sie.

In diversen psychologischen Untersuchungen wurde bewiesen, dass attraktive und jugendliche Personen erfolgreicher sind als ebenso gebildete, aber weniger gut aussehende Vergleichskandidaten. Attraktivtät und Jugendlichkeit sind demnach ein nicht zu unterschätzender Vorteil, den es zu nutzen gilt. Schönheit ist relativ, aber attraktiv kann sich jeder machen, indem er die eigenen Vorzüge betont. Männer haben es da ein wenig schwerer als Frauen, aber für beide Geschlechter kann eine professionelle Typberatung von großem beruflichen Nutzen sein.

Um beispielsweise nicht ständig beruflich unterschätzt zu werden, könnten Sie sich bei wichtigen Anlässen wie Vorstellungsgesprächen, Präsentationen oder Gehaltsverhandlungen betont „reifer" machen, beispielsweise durch

- eine Brille: symbolisiert Klugheit und Reife,
- dunkle Augenbrauen: verleihen sowohl Frauen als auch Männern mehr Respekt,
- einen Anzug/ein Kostüm mit hohem Kontrasteffekt (hell/ dunkel): erhöht Ihre Autorität, Schulterposter suggerieren Stärke.

Eine große Nase, abstehende Ohren oder einen kleinen Busen können Sie entweder als „Makel" empfinden und sich wegoperieren lassen oder aber diese Eigenschaft zu ihrem persönlichen „Markenzeichen" erklären. Es ist alles eine Frage der Einstellung. So entspricht der französische Schauspieler Gérard Dépardieu sicherlich keinem Schönheitsideal, aber markant und charakterstark wirkt er allemal.

Übung: Lassen Sie sich beraten

Gehen Sie innerhalb dieses Monats zu einem Farbberater, Friseur, einer Kosmetikerin oder zu einem renommierten Modeausstatter und lassen Sie sich von diesen Experten entsprechend Ihrer Persönlichkeit und Ihrer angestrebten Außenwirkung beraten. Möglicherweise werden Sie ganz neue Seiten an sich entdecken.

Eine weitere Möglichkeit, Ihre eigene Selbstwahrnehmung zu schärfen und gleichzeitig Ihre persönliche Ausdruckskraft zu steigern, ist ein Kameratraining. Es kann wahre Wunder in Bezug auf Ihre nonverbalen Fähigkeiten bewirken, weil es Ihnen wie durch ein Vergrößerungsglas ein unmittelbares Feedback gibt und gleichzeitig die Selbstsicherheit schult. Psychologen haben errechnet, dass während eines halbstündigen Gesprächs bis zu 400.000 nichtsprachliche Zeichen ausgetauscht werden. Das erklärt schnell, warum sich die Ausstrahlungskraft beim Reden durch eine lebhafte Gestik und ausdrucksstarke Mimik um nachweisliche 80 Prozent steigern lässt!

Übung: Kameratraining

- Fotografieren Sie sich bitte als Portrait, Halbportrait und als Ganzkörpermodell – entweder per Selbstauslöser oder bitten Sie einen vertrauten Freund darum. Alternativ können Sie auch einen Videofilm von sich drehen, z. B. anlässlich einer Geburtstagsfeier oder im Urlaub.
- Danach machen Sie das Gleiche bitte noch einmal, nur kommt dieses Mal Ihre Vorstellungskraft ins Spiel. Am besten funktioniert es, wenn Sie vor dem Fotografieren oder Filmen Ihre Augen schließen, sich für einen Moment in die Rolle Ihres Leitbildes hineinversetzen und sich vorstellen, wie Sie als erfolgreiche Kämpferin aussehen oder als kreativer Innovator wirken, wie Sie sich als machtvoller Integrator bewegen oder als enthusiastische Visionärin verhalten.
- Dann öffnen Sie die Augen wieder und lassen sich von einem vertrauten Freund oder per Selbstauslöser fotografieren oder filmen.
- Vergleichen Sie beide Foto- bzw. Filmserien. Welche Veränderungen zeigen sich bei der zweiten Serie? Auf welchen Bildern gefallen Sie sich am meisten und warum?
- Datieren Sie bitte beide Serien und wiederholen Sie diese Übung nach Beendigung des gesamten Trainings. Damit lassen sich Ihre Erfolge gut nachvollziehen.

Der Blick spielt bei der Wirkung nach außen ebenfalls eine große Rolle. Nicht umsonst heißt es, ein Blick sagt mehr als tausend Worte. Sie können Ihre Überzeugungskraft in Gesprächen oder Verhandlungen durch die Art, wie Sie schauen, erhöhen. Mit dem nachfolgenden Tipp können Sie mit wenig Aufwand eine große Wirkung erzielen.

Expertentipp: Den Blick intensivieren

Wer gelassen ist, der hat einen intensiveren Blick. Vor dem Spiegel oder beim nächsten Fotoshooting können Sie Folgendes sofort ausprobieren:

- Reiben Sie Ihre Hände so lange, bis sie heiß werden, und legen Sie sie dann für 30 Sekunden auf die Augen. Verspannungen in diesem Bereich lösen sich. Der Blick wird wacher und strahlender.
- Des Weiteren hilft es, an etwas Schönes zu denken, an etwas, das Ihnen Freude macht. Das Ergebnis zeigt sich unmittelbar. Der Blick wird weicher, die Gesichtszüge entspannter und die positive Ausstrahlung verstärkt sich sofort.

Übung: Die neue Ausstrahlungskraft einsetzen

Suchen Sie sich in den nächsten zwei Wochen mindestens drei Gespräche aus, bei denen Sie ganz gezielt die Ausstrahlungskraft Ihres Blickes wie im Expertentipp beschrieben einsetzen. Wählen Sie dafür unterschiedliche Gesprächsfelder: ein Plausch unter Kollegen, eine Verhandlung mit einem Kunden oder eine Diskussionsrunde. Folgen Sie dem Expertentipp und gehen Sie dann in das Gespräch.

Wie Ihre Stimme wirkt

Zur nonverbalen Ausdruckskraft gehört auch Ihre Stimme: „Der Ton macht die Musik". Es kommt mehr darauf an, wie Sie etwas sagen, als was Sie sagen.

Selbsteinschätzungs-Check:
Wie nehmen Sie Ihre Stimme wahr?   Datum:

0 %   100 %
(unangenehm)   (emotionslos)   (neutral)   (interessant)   (betörend)

Haben Sie auch schon einmal versucht, nur aufgrund eines Telefonats die Person am anderen Ende der Leitung einzuschätzen? Welche Kriterien haben sie dabei aufgestellt?

* Eine tiefe Stimme kann z. B. auf eine ruhige oder gefühlsbetonte Person hinweisen. Morgens nach dem Aufstehen haben beispielsweise alle Menschen eine tiefere Stimme, weil sie noch ausgeruht und entspannt sind.

* Ein schnelles Sprechen kann Indiz für Hektik oder auch Begeisterung sein. Die Person scheint sich vor ... zu überschlagen.

Probieren Sie nachfolgend selbst verschiedene Stimmklänge aus. Erst wenn Sie Ihre Stimme genau kennen und genießen, werden auch andere das tun.

* Was gefällt Ihnen an Ihrer Stimme?
  Vielleicht mögen Sie den ruhigen, sonoren Klang Ihrer Stimme, wenn Sie gerade aus dem Schlaf erwacht sind.

* Welche Tonlage gefällt Ihnen am meisten?
  Es könnte sein, dass Sie Ihre Stimme in einer tieferen Tonlage bevorzugen, weil Sie dann einen Eindruck von Autorität und Stärke vermittelt.

* Welche Lautstärke bevorzugen Sie, wenn Sie Aufmerksamkeit erzeugen wollen?
  Womöglich stellen Sie fest, dass Sie mit einer leisen Stimme Ihre Gesprächspartner dazu bewegen können, Ihnen genauer zuzuhören.

Übung: Stimmtraining

Wer an seiner Stimme arbeitet, arbeitet an seiner Persönlichkeit. Mit dieser Übung trainieren Sie Ihre Stimme wie die Muskulatur beim Fitness. Ihre Stimme wird dunkler und das Volumen größer, Ihre Aussprache deutlicher, die Modulation klarer und die Ausdruckskraft überzeugender.

Trainieren Sie bitte eine Woche lang täglich zwei Minuten lang wie folgt:
* Atmen Sie ein und sprechen Sie nachfolgende Buchstaben dreimal hintereinander laut aus. Also einatmen und I – E – A – O – U. Die Reihenfolge der Buchstaben ist nicht zufällig gewählt, sondern beginnt mit dem Buchstaben mit der höchsten Frequenz, die den oberen Kopfbereich zum Schwingen bringt und die Durchblutung fördert. Das E aktiviert den Halsbereich, beim A öffnen Sie den Mund ganz weit, das versorgt den Brustbereich mit Energie. Beim O bebt der Brustbereich und beim U – mit der tiefsten Frequenz – der Unterleib.
* Möchten Sie eine tiefere Stimme, dann sprechen Sie mehrmals das U aus.
* Nach einer Woche täglichen Trainings besprechen Sie bitte Ihre Anrufbeantworter und Mailboxen neu. Am besten kurz nachdem Sie die Übung abgeschlossen haben.

103

Lassen Sie sich überraschen, welche Reaktionen aus Ihrer Umwelt kommen. Nachdem Sie Ihre Anrufbeantworter und Mailboxen neu besprochen haben, bekommen Sie vielleicht Kommentare zu hören wie: „Das ist aber ein nette Ansage", oder: „Was für eine freundliche Stimme!". Vielleicht haben Sie festgestellt, dass Sie durch die Betonung Ihrer „Stärken" und das Stimmtraining mehr Selbstsicherheit gewonnen haben. Das könnte es Ihnen leichter machen, Ihre „Schwächen" zu akzeptieren und als Teil Ihrer ganz eigenen, unverwechselbaren Ausstrahlung einzusetzen. Möglicherweise ist Ihrem Umfeld aufgefallen, dass Sie mit sich im „Reinen" sind und ein ganz neues Selbstbewusstsein ausstrahlen. Und das könnte Ihnen das eine oder andere Kompliment eingebracht haben.

Übung: Nutzen Sie die Suggestionskraft Ihrer Stimme

- Nutzen die Suggestionskraft Ihrer Stimme auch im beruflichen Kontext und experimentieren Sie mit verschiedenen Ausdrucksformen, z. B. bei Geschäftsbesprechungen, Verhandlungen oder in einer Diskussionsrunde.
- Erheben Sie Ihre Stimme, wenn es um die Erfüllung Ihrer Bedürfnisse geht.
- Sprechen Sie mit fester Stimme, wenn Sie Ihren Standpunkt deutlich machen wollen.
- Oder sprechen Sie betont leise, wenn Sie wollen, dass man Ihnen zuhört.

Das sollten Sie in diesem Kapitel erreicht haben

- Sie wissen, was Sie unverwechselbar macht: die Qualität ihres Verhaltens, Ihre Fähigkeiten, Ihre Stärken und das, was Ihre Persönlichkeit ausmacht.

- Ihr Spiegelbild ist Ihnen ein vertrauter Begleiter geworden, das Ihnen jeden Morgen zeigt, was für ein besonderer Mensch Sie sind.

- Sie kennen den Unterschied zwischen Perfektion und Unverwechselbarkeit für Ihr Charisma.

- Mittels Foto und Film können Sie Ihre Ausstrahlung wunschgemäß verändern.

- Sie haben erfahren, wie Sie Ihre Ausdruckskraft mit Ihrer Stimme steigern können.

- Sie haben Komplimente für Ihre äußerlichen Veränderungen erhalten.

Das Erkennen und Trainieren Ihrer unverwechselbaren Eigenschaften lässt Sie aus der anonymen Masse hervorstechen. Wenn nicht nur Sie selbst, sondern auch Ihre Vorgesetzten erkennen, was Ihre äußeren und inneren Besonderheiten ausmachen, erhöhen sich für Sie Ihre beruflichen Chancen. Jeder Mensch ist eben doch nicht ersetzbar! Weil nicht jeder das hat und kann, was Sie im Speziellen ausmacht. Sorgen Sie dafür, dass Sie bei möglichst vielen Menschen in positiver Erinnerung bleiben, und setzen Sie dabei auf Ihr Alleinstellungsmerkmal. Finden Sie Ihre berufliche Nische.

Durchschnittlich sein kann jeder – unverwechselbar sind nur Sie.

Finden Sie heraus, was Sie überzeugend macht

Im Laufe des Lebens hat jeder Mensch Vorlieben von dem entwickelt, was ihm besonders wichtig ist. Die einen wollen Anerkennung, die anderen Sicherheit, wiederum andere streben nach Selbstbestimmung, Gerechtigkeit oder Macht.

Welches sind Ihre Werte?

Werte bezeichnen das, was einem Menschen wichtig ist, was ihm Bedeutung gibt, was ihn motiviert. Werte sind z. B. Friede, Freude, Glück oder Liebe.

Werte werden auf einer hohen sprachlichen Ebene formuliert. Sie bezeichnen etwas Übergeordnetes und beschreiben Konzepte von Lebensqualität. Dadurch sagen sie auch etwas über die Lebensmotive und Überzeugungen aus.

Glaubhaft, authentisch und echt wirkt, wer den Mut hat, nach den eigenen Werten zu leben. Werte bezeichnen das, was einem Menschen wichtig ist, etwas Übergeordnetes, sie beschreiben Konzepte von Lebensqualität. Werte sind das, woran Sie glauben, sie sind das Motiv, das Ihr Handeln bestimmt. Wenn Sie wissen, was Ihnen wirklich wichtig ist, dann können Sie Ihr Leben auf die Erfüllung Ihrer tiefsten Bedürfnisse ausrichten –sowohl im Privaten als auch im Beruflichen.

Die Kraft der Überzeugung liegt in der Emotion, nicht in der Ratio. Zahlen, Daten und Fakten sind zwar die Basis für ein gutes Geschäft, aber wie sich diese Tatsachen verkaufen lassen, hängt von Ihrer Überzeugungsfähigkeit ab. Da Sie schon von der Wirksamkeit von Metaphern wissen, soll Ihnen die folgende Geschichte die Bedeutsamkeit von Überzeugungen und Werten veranschaulichen:

Beispiel: Die Überzeugungskraft Heinrichs V.

In einem der bedeutendsten Werke von William Shakespeare, „Heinrich V", hält der Protagonist kurz vor der alles entscheidenden Schlacht eine Rede vor seinen Soldaten: 12.000 Mann sehen sich einem Herr von 60.000 Feinden gegenüber. Die Situation ist aussichtslos ...

In dieser Situation beginnt Heinrich von der Angst zu sprechen, von Zweifeln und Hoffnungslosigkeit. Die Nacht zuvor hatte er sich inkognito in das Lager begeben und als einfacher Soldat verkleidet mit anderen Soldaten gesprochen. Er hat ihnen zugehört und aus ihren Antworten Angst und Misstrauen entnommen, aber auch die Sehnsucht nach Frieden und Freiheit. In seiner nachfolgenden Rede vergleicht er das Ideal der Liebe zu seinem Land mit der Liebe der zurückgebliebenen Frauen und Kinder. Er fasst deren Angst in Worte und holt so die Familien seiner Gefolgsleute ins Lager. Vor allem aber zeigt er die Zuneigung, die er für jeden seiner Mitstreiter empfindet. Die meisten nennt er beim Namen. Und während er spricht, mit freien Händen seine Überzeugung formend, geblendet vom grellen Licht der aufgehenden Sonne, blickt er sie alle einzeln an, Auge in Auge, und zittert mit ihnen, denn er wird an vorderster Front mit ihnen kämpfen. Und er macht er das Unmögliche möglich und siegt mit seinen Soldaten über das Aussichtslose ..."

Auch wenn es sich nur um ein Theaterstück handelt, so basiert es doch auf historischen Tatsachen, die immer noch so viel Power haben, dass sie bis heute in England gefeiert werden.

Kein Politiker, Wirtschaftsboss oder Forschungsexperte hätte jemals etwas erreicht ohne die emotionale Überzeugungskraft, die Werte in sich tragen. Dabei ist es vor allem die eigene Überzeugung, die überzeugt. Es ist die eigene Motivation, die andere inspiriert und motiviert. Gleichgültig wie faktenorientiert ein Geschäft auch sein mag, am Ende eines jeden Produkts steht ein Mensch und der Mensch wird angetrieben von Gefühlen, die in den Tiefen der Werte verwurzelt sind.

Expertentipp: Begeisterung steckt an

Vergessen Sie die alte Schule der Beherrschtheit – die Schule der distanzierten Sachlichkeit. Brennen Sie für das, woran Sie glauben, und zeigen Sie Ihre Begeisterung. Man kann andere Menschen nur zu etwas bewegen, wenn man selbst bewegt ist.

In Bezug auf Reden und Vorträge können Sie das ganz wörtlich nehmen, indem Sie vor einer Rede Ihrer Aufregung freien Lauf lassen und, statt sich zum Stillsitzen zu zwingen, hin und her laufen. Das Geheimnis: Wer beginnt, seinen Gefühlen Ausdruck zu verleihen, beginnt, die Wahrheit zu sagen, wirkt authentisch und echt. Zeigen Sie also, wie viel Ihnen das bedeutet, wovon Sie sprechen und überzeugen wollen.

Finden Sie nachfolgend heraus, was Ihnen wirklich wichtig ist und für welche Werte Sie einstehen wollen, um Ihre Überzeugungskraft zu stärken.

Training 1: Was sind die Werte Ihrer Führungsmetapher/ Leitfigur?

⏱ 10 Min.

Kreuzen Sie bitte sechs Werte aus der folgenden Liste an, die Ihr Leitbild Ihrer Meinung nach vertritt.

Freiheit	Ehrlichkeit/Wahrheit	Verständnis
Macht	Ehrlichkeit/Wahrheit	Ordnung
Reichtum	Großzügigkeit	Frieden
Kreativität	Zusammengehörigkeit	Kommunikation
Erfolg	Weisheit/Wissen	Spiritualität
Liebe	Sicherheit	Ruhe/Beständigkeit
Leidenschaft/Eros	Selbstverwirklichung	Bescheidenheit/Einfachheit
Gesundheit	Gerechtigkeit	Abwechslung/Veränderung

Überprüfen Sie Ihre Einschätzung mit der Lösung.

Lösung 1: Das sind die Werte der Führungsmetaphern

• Integratoren sind Führungspersönlichkeiten, die Macht und Reichtum schätzen, darüber hinaus wollen sie mit Verantwortung andere Menschen führen, beschützen und die Einheit bewahren. Dadurch überzeugen sie mit einer charismatischen Ausstrahlung von Würde, Autorität und Macht.

Die Werte des Integrators

Macht	Ruhe/Beständigkeit
Sicherheit	Ordnung
Großzügigkeit	Frieden

• Innovatoren sind die leidenschaftlichen Persönlichkeiten, für die Freiheit und Selbstverwirklichung die Motoren für ihre Schaffensfreude sind. Ihr Ziel ist es, etwas Einmaliges zu kreieren. Ihre charismatische Ausstrahlung wird durch Originalität, Individualität und Kreativität geprägt.

Die Werte des Innovators

Freiheit	Abwechslung
Kreativität	Selbstverwirklichung
Leidenschaft	Anerkennung

• Kämpfer sind die tatkräftigen Führer, die durch Gerechtigkeit, Sicherheit, Treue und Zusammenhalt (= Loyalität) angetrieben werden. Sie sind bestrebt, mit Fairness und 100 Prozent Einsatz Fortschritte und Veränderungen zu bewirken. Besonders charismatisch erscheinen diese Personen durch ihre Zielstrebigkeit, ihre „Power" und ihre Durchsetzungskraft.

Die Werte des Kämpfers

Gerechtigkeit	Zugehörigkeit
Erfolg	Sicherheit
Leidenschaft	Ordnung

• Visionäre sind die Idealisten, immer auf der Suche nach der tieferen Wahrheit. Sie setzen sich mit Ihrem Kommunikationstalent für Menschlichkeit und höhere Werte ein. Sie versuchen, eine bessere Welt zu erschaffen, und überzeugen durch Einfühlungsvermögen, Enthusiasmus und Idealismus.

Die Werte des Visionärs

Kommunikation	Verständnis
Gesundheit	Annerkennung
Wahrheit	Weisheit/Wissen

Wer seine persönlichen Werte kennt und nach ihnen lebt, ist integer und wirkt dadurch echt und überzeugend. Charismatische Menschen haben eine „starke" Ausstrahlung, weil Sie von dem, woran sie glauben, überzeugt sind.

> Starke Persönlichkeiten leben starke Überzeugungen.

Training 2: Wie finden Sie Ihre wichtigsten Werte?   🕐 10 Min.

Kreuzen Sie nun aus der folgenden Auflistung sechs Werte an, die Ihnen wichtig sind.

Freiheit	Ehrlichkeit/Wahrheit	Verständnis
Macht	Ehrlichkeit/Wahrheit	Ordnung
Reichtum	Großzügigkeit	Frieden
Kreativität	Zusammengehörigkeit	Kommunikation
Erfolg	Weisheit/Wissen	Spiritualität
Liebe	Sicherheit	Ruhe/Beständigkeit
Leidenschaft/Eros	Selbstverwirklichung	Bescheidenheit/Einfachheit
Gesundheit	Gerechtigkeit	Abwechslung/Veränderung

Vergleichen Sie Ihre Werteliste mit der Ihrer Führungsmetapher bzw. Ihres Leitbildes und wählen Sie die Werte aus, die in beiden Listen gleich sind. Sollten alle verschieden sein, dann bestimmen Sie drei Werte, die Ihnen am meisten am Herzen liegen – unabhängig davon, auf welcher Liste sich diese befinden.

Lösung 2: So finden Sie Ihre wichtigsten Werte

Mal angenommen, dass Sie eine Person sind, die sich alles hart erkämpft hat und stolz darauf ist. Nun stehen Sie an einem Punkt in Ihrem Berufseben, da Sie das „Errungene" sichern wollen und sich nach den Zeiten des Umbruchs und der Veränderung mehr Ruhe und Ordnung wünschen. Dementsprechend haben Sie die Führungsmetapher des „Integrators" als Ihre persönliche Leitfigur gewählt. So könnte ein Wertevergleich aussehen:

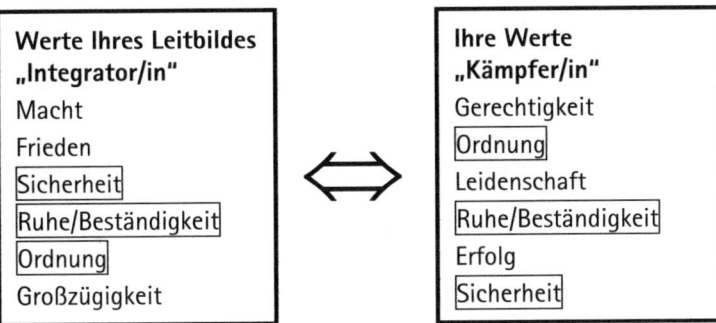

Sie sehen, dass in diesem Beispiel drei Werte aus beiden Listen übereinstimmen. Diese Werte scheinen Ihnen am wichtigsten zu sein, da sie sowohl bei Ihnen als auch bei Ihrem charismatischen Leitbild auftreten.

Vielleicht stellen Sie nun fest, dass sich Ihre Werte im Gegensatz zu früher verschoben haben. Während Sie damals leidenschaftlich gegen jedes Unrecht ankämpften und bereit waren, alles für den Erfolg zu tun, zählen für Sie heute mehr Ruhe, Sicherheit und Ordnung. Diese Erkenntnis könnte Sie dazu bewegen, andere berufliche Herausforderungen in Angriff zu nehmen. So könnten Sie sich beispielsweise verstärkt für Führungsaufgaben interessieren, um Ihre Erfahrungen als „moderner Samurai" weiterzureichen und zu sichern.

Sollten Sie mehr als drei deckungsgleiche Werte haben, wählen Sie Ihre drei Favoriten aus, indem Sie sich fragen, ohne welchen Wert Sie auf gar keinen Fall leben könnten. Bitte stellen Sie hierzu die Werte immer einzeln einander gegenüber.

Diese ersten drei „Top-Werte" sind die bedeutsamsten und sollten in Ihrem Leben erfüllt werden, da es sich hier um die Befriedigung „persönlicher Urbedürfnisse" handelt. Werte haben einen viel größeren Einfluss auf unsere Persönlichkeit, als allgemein angenommen wird. Sie werden in ihrer Wirksamkeit oft unterschätzt, weil sie nicht so greifbar sind wie Verhaltensweisen und nicht so nachvollziehbar wie Fähigkeiten. Dennoch bestimmen sie unseren beruflichen und privaten Erfolg in dem Umfang, wie wir im Stande sind, die Werte anderer zu respektieren. Da Werte jedoch subtil wirken, offenbaren sie sich im Berufsalltag meist erst bei wichtigen Fragestellungen, Entscheidungen oder in zwischenmenschlichen Konflikten, wie Ihnen das nachfolgende Beispiel zeigen wird.

Beispiel: Innovator vs. Integrator

Herr G. ist, wie schon zuvor beschrieben, sehr kreativ und innovativ. Er erfüllt die Eigenschaften des Innovators. Ihm ist es besonders wichtig, seine künstlerische Freiheit auszuleben, und er verhält sich dabei recht unkonventionell. Ihm ist es ein Graus, sich an Arbeitszeiten zu halten. Er arbeitet am besten, wenn ihn die Muse küsst. Dabei kann es schon mal vorkommen, dass er mitten in der Nacht im Büro über neue Ideen brütet und dann morgens nach Hause geht.

Frau M., die für die Koordination und Einhaltung der Termine zuständig ist, hat ein Problem damit. Für sie ist Herr G. in dieser Hinsicht unzuverlässig und lässt sich nur schwer in das Team integrieren. Er liefert seine Arbeit immer auf den letzten Drücker ab und sie muss ihn immer wieder an Termine erinnern. Frau M. ist vom Typ her Integratorin. Für sie sind Werte wie Zuverlässigkeit und Sicherheit besonders wichtig. Sie fühlt sich von Herrn G. nicht respektiert und kritisiert ihn wegen seines „respektlosen" Verhaltens.
Herr G. wiederum fühlt sich für sein „grenzenloses" Engagement nicht gewürdigt und obendrein noch zu Unrecht behandelt. Er ist „genervt" und ignoriert Frau M. zuehmend, was diese wiederum noch mehr verärgert und letztendlich zu massiven Störungen in der Zusammenarbeit führt, die sich natürlich auch auf die Qualität der Arbeit auswirken.

Werteverletzungen liefern den größten Zündstoff am Arbeitsplatz und sind nur mit Feingefühl und Mut zur Aufrichtigkeit zu entschärfen. Da es im Berufsalltag nicht immer leicht ist, herauszubekommen, welche Werte einem Menschen wichtig sind, kann der Konflikt an dieser Stelle zunächst nur auf der Verhaltensebene angesprochen werden.

Auch wenn ein jeder der festen Überzeugung ist, das er im Recht sei, sollte wenigstens einer von beiden den Mut haben, danach zu fragen, was er tun kann, um eine bessere Zusammenarbeit zu bewirken. Damit beide trotzdem eine zufrieden stellende berufliche Beziehung miteinander haben können, ist es wichtig, dass sie ihre Bedürfnisse und Wünsche kommunizieren. Keiner von ihnen sollte sich komplett ändern müssen, vielmehr sollten sie einen Kompromiss finden, der beide Wertvorstellungen akzeptiert und zulässt. So könnten sich Frau M. und Herr G. zusammensetzen und gemeinsam Abgabetermine vereinbaren. Er könnte sich bereit erklären, seine Arbeiten pünktlich zu den abgesprochenen Terminen abzugeben, und im Gegenzug dazu lässt sie ihm freien Spielraum, was die Arbeitszeiten anbetrifft.

Je mehr Sie im Einklang mit Ihren Werten handeln und dafür sorgen, dass auch Ihre Mitmenschen diese leben können, desto größer sind Ihre charismatische Ausstrahlung und Ihr beruflicher Erfolg.

Werte sind die Pfeiler der Motivation. So ist dem einen im Beruf wichtig, Anerkennung zu erhalten, für den anderen, selbstständig zu arbeiten, und für den dritten, Raum für die eigene Kreativität zu haben. Wenn im Arbeitsalltag die persönlichen Werte gelebt werden können, herrscht Zufriedenheit.

Ob und in welchem Umfang diese persönlichen Werte sich frei entfalten können, hängt von einer Reihe von Faktoren ab. So bestimmen Unternehmensrichtlinien, Arbeitsbedingungen, Vergütung, Führungsstil oder das Mitarbeiterumfeld, ob die Werte gefördert oder behindert werden. Trotz der vielen Beeinflussungsfaktoren ist es wichtig, sich immer wieder bewusst zu machen, das es nicht die Umweltbedingungen sind, sondern die persönlichen Bewertungsmaßstäbe, die ein Gefühl von Motivation oder Demotivation auslösen. Sie haben es in der Hand, sich die Umstände zu erschaffen und sich mit den Menschen zu umgeben, die Ihren Wertevorstellungen entsprechen. Auch wenn die Umstände nicht immer optimal sind, so können Sie sich dennoch treu bleiben, indem Sie wenigstens versuchen, für die

Erfüllung Ihrer Werte zu sorgen. Das erfordert vielleicht manchmal Mut und Überwindung, garantiert Ihnen aber auch, dass Sie mit sich selbst im Reinen sind. Denn wer dauerhaft gegen seine Prinzipien verstößt, macht sich nicht nur in den Augen anderer unglaubwürdig, sondern handelt in erster Linie gegen sich selbst, was langfristig zu einer inneren Zerrissenheit, Unzufriedenheit und Resignation führen kann.

Achten Sie also auf die Erfüllung Ihrer Werte, und die Lust an der Arbeit stellt sich von ganz allein ein.

Training 3: Wie können Sie beurteilen, ob Ihre Werte erfüllt werden?

120 Min.

Sie benötigen für jeden Ihrer drei gewählten Werte eine Karteikarte, auf der Sie genau notieren, woran Sie merken, dass Ihre Werte erfüllt werden oder vielleicht auch schon erfüllt sind.

Lösung 3: So können Sie beurteilen, ob Ihre Werte erfüllt werden

Erfolg	• Ich erreiche beruflich eine höhere Position.
	• Ich erhalte eine Gehaltserhöhung.
	• Mein Chef lobt mich.
	• Ich gewinne beim Skat.
Macht	• Andere befolgen meine Ratschläge.
	• Ich werde zu komplizierten Themen befragt.
	• Meine Partnerin fällt Entscheidungen, die unser gemeinsames Leben betreffen, immer mit mir gemeinsam.
Sicherheit	• Der Wert meiner Aktienanteile steigt.
	• Ich schließe eine neue Versicherung ab.
	• Ich bleibe oder werde Beamter.
	• Ich melde mich in einem Selbstverteidigungskurs an.

Übung: Auf Erfüllung der Werte achten

Achten Sie bitte eine Woche lang genau auf die Erfüllung Ihrer Werte und schreiben Sie jeden Abend in Ihren Terminkalender, wodurch die Befriedigung Ihrer Werte erreicht wurde.

Das sollten Sie in diesem Kapitel erreicht haben

- Sie wissen, was Werte sind und wie sie die charismatische Ausstrahlung beeinflussen.

- Sie kennen die Werte Ihres Leitbildes.

- Sie kennen Ihre drei wichtigsten Werte und sorgen für deren Erfüllung.

- Sie respektieren die Werte anderer und sorgen somit für eine kooperative und produktive Zusammenarbeit.

Entdecken Sie Ihre Träume und Visionen

*„Wer keine Zeit zum Träumen hat,
hat auch keine Kraft zum Kämpfen."*
(Spruch an einem besetzten Berliner Haus)

Eine Vision ist die Antwort auf die Frage: „Was will ich in meinem Leben erschaffen, was macht mich zufrieden und nützt auch anderen?"
Visionen sind Vorstellungen, die Menschen leiten, die sie wie ein roter Faden durch das Leben führen und einen Sinn für das eigene Handeln geben, sowohl beruflich als auch privat. Sie entstehen aus unserer Schöpferkraft und zeigen eine Chance auf für persönliche Erfüllung, Lust, Freude und Gemeinschaft. Es geht dabei nicht darum, immer Außergewöhnliches zu erschaffen, sondern darum, einen nützlichen Beitrag für sich und auch andere zu leisten.
Für welches höhere Ziel Ihrer Leitfigur würden auch Sie sich einsetzen?
Charismatisch zu sein bedeutet, erfolgreich Ich-selbst-zu-Sein, seine eigene Vision zu leben und anderen dabei von Nutzen zu sein.
Wie bereits erwähnt, sind charismatische Menschen vor allem individuelle Menschen, aber eines haben Sie dennoch alle gemeinsam: Sie haben alle eine Vision von ihrem Leben und können andere auf ihre ganz eigene Art davon überzeugen. Die einen tun dies mit Ruhe und Gelassenheit, die anderen begeistern durch ihre inspirierende Art.
Langfristige Ziele im Sinne einer Lebensaufgabe sind die Energiespender, die es uns ermöglichen, auch in Situationen, in denen Behinderungen auftreten können, das nötige Durchhaltevermögen und die Beharrlichkeit zu entwickeln, um weiter auf dem eigenen Weg zu bleiben. Das wird Ihnen neben Überzeugungskraft und Begeisterungsfähigkeit zu einer souveränen und glaubwürdigen Ausstrahlung verhelfen, die charismatische Menschen so interessant macht.
Wofür lohnt es sich auch längerfristig, jeden Tag aufzustehen, die gesamte Energie einzusetzen und das Beste zu geben? Wem nützt Ihr Handeln und Tun noch?

Von der Kraft des Wünschens bis zur Lebensvision

In Wünschen und Träumen äußert sich der innere Reichtum eines Menschen. Alles, was Sie heute besitzen und erreicht haben, begann einmal mit einem Wunsch, einem Traum. Der Wunsch ist der Motor für alles, was im Leben geschieht – für Veränderung und Fortschritt. Für den Wissenschaftler ist es der Wunsch zu forschen, für den Manger, ein Unternehmen erfolgreich zu führen, für den Sportler, Rekorde zu erzielen, und für den Mediziner, Leben zu retten. Erst kommt der Wunsch, dann der Glaube, aus dem die Begeisterung entsteht, Größeres zu erschaffen.

Zum Nachdenken:

„Ich will unter keinen Umständen ein Allerweltsmensch sein. Ich habe ein Recht darauf, aus dem Rahmen zu fallen, wenn ich es kann. Ich wünsche mir Chancen, nicht Sicherheiten. Ich will kein ausgehaltener Bürger sein, gedemütigt und abgestumpft, weil der Staat für mich sorgt. Ich will dem Risiko begegnen, mich nach etwas sehnen und es verwirklichen, Schiffbruch erleiden und Erfolg haben. Ich lehne es ab, mir den eigenen Antrieb mit einem Trinkgeld abkaufen zu lassen. Lieber will ich den Schwierigkeiten des Lebens entgegentreten, als ein gesichertes Dasein zu führen; lieber die gespannte Erregung des eigenen Erfolgs als die dumpfe Ruhe Utopiens. Ich will weder meine Freiheit gegen Wohltaten hergeben noch meine Menschenwürde gegen milde Gaben. Ich habe gelernt, selbst für mich zu denken und zu handeln, der Welt gerade ins Gesicht zu sehen und zu bekennen, dies ist mein Werk."

Albert Schweitzer (Arzt, 1875–1965)

Beispiel: Selbsterfahrungsbericht

Ich erinnere mich, dass ich als Kind immer zum Fernsehen wollte. Was ich daran so faszinierend fand, weiß ich nicht, aber mein Wunsch war stark genug, um meine Eltern zu Castings zu schleppen. Immer wenn wir mit dem Auto am ZDF-Landestudio vorbeifuhren, schaute ich sehnsüchtig dem Gebäude hinterher.

Nach zwei bis drei vergeblichen Castings vergaß ich den Traum, wurde größer, älter und vernünftiger. Ich machte mein Abitur, ging nach Amerika, studierte Psychologie und wusste nicht mehr, warum ich all das tat. Bis zu jenem denkwürdigen Tag, als ich in einem Seminar wieder an meine Wünsche erinnert wurde. Nach dem Motto: Wenn du tun könntest, was du wolltest, was würdest du dann machen?

Um die Geschichte abzukürzen, hier die Fakten: Seit 1996 bin ich als Casterin für das ZDF und andere Fernsehanstalten tätig, seit 1999 bin ich Coach und seit 2000 trainiere ich Mitarbeiter, Führungskräfte und Moderatoren in Sachen Persönlichkeit, Charisma und Karriere.

Wer weiß, was aus mir geworden wäre, wenn ich keine Träume gehabt hätte ...

Training 1: Wie finden Sie Ihren Hauptwunsch?   🕐 120 Min.

Nehmen Sie sich bitte ein DIN-A4-Blatt und stellen Sie sich eine Uhr auf drei Minuten. Schreiben Sie nun ohne Unterbrechung alle Wünsche auf, die Ihnen einfallen.

Markieren Sie die drei Wünsche, die Sie am meisten inspirieren. Ordnen Sie Ihre drei Favoriten ihrer Bedeutung nach und schreiben Sie sie untereinander auf.

Wählen Sie Ihren Topwunsch für die nächste Übung und notieren Sie ihn auf einem leeren Blatt.

Lösung 1: So könnten Sie Ihren Hauptwunsch finden

So könnte der Weg von Ihrer ursprünglichen Wunschliste zu Ihrem Topwunsch aussehen:

Ein großes Haus haben. Mir einen Labrador kaufen. In ferne Länder reisen. Zur Abteilungsleiterin befördert werden. Mal bei einem teuren Italiener essen gehen. etc.	→	Zur Abteilungsleiterin befördert werden. In ferne Länder reisen.	→	Zur Abteilungsleiterin befördert werden.

Bei dieser Aufgabe kann es sein, dass Sie so viele Wünsche haben, dass Sie gar nicht wissen, was Sie zuerst aufschreiben sollen. Oder es ist genau umgekehrt und sie müssen lange überlegen, bis Ihnen etwas einfällt.

Je mehr Sie sich aber mit Ihren Wünschen beschäftigen, desto klarer werden Ihnen die Bilder erscheinen, die Sie mit diesen Wünschen verbinden. Vielleicht erinnern Sie sich noch, wie Sie schon als Kind Ihren eigenen Kaufmannsladen führten? Und vielleicht wurden Sie in der Schule oft zum Klassensprecher gewählt? Dann scheint sich das Streben nach Macht und Verantwortung schon lange Zeit in Ihrem Leben verankert zu haben. Wenn Sie jetzt Ihren Wunsch als Vorboten Ihrer Fähigkeiten verstehen, dann scheinen Sie eine Begabung zum Führen von Menschen zu besitzen.

Sollten Sie sich noch unsicher sein, ob Sie wirklich Ihren Hauptwunsch herausgefunden haben, oder sollten zwei Wünsche in Konkurrenz zueinander stehen, dann fragen Sie sich bitte: „Was bedeutet es für mich, wenn dieser Wunsch nicht in Erfüllung geht?" Beantworten Sie sich diese Frage sorgfältig. Nur so können Sie Ihre Energien wirklich auf eine Sache konzentrieren, die es wert ist, erfüllt zu werden. Das heißt nicht, dass Sie alle anderen Wünsche vergessen sollen. Vielmehr können Sie nach Erreichen Ihres Hauptwunsches Ihre Kräfte erneut bündeln und auf einen neuen Wunsch konzentrieren.

Training 2: Was macht Ihren Wunsch so besonders?   ⏱ 10 Min.

Wunschbenennung 1: Nehmen Sie sich das Blatt mit Ihrem Topwunsch wieder zur Hand und legen Sie es vor sich auf den Boden.

Wunschvorstellung 1: Stellen Sie sich nun auf dieses Blatt 1 und tun Sie so, als ob Sie Ihren Wunsch bereits vollständig erreicht haben.

- Was sehen Sie?
- Was hören Sie?
- Und was fühlen Sie?

Ergebnisbeschreibung 1: Spüren Sie nach, wie sich das Erreichen Ihres Wunsches anfühlt, und beantworten Sie sich folgende Frage:

Was ist das Schönste, Beste oder Wichtigste daran?

Notieren Sie Ihre Einsichten auf dem Blatt mit Ihrem Topwunsch.

Lösung 2: Das könnte Ihren Wunsch so besonders machen

Wunschbenennung 1:
Ich möchte als Abteilungsleiterin bei Schiller & Mustermann in München arbeiten.

Wunschvorstellung 1:

- Ich sehe ein großes Büro, das ich mir nach meinen eigenen Vorlieben gestaltet habe. Mittendrin steht mein Schreibtisch mit einem bequemen Ledersessel davor.

- Ich höre das leise Summen der Klimaanlage und die freundliche Stimme meiner Sekretärin durch die angelehnte Tür.

- Ich bin stolz auf das Erreichte und fühle mich bestätigt.

Ergebnisbeschreibung 1:
Ich habe Spaß an meiner Arbeit und verdiene viel Geld. Außerdem trage ich die Verantwortung für 20 Mitarbeiter und meine Meinung ist von Bedeutung bei allen wichtigen Entscheidungen.

Jetzt wissen Sie ganz genau, was das Besondere an Ihrem Wunsch ist. Nachfolgend werden Sie dazu angeleitet, wie Sie von einem Wunsch zum nächsten und zur Vision kommen. Dabei spielt es keine Rolle, ob Sie aus der heutigen Sicht die Wünsche für vollständig realisierbar halten. Sie sollten einfach nur eine Vorstellung entwickeln, was Sie in Ihrem Leben noch erreichen möchten. Über das Wie und Wann können Sie sich später Gedanken machen. Wichtig ist nur, dass Sie Ihren Wunsch nicht aus den Augen verlieren. Machen Sie die Erfüllung Ihres Hauptwunsches zu Ihrer Lebensaufgabe, dann erwächst daraus die Vision.

Eine Vision ist oft größer, als unsere Vorstellungskraft zulässt. Deshalb wundern Sie sich bitte nicht, wenn aus einem kleinen Wunsch eine große Vision erwächst. Dann wissen Sie, dass Sie genau richtig liegen.

Beispiel: Die Vision des Bill Gates

Microsoft-Gründer Bill Gates hat in einer Autogarage angefangen, die ersten Computer zusammenzubauen. Seine Vision war es, die ganze Welt miteinander zu vernetzen, damit wir uns alle etwas näher kommen. Als er In den 80er Jahren den Grundstein für sein Frimengebäude legte, ließ er auf den Boden des Eingangs sinngemäß folgendes Ziel einmeißeln: „Bis 2005 hat Microsoft in jeden Haushalt auf der Welt einen Computer gestellt". Da kann man mal sehen, wohin große Visionen führen können – nämlich geradewegs in die Realität.

Training 3: Wie finden Sie Ihren persönlichen Visionsleitfaden?

 15 Min.

Wunschbenennung 2: Stellen Sie sich bitte vor, dass Sie Ihren Topwunsch jetzt schon einige Zeit in Ihrem Leben haben. Was wäre danach für Sie wichtig? Was wäre Ihr nächster Wunsch?

Wunschvorstellung 2: Notieren Sie Ihren nächsten Wunsch auf ein zweites Blatt, stellen Sie sich wieder darauf und tun Sie wieder so, als hätten Sie Ihr Ziel bereits erreicht.

Ergebnisbeschreibung 2: Spüren Sie wieder nach, wie sich das Erreichen Ihres Wunsches anfühlt, und beantworten Sie sich die Frage: Was ist das Schönste, Beste oder Wichtigste daran?

Notieren Sie Ihre Einsichten bitte auf dem zweiten Wunsch.

Wiederholen Sie dieses Prozedere mindestens dreimal oder so lange, bis Sie das Gefühl haben, bei Ihrer Vision angekommen zu sein, und Ihnen keine Wünsche mehr einfallen.

Lösung 3: So könnten Sie Ihren persönlichen Visionsleitfaden finden

Wunschbenennung 2:

Ich möchte mein Wissen und meine Erfahrungen an andere weitergeben. Ich halte Vorträge über Aufstieg und Karriere und veranstalte Seminare für junge Berufseinsteiger.

Wunschvorstellung 2:

- Ich sehe mich hinter dem Rednerpult in einem großen Tagungssaal. Menschen verschiedener Berufsschichten sind anwesend und hören meinen Ausführungen zu.
- Ich höre das Gemurmel im Saal und meine klare Stimme.
- Ich bin stolz auf das Erreichte und fühle, dass ich gebraucht werde.

Ergebnisbeschreibung 2:

Für mich besonders schön ist, dass ich Menschen mit meinen Ideen und Vorstellungen als Vorbild dienen kann.

Erneute Wunschbenennung:

Ich möchte mit einem eigenen Projekt zur Schaffung von Ausbildungsplätzen für Jugendliche aus sozial schwachen Familien im Ausland betraut werden.

Neue Wunschvorstellung:

- Ich sehe mich in Brasilien bei der Eröffnung einer neuen Ausbildungsstätte, umgeben von jungen Menschen, die mir von ihren Ideen erzählen.
- Ich höre die aufgeregten Stimmen der Auszubildenden und den Applaus der Umstehenden.
- Ich bin erfreut über den Enthusiasmus, den diese Jugendlichen ihrer Arbeit entgegenbringen. Ich fühle mich anerkannt und in meinen Bemühungen bestätigt.

Ergebnisbeschreibung:

Das Wichtigste und gleichzeitig Schönste ist für mich, dass ich diesen Jugendlichen eine Perspektive geben und etwas auf dieser Welt zum Positiven verändern kann. usw.

Expertentipp:

Es müssen nicht immer so hochtrabende Visionen wie in den Beispielen sein. Es kann auch sein, dass Sie gar nicht so viele Wünsche haben und recht schnell zu einer gewissen Zufriedenheit kommen. Wenn Ihnen nichts mehr an Wünschen einfällt, ist das meist ein gutes Zeichen, dass Sie Ihre Vision gefunden haben. Denn wenn Sie wunschlos glücklich sind, dann nutzt das auch Ihren Mitmenschen.

Training 4: Wie machen Sie Ihre Vision lebbar? 🕐 120 Min.

Beantworten Sie bitte folgende Fragen:

Was macht Ihre Vision aus?

Woran merken Sie, dass Sie Ihre Vision gefunden haben?

Wie ist es, wenn Sie Ihre Vision leben?

Was sehen Sie, was hören Sie, was fühlen Sie?

Stellen Sie sich wieder vor das erste Blatt und nehmen Sie wahr, wo Sie heute in Ihrem Leben stehen.

Was könnte Sie jeden Tag an Ihre Vision erinnern? Ein Bild, ein Gegenstand, ein Lied?

Womit könnten Sie anfangen, Ihre Vision lebbar zu machen?

Entscheiden Sie jetzt, womit Sie beginnen wollen, notieren Sie es und fangen Sie damit innerhalb der nächsten 72 Stunden an (Drei-Tage-Regel).

Lösung 4: So könnten Sie Ihre Vision lebbar machen

Hier wieder Beispielantworten:

- Ich engagiere mich und kann auf dieser Welt etwas zum Positiven verändern.

- Wenn ich all meine Wünsche verwirklichen kann, dann hat sich mein berufliches Engagement wirklich gelohnt. Ich verspüre eine tiefe Zufriedenheit und mir fällt nichts mehr ein, was ich hier noch erreichen möchte.

- Ich bin Ehrenmitglied im Vorstand von Schiller & Mustermann und kann mich ausschließlich um die mir wichtigen Pläne kümmern. Ich verfüge über weitreichende Befugnisse, die ich zum Wohle der Firma einsetze. Ich bin Schirmherrin über das Projekt „Ausbildung möglich machen!" in Brasilien und habe verschiedene Internate bauen lassen, um den Jugendlichen einen bestmöglichen Start ins Berufsleben zu ermöglichen.

- Ich sitze in meinem Büro und lese Dankesbriefe von Jugendlichen, die durch mein Projekt eine fundierte Ausbildung bekommen haben. Im Hintergrund läuft leise Musik aus Brasilien. Ich bin ganz entspannt und dankbar für die Möglichkeit, etwas von meinem Lebenswerk weitergeben zu können. Ich fühle mich gebraucht und wertvoll.

- Ich trage einen kleinen versilberten Schlüsselanhänger bei mir, den mir mein Chef an meinem ersten Arbeitstag in der Firma geschenkt hat. Er erinnert mich daran, dass es Menschen gibt, die an mich glauben, und dass ich mehr erreichen kann, als ich mir vorgestellt habe.

- Ich bewerbe mich um die Position der Abteilungsleiterin bei Schiller & Mustermann. Außerdem belege ich einen Rhetorikkurs und frische meine Portugiesischkenntnisse auf.

Beispiel: Vision – Firmenkindergarten

Herr K. möchte sich für die bessere soziale Absicherung von berufstätigen Müttern und Vätern in seiner Firma einsetzen. Er bringt den Vorschlag, einen Firmenkindergarten errichten, auf einer Personalversammlung vor. Zunächst schlägt ihm von Seiten der Geschäftsleitung und der Finanzverwaltung Ablehnung entgegen. Er lässt sich jedoch nicht entmutigen und spricht in seinem Kollegenkreis Eltern an, was diese von seiner Idee halten. Dann setzt er einen Brief an seinen Vorgesetzten auf, in dem er ihm die Vorteile schildert, und legt eine Personalliste bei, die besagt, wie hoch der Anteil berufstätiger Eltern im Unternehmen ist. Anschließend verfasst er ein Rundschreiben, in dem sich alle Befürworter seiner Idee eintragen können. Er organisiert Treffen mit berufstätigen Mitarbeitern, bei denen neue Argumente für seine Vision gesammelt werden. Diese Materialien legt er dann auf der nächsten Betriebsversammlung vor. Die Firmenleitung ist von seinen Ausführungen zwar noch nicht restlos überzeugt, stimmt jedoch einem Pilotprojekt zu.

Training 5: Vergleichen Sie Ihre Vision mit der Ihres Unternehmens

⏲ frei

1. Durchleuchten Sie das Werbematerial oder die Öffentlichkeitsarbeit Ihres Unternehmens:

Was ist die Vision Ihres Unternehmens und wie wird sie nach innen und nach außen kommuniziert?

Wo steht die Vision Ihres Unternehmens geschrieben? Wer verkündet sie?

Welche Mitarbeiter werden für die Verwirklichung dieser Unternehmensvision gebraucht?

Welche sind die tragenden Werte dieser Unternehmensvision?

2. Interviewen Sie innerhalb der nächsten Woche drei Führungskräfte oder Geschäftspartner (wenn Sie Ihre eigene Firma führen) und fragen Sie diese nach ihrer Vision für das Unternehmen.

3. Vergleichen Sie Ihre Vision mit der Ihres Unternehmens. Wo sind sie deckungsgleich und wo verschieden?

4. Was könnten Sie tun, um Ihre Vision in Ihrem Unternehmen zu verwirklichen?

Lösung 5: Wie Sie Ihre Vision mit der Ihres Unternehmens vergleichen können

Wir wollen die oben gestellten Fragen anhand des bekannten Automobilherstellers Toyota beantworten.

- Die Vision diese Unternehmens: „Nichts ist unmöglich!" wird vor allem über Werbung im Fernsehen und Printmedien kommuniziert. Dieser Slogan ist so eingängig, dass der Wiedererkennungswert enorm hoch ist.

- Mitarbeiter, die diese Vision mitragen, sollten kreativ, originell, vielseitig, einfallsreich und ein Stück weit unkonventionell sein.

- Substanziell für eine solche Vision sind Werte wie Innovation, Sicherheit und Sportlichkeit.

Sie könnten im Idealfall drei identische Unternehmensvisionen erhalten. Das ist möglicherweise ein Zeichen dafür, dass die Vision der Firma unmissverständlich und eindeutig für alle Mitarbeiter kommuniziert wird. Vielleicht erhalten Sie aber auch drei abweichende Visionen, die sich nur in ein oder zwei Kernaussagen treffen. Wenn hier die Individualität der verschiedenen Mitarbeiter genutzt wird, besteht eine gute Möglichkeit die Vision eines Unternehmens zu differenzieren.

Im Fall der Autofirma Toyota könnten Kreativität und Erfolg die Kernvisionen aller Befragten sein. Differenzen könnten in Bezug auf Sportlichkeit und Vielseitigkeit bestehen.

Das sollten Sie in diesem Kapitel erreicht haben

- Sie kennen mindestens einen Ihrer Lebenswünsche.

- Sie kennen Ihre Vision und die Ihres Unternehmens.

- Sie machen Ihre Vision lebbar und setzen sich begeistert für die Verwirklichung Ihrer Vision in Ihrem beruflichen Umfeld ein.

Finden Sie Ihr Lebensmotto

„Was bedeutet schon Geld?
Ein Mensch ist erfolgreich, wenn er zwischen
Aufstehen und Schlafengehen das tut, was ihm gefällt."
Bob Dylan

In dieser letzten Etappe geht es um die Vervollkommnung Ihrer Persönlichkeit. In jedem Menschen steckt neben seinem Potenzial an rationaler und emotionaler Intelligenz auch spirituelle Intelligenz, die dazu dient, den Zweck des eigenen Daseins zu ergründen. Der Wunsch, den Sinn des Lebens zu finden, liegt in der Natur des Menschen, ist aber bei jedem unterschiedlich stark ausgeprägt. Richtig gefördert sorgt er bei allen Menschen für mehr Zufriedenheit, Glück, Erfolg und den gewissen Tiefgang in der persönlichen Ausstrahlung – vorausgesetzt man ist bereit, sich darüber verstärkt Gedanken zu machen.

Welches ist Ihre Mission?

In der Wirtschaft wird in diesem Zusammenhang von der „Mission" gesprochen. Damit ist die Philosophie eines Unternehmens gemeint, das, was sich ein Unternehmen sozusagen auf die Fahnen geschrieben hat. Unternehmensphilosophien, die glaubhaft von der Führung kommuniziert und gelebt werden, bewirken bei allen Mitarbeitern ein gesteigertes Zugehörigkeitsgefühl (Corporerate Identity), das die individuelle Arbeitsmotivation maßgeblich positiv beeinflusst. Wenn Sie als Mitarbeiter oder Führungskraft wissen, wozu und für welche Ideen Sie arbeiten, lässt Sie das mit Sicherheit engagierter bei der Sache sein, als wenn Sie sich lediglich als „Funktionsteilchen" in einem anonymen System erleben.
Eine Mission ist immer auch eng an eine Vision gebunden. Während die Vision eine langfristig formulierte Zielvorstellung ist, stellt die Mission den tragenden Gedanken dahinter dar. Die Mission ist also die Haltung, die höhere Absicht, aus der eine Vision erst entsteht und die allem Handeln einen tieferen Sinn verleiht. Missionen leiten sich aus den Werten ab, die ein Mensch oder ein Unternehmen vertritt. Erinnern Sie sich an die Werte Ihrer Leitfigur? Welche Mission („tiefere Absicht" oder„höherer Auftrag") könnte Ihre Leitfigur verfolgen?

Der Visionär		
Werte	• Kommunikation • Gesundheit • Wahrheit	• Verständnis • Annerkennung • Weisheit/Wissen
Mission	Visionäre sind Idealisten und wollen die Welt verbessern.	

Der Kämpfer		
Werte	• Gerechtigkeit • Erfolg • Leidenschaft	• Zugehörigkeit • Sicherheit • Ordnung
Mission	Kämpfer sind Aktivisten und wollen die Welt retten.	

Der Innovator		
Werte	• Freiheit • Kreativität • Leidenschaft	• Abwechslung • Selbstverwirklichung • Anerkennung
Mission	Innovatoren sind Reformisten und wollen Neues in die Welt bringen.	

Der Integrator		
Werte	• Macht • Sicherheit • Großzügigkeit	• Ruhe/Beständigkeit • Ordnung • Frieden
Mission	Integratoren sind Traditionalisten und wollen die Welt zusammenhalten.	

Welche Mission leiten Sie aus Ihren Werten ab?

Es kann sein, das Sie schnell eine eindeutige Antwort finden. Es kann aber auch sein, dass dadurch weitere Fragen aufgeworfen werden und es einige Zeit dauert, bis Sie eine zufrieden stellende Antwort für sich gefunden haben. Unabhängig vom Zeitfaktor ist es viel wichtiger, dass Sie sich überhaupt auf die Suche begeben – wie

Ihnen die folgende wahre „Coachinggeschichte" von einer meiner Klientinnen zeigen soll:

Beispiel:Den Sinn finden

Es war einmal eine bereits erfolgreiche TV-Moderatorin. Seit ihrer Kindheit stand sie vor der Kamera, etwas anderes als Moderatorin wollte sie nie werden. Sie war zwar keine Berühmtheit, aber dennoch ein bekanntes Gesicht in der deutschen Fernsehlandschaft. Das reichte ihr auch völlig aus, denn das machte sie glücklich und Selbstverwirklichung war ihr größter Wert. IhrKarriereziel war, noch mehr TV-Sendungen zu moderieren – am besten im Unterhaltungsbereich –, um nicht nur sich selbst noch glücklicher zu machen, sondern auch die Zuschauer.

Als sie dann tatsächlich nach einem Jahr Coaching zwei neue Sendungen moderierte, schien das Karriereziel erreicht. Bis ich sie bat, sich vorzustellen, wem all ihr Erfolg noch nützen könnte. Sie war überrascht, was ihr nach einer ganzen Weile noch dazu einfiel: „Je erfolgreicher und bekannter ich durch meine Moderationen werde, desto mehr Menschen könnte ich aus Notsituationen helfen. Ich könnte meine Popularität z. B. für die Unterstützung von Kinderprojekten einsetzen und so zum Sprachrohr für Menschen werden, die es weniger gut im Leben getroffen haben. Meine Fähigkeit, Emotionen wie Mitgefühl und Anteilnahme authentisch „rüberzubringen", wäre für die Moderation von Wohltätigkeitsgalas und Benefizkonzerten genau passend."

Als sie sich selbst so reden hörte, überkam sie ein Gefühl von Dankbarkeit und innerer Ruhe. Jetzt wusste sie, wozu sie wirklich Moderatorin war und schon immer sein wollte. Auf einmal bekam alles einen übergeordneten Sinn und ihr wurde klar, dass sie nicht nur aus Selbstverwirklichungsmotiven arbeitete, sondern durch ihre ganz persönlichen Fähigkeiten einen wichtigen Beitrag leisten kann, damit es anderen besser geht. Diese Erkenntnis beflügelte meine Klientin dahin gehend, dass sie ihre Karriereziele um einiges höher steckte. Und nun raten Sie mal, welche neuen Sendungen schon auf sie warten?

Eine feste Route zur persönlichen „Erleuchtung" gibt es nicht. Es ist wieder eine Frage der Persönlichkeit, welche der nachfolgenden vier Methoden Sie am meisten anspricht, um Ihre spirituelle Intelligenz zu fördern und Ihre persönlichen Mission zu finden.

1. Das „Erkenntnis-Prinzip" setzt auf intellektuelle Interessen, die Sie über den Verstand zur ureigenen Mission leiten können.

2. Das „Besinnungs-Prinzip" baut auf Ruhe und Entspannung, durch die Sie zu Ihren wahren Bedürfnissen gelangen können.

3. Beim „Glücks-Prinzip" können Sie den tieferen Sinn in der Hingabe an andere finden.

4. Das „Natur-Prinzip" kann Sie über Naturerlebnisse Ihrer Mission näher bringen.

Übung: Prinzipien praktizieren

Um Ihre persönliche Mission zu finden oder zu vertiefen, lesen Sie sich bitte alle nachfolgenden Prinzipien durch und praktizieren Sie mindestens eine der Methoden für einen Monat.

Beginnen Sie bitte mit einer Sache sofort (Direkt-Regel) und mit einer weiteren spätestens innerhalb von 72 Stunden (Drei-Tage-Regel).

Das Erkenntnis-Prinzip

Viele intellektuell begabte Menschen versuchen, mit dem Verstand die Geheimnisse des Lebens zu enträtseln. Ob sie nun philosophische Meister studieren oder nach der naturwissenschaftlichen Urformel forschen: Sinnsucher auf dem Weg der Erkenntnis tasten sich mit dem Verstand an die spirituelle Frage heran: Wozu bin ich hier?

Über die Beobachtung natürlicher Phänomene kann man zu ewigen Ideen gelangen. Perfekte Anreize hierfür bieten alle Naturwissenschaften. „Greifen Sie ruhig mal nach den Sternen" will bedeuten, dass Sie sich in regelmäßigen Abständen mit nicht alltäglichen Themen beschäftigen sollten. Und das geht hervorragend durch Lesen. Das bedeutet, in eine andere Welt einzutauchen, Abenteuer zu erleben, zurückzukommen und sein Leben mit neuem Wissen zu bereichern. Dabei kann ein inspirierender Gedankenaustausch mit anderen entstehen, der Sie nicht nur privat, sondern auch beruflich weiterbringen kann. Fördern Sie Ihr intellektuelles Potenzial und zeigen Sie, dass Sie nicht nur Experte auf Ihrem Gebiet sind, sondern auch etwas „vom Leben" verstehen. Damit machen Sie sich nicht nur private Freunde.

Training 1: Wie Sie durch „Lebensbücher" tiefsinniger werden   🕐 10–30 Min.

* Reservieren Sie sich täglich zehn Minuten, um ein interessantes Buch zu lesen – ob im Bett, im Lieblingssessel oder auf dem „stillen Örtchen". Sie werden erstaunt sein, wie sehr dieses kleine Ritual, Ihr Leben bereichern wird. Und wie schnell aus zehn Minuten elf, zwölf oder 30 Minuten werden.
* Fragen Sie wirklich gute Freunde, welches ihre „Lebensbücher" sind, und lesen Sie diese. Das kann neben der persönlichen Wissensvermehrung zusätzlich noch zu wunderbar inspirierenden Gesprächen führen.

Lösung 1: Das können Ihnen „Lebensbücher" bringen

Das Lesen der Lebensbücher kann Ihnen verschiedenste Perspektiven eröffnen. So können Sie zum Beispiel

- neue Ideen finden,
- Ihren Erfahrungsschatz vergrößern oder
- Antworten auf unterschiedliche Fragen finden.

Außerdem entdecken Sie vielleicht eine neue Sichtweise für ein Problem, das Sie derzeit beschäftigt, und kommen der Lösung ein Stück näher.
Es wäre auch denkbar, dass Sie in Kontakt zu Fremden kommen und erfrischende Diskussionen führen. Vielleicht ergeben sich auch neue Aspekte für den alltäglichen Smalltalk mit Bekannten. Wenn Sie das Ganze dann noch mit einem schönen gemeinsamen Essen verbinden, wird nicht nur Ihre spirituelle Intelligenz gefördert, sondern auch Ihre Freundschaften werden sich vertiefen.

Das Besinnungs-Prinzip

Eudaimonia (Glückseligkeit) nannten die alten Griechen jenen geistigen Zustand, bei dem alles Denken aufhört und wir nur noch sind. Besonders kopflastige Menschen kennen diese Sehnsucht, den Körper einfach mal zu parken, den Kopf auf Stand-by zu schalten und nur zu „sein". Dahinter steckt das tiefe Bedürfnis, wirklich zu spüren, wer man ist und was man braucht und will. Nicht mehr darüber nachzugrübeln, sondern ganz im Hier und Jetzt mit sich selbst eins zu sein. In diesen Momenten der inneren Ruhe die Antwort für sein Dasein zu erhalten. Wer abschalten kann, kann sich selbst finden und den „göttlichen Funken" in sich spüren. „Abschalten" heißt, alle äußeren Reize wegzunehmen, um sich auf sein Inneres zu konzentrieren.
Entspannungs- und Meditationstechniken wie z. B. autogenes Training oder Yoga sind hilfreich. Aber auch die Einführung kleiner „Bewusstseinspausen" im täglichen Allerlei – wie z. B. nachmittags eine Kaffeepause einzulegen und diesen dann bewusst zu schmecken und zu genießen – unterstützen die Selbstbesinnung. Oder ein regnerischer Nachmittag, an dem Sie anstelle der Lieblings-CD den Regentropfen zuhören. Der Effekt ist immer der gleiche – der Körper wird ruhig und Sie kommen aus dem Kopf ins Gefühl und können sich besser spüren, um herauszufinden, was Sie in diesem Moment wirklich brauchen. Durch Einkehr und Ruhe kommen Sie Schritt für Schritt Ihren inneren Bedürfnissen näher und finden zunehmend Antworten auf die Fragen:

- Bin ich auf dem richtigen Weg?
- Handle ich in Übereinstimmung mit meinen Werten?
- Folge ich meinen Wünschen und Fähigkeiten?

Abgesehen davon, gönnen Sie Ihrem Körper und Ihrem Geist auch einmal eine Ruhepause. Nur so können Sie langfristig effektiv und erfolgreich arbeiten. Viele Berufstätige nehmen sich viel zu selten Zeit für Entspannung und leiden immer häufiger am Burnout-Syndrom. Planen Sie also kleine Pausen in Ihren Arbeitstag ein, in denen Sie einfach mal für ein paar Minuten abschalten.

Wer in sich gehen will, kann neben den bekannten Meditationsformen im Sitzen auch mal in eine Geh-Meditation versuchen. Die nachfolgende Übung gehört zu den klassischen Aufmerksamkeitsübungen der sogenannten Bewegungs-Meditationen, zu denen u. a. Qi Gong oder Yoga gehören. Bei der Geh-Meditation wird die ganze Aufmerksamkeit auf das Gehen gelenkt und dieses mit der Atmung synchronisiert. Sie können diese Übung überall dort durchführen, wo Sie mindestens fünf Quadratemeter Platz haben.

Training 2: Mit Geh-Meditation zur Ruhe finden   🕐 5–10 Min.

Gehen Sie nach den folgenden Anweisungen vor, um durch Geh-Meditation zur inneren Ruhe zu finden:

- Bevor Sie Ihre ersten Gehversuche durchführen, stellen Sie sich bitte einen Wecker mit der Zeit, wie lange Sie vorhaben, diese Übung durchzuführen. Neueinsteiger sollten mit zwei bis fünf Minuten anfangen. Nach zwei Wochen des täglichen Praktizierens können Sie um weitere zwei bis fünf Minuten steigern. Sorgen Sie dafür, dass Sie in dieser Zeit nicht gestört werden. Bevor Sie losgehen, ertasten Sie bitte erst einmal barfuß Ihren Untergrund – Teppich, Sand, Steine?
- Nun gehen Sie los, wandern einfach herum, am besten im Kreis. Dabei sind die Augen nur leicht geöffnet, blicken jedoch nicht zum Boden, sondern geradeaus. Lassen Sie den Blick schweifen und setzen Sie wie in Zeitlupe einen Fuß vor den anderen. Rollen Sie dabei ganz bewusst von der Ferse zu den Zehen ab.
- Mit jedem Aufsetzten der Fersen atmen Sie tief ein und beim Abrollen langsam aus. Am Anfang fühlt sich das Ganze vielleicht etwas steif an, vor allem, wenn Sie gerade Stress hatten. Aber je länger Sie gehen, desto mehr werden Sie spüren, dass die Bewegungen fließender und natürlicher werden. Mit jedem Schritt schalten Sie quasi einen Gang runter.
- Tauchen störende Gedanken auf, lassen Sie sich nicht weiter beirren und konzentrieren Sie sich wieder auf Ihren Atem und das Gehen. Dabei verfliegen diese Gedanken ganz schnell.
- Konzentrieren Sie sich auf das Gehen und Atmen so lange, bis Sie von Ihrem Wecker aus der Meditation herausgeholt werden. Setzen Sie sich dann noch mal in Ruhe hin, schließen Sie für einen Augenblick die Augen und spüren Sie ein bis zwei Minuten Ihren Körper. Atmen Sie dabei weiter bewusst tief ein und langsam aus und fragen Sie sich, was Sie in diesem Moment brauchen. Etwas zu essen, noch etwas Ruhe, ein liebes Wort, ... oder gar nichts weiter?

Folgen Sie Ihrer inneren Antwort und erfüllen Sie sich das aufkommende Bedürfnis gleich oder überlegen Sie sich, wie und wann Sie es am besten tun können.

Lösung 2: Das kann Ihnen die „neue Gangart" bringen

Möglicherweise haben Sie gerade ein anstrengendes Gespräch mit Ihrem Chef hinter sich und bekommen den Kopf für eine neue Aufgabe nicht frei. Oder Sie fühlen sich einfach etwas matt und können sich nicht richtig konzentrieren. Die neue Gangart kann Ihnen an dieser Stelle vielleicht weiterhelfen, indem Sie Ihre Bedürfnisse klarer erkennen, Ihrem Körper und Ihrem Geist mehr Ruhe gönnen, imstande sind, Ihre Energien zu bündeln und somit gezielter einzusetzen, oder den Alltag „aussperren" können und ganz allein mit sich sind.

Das Glücks-Prinzip

Viele Menschen erfahren in ihrem Leben eine tiefe Befriedigung durch aktive Nächstenliebe. Anderen zu helfen gibt uns das Gefühl, zur richtigen Zeit am richtigen Ort zu sein, gebraucht zu werden und verstanden zu haben, worauf es ankommt. Von Herzen zu geben setzt nämlich voraus, dass wir eine Person oder wichtige Aufgabe gefunden haben, für die es sich lohnt, die eigenen Bedürfnisse hintan zu stellen. Kommt Aufmerksamkeit zurück, erfüllt sie uns und wir fühlen uns wieder „vollständig". Und das wiederum bringt uns zwei spirituellen Erfahrungen näher: Dankbarkeit und Demut. Die folgende Übung möchte Sie dazu einladen, Ihre eigenen Bedürfnisse bewusst für einen Moment zurückzustellen, um etwas von Ihrer Zeit, Kraft oder Zuneigung zu verschenken. Manchmal kommt es gar nicht auf die Größe der Hilfsaktion an, schon kleine Taten im richtigen Moment können viel bewegen.

Training 3: Wie Sie „Gutes" tun können   ⏱ mind. 10 Min.

Wählen Sie mindestens eine „gute Tat" aus, die Sie regelmäßig einen Monat lang praktizieren wollen. Sie können natürlich auch mehrere Dinge tun. Nur sollten Sie mehr auf die Qualität Ihres Handelns achten als auf die Quantität.

Lösung 3: Das kann eine „gute Tat" für Sie bedeuten

Hier eine Liste möglicher „guter Taten", die Sie praktizieren könnten:

- Einer älteren Person die Tür aufhalten
- Einer allein stehenden Nachbarin die Einkaufstaschen in die Wohnung tragen
- Einem Nachbarkind bei der Reparatur eines kaputten Fahrradreifens helfen
- Den Portier/die Putzfrau Ihres Bürokomplexes freundlich grüßen
- Fremden Müll beseitigen
- Blut spenden
- Einen Obdachlosen zum Essen einladen
- Einen Hund aus dem Tierheim ausführen

- Den zehnten Teil Ihrer Freizeit oder Ihres Nettoeinkommens an Hilfsorganisationen spenden
- Spielsachen für ein Kinderheim persönlich sammeln und abgeben
- Als Ferienbegleitung für Behinderte tätig sein
- Häftlinge besuchen oder Briefkontakt zu ihnen halten

Es ist denkbar, dass Sie sich im Laufe dieser Übung bewusst werden, wie leicht es ist, anderen eine Freude zu machen. Oft nimmt es kaum Zeit in Anspruch und muss auch nicht unbedingt Geld kosten. Es ist also möglich, dass Sie mit einem Minimum an Aufwand ein Maximum an Wohlgefühl erzielen. Und bekanntlich ist geteilte Freude doppelte Freude. Wenn Ihnen diese Übung das Gefühl von Zufriedenheit, Ruhe oder Dankbarkeit vermittelt hat, liegt hier vielleicht Ihr Weg zu Ihrer persönlichen Mission.

Das Natur-Prinzip

„Die Natur ist der beste Spiegel unserer Seele" – dieser Satz stammt vom Bergsteiger Reinhold Messner. Gerade körperlich aktive Menschen suchen die besonderen Momente da „draußen", in denen es „drinnen" ganz ruhig wird. Diese finden sich z. B. im unbeschreiblichen Glücksgefühl, das man auf dem Gipfel eines aus eigener Kraft bezwungenen Berges hat. Oder in dem grenzenlosen Freiheitsgefühl über den Wolken beim Fliegen. Oder in der Faszination für den unendlichen Reichtum der Natur beim Abtauchen in ein Korallenriff.
Naturgewalten bringen uns in die unmittelbare Erfahrung, dass wir alle nur ein Teil eines größeren Plans sind, und lassen unsere alltäglichen Belange in einem anderen Licht erscheinen. Das nährt das spirituelle Erlebnis von „Verbundenheit".
Wer auf dem „Weg der Natur" vorankommen will, kann sich auch von den kleinen Naturwundern um sich herum leiten lassen. Entscheidend ist, dass Sie erkennen, dass das Grundmotiv der Natur ein Kreislauf ist und es sinnbildlich gesprochen im Berufsleben nicht darauf ankommt, allein oben zu stehen, sondern im Team mittendrin zu sein. Auch wenn es manchmal den Anschein hat, dass es Solo-Karrieren auf dem Parkett des Erfolgs gibt. So ist letztendlich jeder Karrierist spätestens bei der nächsten Beförderung auf den „Goodwill" seines Vorgesetzten angewiesen. Und damit schließt sich der Kreis von Geben und Nehmen …

Training 4: Wie Sie von der Natur lernen können 🕐 mind. 30 Min.

Begeben Sie sich mindestens einmal pro Woche für mehr als 30 Minuten in die freie Natur und nehmen Sie Ihre Umgebung bewusst wahr.

Die Pflege von Pflanzen im Garten oder zu Hause eignet sich ebenfalls hervorragend bei der Sinnsuche. Ist es nicht faszinierend, wie eine Pflanze fast von selbst gedeiht und uns daran erinnert, wie wenig man eigentlich zum Leben braucht?

Lösung 4: Das können Sie von der Natur lernen

Möglicherweise finden Sie bei Ihrem nächsten Ausflug im Wald einen Ameisenhaufen, der Ihnen zeigen kann, dass jeder von uns einen wichtigen Platz in einem System einnimmt und gebraucht wird. Oder aber Sie können die Verpuppung einer Raupe beobachten, aus deren Kokon nach Wochen ein wunderschöner Schmetterling entschlüpft und uns das Wunder des Werdens erklärt.

Sie könnten sich auch beim Blick in den nächtlichen Sternenhimmel von den unendlichen Weiten des Universums faszinieren lassen. Vielleicht haben Sie dann ihre eigenen Wünsche und Ziele so klar vor Augen wie nie zuvor …

Die klare Luft nach einem heftigen Sommergewitter und die Vielfalt der Düfte, die dem noch feuchten Boden entströmen, können Ihnen etwa die reinigende Wirkung einer solchen Naturgewalt verdeutlichen. Vielleicht erfasst auch Sie dann eine neue Entschlossenheit …

Fortbildungsmaßnahmen wie Outdoor-Trainings basieren direkt auf dem „Natur-Prinzip". In aktionsreichen Übungen können die Teilnehmer zwischenmenschliche Konflikte und Herausforderungen in der freien Natur ausagieren. Die betriebliche Situation kann so im wahrsten Sinne des Wortes am eigenen Leib erfahrbar werden.

Charisma und die Kunst, verlieren zu können

An dieser Stelle ist es sinnvoll, etwas über die Bedeutsamkeit von Erfolg und Niederlagen für die eigene charismatische Persönlichkeitsentwicklung zu sagen.

Reinhold Messner hat in seinem Buch „Mein Leben am Limit" über sich selbst Folgendes geschrieben: „Ich bin weniger durch meine Erfolge der geworden, der ich heute bin, als durch mein häufiges Scheitern." Für das Besteigen der 14 höchsten Berge der Welt hat er 30 Expeditionen gebraucht – 18-mal ist er zum Gipfel gekommen und zwölfmal ist er gescheitert. Weiter schreibt er: „Wer nicht bereit ist, auch zu verlieren, kann auf Dauer nicht gewinnen." Das gilt nicht nur für Bergsteiger, sondern ebenso für Geschäftsleute, Künstler und Politiker.

Erst in der Niederlage zeigt ein Mensch sein wahres Ich. Wer siegt, braucht keinen Charakter. Sein Erfolg ersetzt diesen vollständig. Wer verliert, testet seine Persönlichkeit unter Stress. Nur wer an Niederlagen nicht zerbricht, aufgibt oder anderen die Schuld am eigenen Misslingen gibt, wer trotz Unbehagens das eigene Verhalten analysiert, hinterfragt und noch einen Anlauf nimmt, der zeigt wahre Größe. Scheitern macht menschlich, tolerant – und weise!

Manchmal finden wir erst in Niederlagen heraus, was wir wirklich wollen und worin wir die wahre Sinnerfüllung finden. Wenn Sie sich also mit Selbstvorwürfen quälen, weil Sie das eine oder andere Projekt in den Sand gesetzt haben, dann fragen Sie sich doch mal, was Sie unter Umständen stattdessen gewonnen haben …

Wenn Sie noch mehr Anregungen für Ihre Sinnsuche wünschen, dann können Sie sich von den nachfolgenden Vorschlägen weiter inspirieren lassen. Wer sucht, der findet!

Training 5: Wie Sie mit „Sinnfragen" Ihrer Mission näher kommen können ⏲ 5–10 Min.

Im Folgenden finden Sie eine Liste von 32 Aktionen. Kreuzen Sie bitte an, was davon Sie bereits verwirklicht haben!

Entscheiden Sie, welche Dinge Sie noch tun wollen, die Sie nicht angekreuzt haben.

Beginnen Sie mit einer Sache sofort (Direkt-Regel) und mit einer weiteren spätestens innerhalb von 72 Stunden (Drei-Tage-Regel).

1. Einen Baum pflanzen (weil er Sie überleben wird)
2. Kinder haben (wenn das nicht möglich ist, dann doch Menschen, für die Sie eine Art Vater oder Mutter sind)
3. Die Welt umkreisen
4. Eine Nacht unter freiem Himmel verbringen
5. Einen halben Monatslohn an eine wohltätige Organisation spenden und niemandem davon erzählen
6. Eine Nacht durchtanzen
7. Ihr Testament machen
8. Das Land Ihrer Träume besuchen
9. Eine Patenschaft übernehmen
10. Etwas ganz Neues beginnen
11. Den Keller aufräumen (weil er mit dem eigenen Unbewussten verbunden ist)
12. In einer Kirche eine Kerze stiften aus Dank für die Eltern, dass sie einem das Leben geschenkt haben
13. Blut spenden

14. Etwas mit den eigenen Händen schaffen, das so schön, wertvoll oder einmalig ist, dass es Ihre Nachfahren vererben werden

15. Die Geschichte der eigenen großen Liebe aufschreiben

16. Einen der großen heiligen Orte der Welt besuchen

17. Geschichten am Feuer erzählen

18. Eine Woche fasten

19. Das Grab der Familie besuchen

20. Im Fernsehen auftreten

21. Ein Ehrenamt übernehmen

22. Einen Tag in totalem Schweigen verbringen

23. Dem höchsten Politiker des Landes die Hand geben

24. Das Lieblingsmärchen der eigenen Kindheit herausfinden und noch einmal lesen

25. Nachts in einem See schwimmen

26. Lampenfieber vor einem Auftritt haben

27. Einen Rekord aufstellen

28. Ein gutes Schwarzweißporträt von sich selbst bei einem guten Profifotografen machen lassen

29. Ein Symbol für sich selbst finden und es malen, fotografieren oder beschreiben

30. Ein Gedicht oder einen Liedtext auswendig lernen

31. Einmal in der Zeitung positiv erwähnt werden

32. Mit einem Feind versöhnen

Lösung 5: So können Sie mit „Sinnfragen" Ihrer Mission näher kommen

Die 32 Sinnfragen lassen sich als eine Art Bestandsaufnahme sehen. Vielleicht wird Ihnen an dieser Stelle klar, wie viel Sie in Ihrem Leben schon erreicht haben. Eventuell haben Sie auch ein lang gehegtes Ziel wiederentdeckt und können sich nun an dessen Erfüllung machen. Oder Ihnen ist möglicherweise klar geworden, dass Sie bestimmte Dinge in eine Struktur bringen wollen. Denkbar ist natürlich auch, dass Sie neue Möglichkeiten für sich entdeckt haben, neue Erfahrungen zu machen.

Dieses Kapitel sollte Ihre Sinne geschärft haben für das, was Sie noch erleben wollen, um Ihrer Mission näher zu kommen.

Beispiel: Die Mission eines Comedian

„Herr M. vegetiert seit neuestem. Ja, er macht Zen-Vegetation. Wenn er nur kurz vegetiert, bums, schon sieht er aus wie eine Yukka-Palme. Das ist cool, das ist crazy. Und wenn Herr M. dann ganz, ganz still ist, mucksmäuschenstill, dann kann er draußen sogar sein Auto parken hören."

In diesen Worten steckt die Mission von Robert Woitas, Comedian aus Berlin. Seine Sinnerfüllung findet er, indem er andere Menschen durch ungewöhnliche Geschichten unterhält. Gleichzeitig gibt er den Dingen dadurch eine andere Bedeutung, einen anderen Sinn. Er lebt den „Innovator" und möchte mit seiner Art von Humor etwas Neues, noch nie Dagewesenes beim Zuhörer erschaffen und wenigstens ein klein wenig den Gedanken revolutionieren.

Das sollten Sie in diesem Kapitel erreicht haben

- Sie kennen Ihre Mission, die sich aus Ihren Werten ableitet, und können sie verbalisieren.

- Sie haben den Sinn Ihres Handelns entdeckt oder kommen diesem spürbar näher, in dem Sie mindestens eine der vorgeschlagenen Wegweiser-Übungen regelmäßig über einen Monat praktizieren.

- Ihnen ist klar geworden, dass auch Niederlagen zur Karriere gehören und manchmal sogar ein Gewinn sein könnnen.

Übung:
- Vergleichen Sie Ihre Mission mit der Philosophie Ihres Unternehmens und werten Sie diese in Hinblick auf Gegensätze oder Ähnlichkeiten aus.
- Überlegen Sie, was Sie in Ihrer beruflichen Praxis umsetzen können, um Ihre Mission lebbarer zu machen.
- Was wollen Sie neben Ihren sachlichen Aufgaben noch tun? Welche Tätigkeiten könnten Sie in Ihrem Unternehmen noch übernehmen, die Sie in Bezug auf Ihre Mission zufriedener machen würden?
- Interviewen Sie Arbeitskollegen und ggf. Vorgesetzte und fragen Sie diese nach ihrer beruflichen Sinnerfüllung.

Wie Sie weitermachen können

Management by Charisma

Herzlichen Glückwunsch, dass Sie bis hier gekommen sind – und es geht noch weiter. Insbesondere dann, wenn Sie bereits eine Führungskraft sind oder noch werden wollen. Denn charismatisches Management ist der Führungsstil der Zukunft, von dem Sie bereits einen Vorgeschmack über die Führungsmetaphern (Integrator, Kämpfer, Innovator und Visionär) bekommen haben.

Führen setzt neben fachlichem Können bestimmte Fähigkeiten und Veranlagungen voraus. Das sind charakterliche, geistige und körperliche Eignungen und ganz besonders die Fähigkeit, Menschen zu motivieren, sie anzuleiten und zum gemeinsamen Handeln zu veranlassen.

Wirtschaftswissenschaftler, Bildungspolitiker und Personalmanager sind sich seit Jahren darüber einig, dass die neuen Dienstleistungsmärkte der Informations- und Wissensgesellschaft neue Manager und Mitarbeiter notwendig machen. Der autoritäre Führungsstil ist „out". Statt Führungs-„Kräfte" werden Führungs-„Persönlichkeiten" gebraucht, die in der Lage sind, ein Team zu begeistern und zu motivieren. In einer Zeit mit einem hohen Freizeitwert reicht das Gehalt nicht mehr aus, einen Mitarbeiter dazu zu bewegen, Überstunden zu machen oder mehr Engagement zu zeigen. Je anspruchsvoller die Tätigkeit ist, desto unwichtiger wird Geld. Stattdessen steht die Befriedigung von höheren Bedürfnissen, also Werten wie Selbstverwirklichung, Zugehörigkeit, Loyalität oder der Sinn, den man in der Arbeit findet, im Mittelpunkt. Das erfordert von der modernen Führungspersönlichkeit eine weitaus höhere persönliche und soziale Kompetenz, als sie früher notwendig war.

Jahrzehntelang wurden hierzulande die sogenannten „weichen" – meist gefühlsbetonten – Kompetenzen belächelt. Obwohl längst bewiesen ist, dass beruflicher Erfolg nur zu etwa einem Fünftel von traditionellen Faktoren der analytischen, rationalen und fachlichen Intelligenz oder einem hohen IQ abhängt.

Erfolgsentscheidend ist, wie gut Sie folgende Fragen beantworten können:

- Welches Gespür haben Sie für andere?

- Wie gut können Sie kommunizieren?

- Wie gehen sie mit Gefühlen wie Wut und Enttäuschung um?

- Können Sie sich selbst und andere motivieren und für etwas wirklich begeistern?

- Nutzen Sie auch Ihre intuitiven Fähigkeiten?

- Wie reagieren Sie auf neue, unklare Situationen?

- Können Sie schnell Entscheidungen treffen und wie gehen Sie mit Fehlern um?

Als charismatische Führungspersönlichkeit wirken Sie nicht allein durch Ihre Position, die sie innehaben, sondern weitaus mehr und eindrucksvoller durch Ihr Verhalten, Ihre Ausstrahlung. Es ist Ihre Persönlichkeit, die den Ausschlag gibt, ob sich Mitarbeiter mit einem von Ihnen vorgegeben Ziel identifizieren können, ob sie in der Aufgabe einen Sinn erkennen oder nicht. Es liegt an Ihren kommunikativen und menschlichen Fähigkeiten, ob es Ihnen gelingt, die Mitarbeiter auf einer Ebene anzusprechen, die nicht nur über den Kopf geht, sondern sich auch auf der emotionalen Ebene abspielt.

Die Anforderungen an einen charismatischen Manager

Die Persönlichkeit des Managers hat enormen Einfluss auf die Leistungsfähigkeit der Mitarbeiter. Die Persönlichkeit und Ausstrahlung einer Führungspersönlichkeit entscheidet über fast alles: das Arbeitsklima, das Leistungsvermögen und die Schlagkraft eines Teams und damit letztendlich über den Erfolg eines Unternehmens. Vom charismatischen Manager wird viel gefordert:

- Autorität – persönliche und fachliche
- Menschlichkeit
- Verständnis und Einfühlungsvermögen
- Kommunikationsgeschick
- Motivations- und Begeisterungsfähigkeit
- Voraussicht
- Entscheidungskraft
- Initiative
- Glaubwürdigkeit und Aufrichtigkeit
- Fähigkeit, eigene Fehler einzugestehen
- Verantwortung für sich und andere
- Delegationsfähigkeit
- Fachkompetenz

In diesem Zusammenhang ist eine ganz neue Führungskompetenz hinzugekommen – nämlich die sogenannte Komplexitätsbewältigung. Die Auseinandersetzung mit der Informationsflut ist für höher qualifizierte Berufsgruppen existenziell, da das Fachwissen heutzutage ransant veraltet – die Halbwertzeiten des Wissens liegen je nach Branche zwischen sechs und zwei Jahren –, sodass sich ganze Berufsfelder binnen kurzer Zeit umstrukturieren und neue Berufsrollen definieren. Damit steigen der Anpassungsdruck und die Notwendigkeit zur Flexibilität nicht nur im Management, sondern in fast allen Berufsschichten. Die Fachkompetenz des ehemals hoch geschätzten Spezialisten genügt jedenfalls nicht mehr, den permanenten Wandel zu managen und zu gestalten.

Mit Coaching den Wandel managen

Das alles können Sie nur schaffen, wenn Sie bereit sind, ständig dazuzulernen, wenn Sie den Mut haben, sich immer mal wieder in Frage zu stellen und das eigene Handeln zu überprüfen. Die charismatische Führungspersönlichkeit kann es sich nicht leisten, „stehen" zu bleiben. Wer das Außergewöhnliche will, sollte selbst auch außergewöhnlich sein!
Packen Sie es also weiterhin an und nutzen Sie auch professionelle Unerstützungssysteme wie z. B. das Coaching. Ein persönliches Coaching zeichnet sich vor allem durch die individuelle Vorgehensweise aus. Ein Coach ist ein Vertrauter, der aufgrund seiner fachlichen und menschlichen Fähigkeiten imstande ist, das Beste in Ihnen hervorzubringen und Sie auf neue Berufssituationen adäquat vorzubereiten.

> **Beispiel: Neue Position, neue Persönlichkeit**
> Frau M., 36 Jahre, ist innerhalb von eineinhalb Jahren von der Teamleiterebene zur Geschäftsführung aufgestiegen. Das war weder für sie noch für die neuen Kollegen ganz einfach, zumal sie die einzige Frau auf dieser Ebene ist.
> Die neue Position, die Konstellation und die Aufgaben erforderten das Training eines neuen Ich-Bildes. Während sie sich früher eher als Integratorin empfand, die das Team zusammenhält und errungene Erfolge sichert, werden von ihr heute zunehmend „visionäre" Kompetenzen gefordert. Sie ist zwar kein zurückhaltender Mensch, aber auch nicht gerade jemand, der gerne „große Reden schwingt". Sie selbst bezeichnet sich als sachlichen und bodenständigen Typ, der lieber Zahlen, Daten und Fakten sprechen lässt als Emotionen.
> Und genau hier liegt ihr bisher zu wenig genutztes Potential, das es zu fördern und zu trainieren gilt. Von einer Führungspersönlichkeit werden eben auch Begeisterungsfähigkeit, Empathie und kommunikatives Geschick verlangt. Ihre bisherigen Fähigkeiten haben sie dorthin gebracht, wo sie heute steht, und jetzt heißt es, die eigene Persönlichkeit hinsichtlich der neuen Erfordernisse zu erweitern, Fähigkeiten dazuzulernen und neue Verhaltensweisen auszuprobieren.

Das gelingt sicherlich nicht von heute auf morgen – aber innerhalb eines Jahres ist eine Wandlung des beruflichen Ich-Bildes realistisch und erfolgsversprechend. Im anschließenden Erfolgs-Check können Sie selbst Ihren bisherigen Wandlungserfolg überprüfen. Ich wünsche Ihnen weiterhin viel Spaß und Erfolg bei der „Bergung Ihres inneren Schatzes".

Der Erfolgs-Check

Wie charismatisch sind Sie geworden?

Wenn Sie wissen, woher Sie kommen, dann wissen Sie wie weit Sie gegangen sind! Bitte beantworten Sie die Fragen aus dem anfänglichen Stufenplan, die wir Ihnen hier noch einmal wiederholen. Anschließend können Sie anhand des Lösungsbeispiels einer Kämpferin noch einmal überprüfen, wie die zentralen Fragen der jeweiligen Kapitel beantwortet werden können:

1. Wer bin ich und wie wirke ich?

2. Wer ist mein Charismavorbild?

3. Was ist mein Charismaziel?

4. Wie realisiere ich mein Charismaziel?

5. Was macht mich unverwechselbar?

6. Was macht mich überzeugend?

7. Was sind meine Träume/Visionen?

8. Welche Lebensphilosophie/Mission habe ich?

Lösungsbeispiel für die Führungsmetapher „Kämpferin"

1. Im beruflichen Kontext habe ich mich in der Vergangenheit als „Integratorin" gesehen und möchte zukünftig mehr die Rolle der „Kämpferin" übernehmen, die durchsetzungsstark, zielsicher und dynamisch wirkt.

2. Ich bewundere Menschen mit den Führungsqualitäten eines „Kämpfers". Dementsprechend ist der Seniorchef meiner Firma mein Charismavorbild.

3. Bis spätestens 31.5.2014 bin ich zur Abteilungsleiterin mit einem Jahreseinkommen von mehr als 75.000 Euro und der Verantwortung von über 20 Mitarbeiten aufgestiegen. Zudem habe ich noch Spaß daran, Führungskräfteseminare zu besuchen, und zähle bis Ende 2014 mit Auszeichnung zu den besten Führungskräften des Unternehmens, das mich besonders für meine Durchsetzungskraft und Loyalität wertschätzt.

4. Zunächst bewerbe ich mich als Teamleiterin. Auf diese Stellung bereite ich mich durch ein persönliches Coaching vor und übe mit einer Freundin für das Bewerbungsgespräch, das Mitte nächsten Jahres stattfinden soll. Nach meiner Beförderung besuche ich verschiedene Seminare, die meine Führungsqualitäten verbessern und mir neue Betätigungsfelder aufzeigen. Durch meine Fairness und Durchsetzungskraft werde ich eine anerkannte Teamleiterin, die für ihren

Einsatz ausgezeichnet wird. Ein halbes Jahr später werde ich zur Abteilungsleiterin berufen.

5. Ich zeichne mich durch Gewissenhaftigkeit und Ehrlichkeit aus. Außerdem kann ich gut zuhören, was mich zu einer vertrauenswürdigen Kollegin macht. Mein Chef schätzt an mir besonders mein Engagement und meine Zielstrebigkeit. Äußerlich falle ich durch meine Größe auf, die ich nicht kaschiere, sondern mit einem farbenfrohen, sportlichen Stil unterstreiche.

6. Ich handle in Einklang mit meinen Werten Loyalität, Erfolg und Gerechtigkeit. Ich kommuniziere diese Werte auch nach außen (gegenüber Kollegen und Vorgesetzten). Dadurch wirke ich authentisch und überzeuge durch meine Zielstrebigkeit.

7. Ich möchte den Erfolg meines Unternehmens über die örtlichen Grenzen hinaustragen. Die Übernahme eines Ausbildungsprojekts in Brasilien gibt mir die Möglichkeit, mich auch über das rein Fachliche hinaus zu engagieren und neue Ausbildungsplätze zu schaffen. Außerdem stelle ich meinen Erfahrungsschatz Nachwuchskräften zur Verfügung, indem ich Weiterbildungsseminare leite und als Mentorin im eigenen Unternehmen fungiere.

8. Meine Mission ist es, gegen den Bildungsnotstand in der Dritten Welt anzukämpfen und Jugendlichen jeder Abstammung und Herkunft beruflich einen Start ins Leben zu ermöglichen.

Der Vorher-Nachher-Vergleich

- Gehen Sie bitte die folgenden Checks durch.
- Beantworten Sie alle Fragen, die Ihren derzeitigen Stand erfassen.
- Schlagen Sie erst danach in dem jeweiligen Kapitel nach, um Ihren Ausgangswert zu notieren.
- Wenn Sie beide Werte bestimmt haben, ziehen Sie Ihren Ausgangswert von dem Ergebnis, das Sie heute eingetragen haben, ab. Dieser Wert gibt Ihnen an, um wie viel Sie sich gesteigert haben.
- Sollten Sie beim Errechnen Ihrer Veränderungswerte ein negatives Ergebnis erzielen, d. h. keine Steigerung registrieren oder eine schlechtere Einschätzung von sich haben als vorher, dann verzweifeln Sie bitte nicht. Ein solches Resultat kann als Anhaltspunkt dafür dienen, dass Sie auf diesem Gebiet noch nicht die optimale Lösung für sich gefunden haben. Nutzen dieses Ergebnis als Anreiz, weiter an sich zu arbeiten, und studieren Sie das entsprechende Kapitel noch einmal.

- Zählen Sie alle prozentualen Ergebnisse zusammen, dann erhalten Sie Ihre persönliche Erfolgsquote.

Selbsteinschätzungs-Check

Lernen Sie Ihr Spiegelbild lieben

Selbsteinschätzungs-Check: Spiegelbild 1   Heute, Datum:

Wie hoch ist der Anteil, den Sie an sich selbst gut leiden können?

0 %   100 %
(Ich mag mich überhaupt nicht)   (Ich finde mich super!)

Vorher, Datum:

Wie hoch ist der Anteil, den Sie an sich selbst gut leiden können?

0 %   100 %
(Ich mag mich überhaupt nicht)   (Ich finde mich super!)

Auswertung: % Steigerung

Selbsteinschätzungs-Check: Spiegelbild 2   Heute, Datum:

Wie, glauben Sie, bewerten andere ihr Aussehen?

0 %   100 %
(hässlich)   (wunderschön)

Vorher, Datum:

Wie, glauben Sie, bewerten andere ihr Aussehen?

0 %   100 %
(hässlich)   (wunderschön)

Auswertung: % Steigerung

So können Sie die Ausdruckskraft Ihrer Stimme steigern

Selbsteinschätzungs-Check:
Wie nehmen Sie Ihre Stimme wahr?   Heute, Datum:

0 %   100 %
(unangenehm)   (emotionslos)   (neutral)   (interessant)   (betörend)

Vorher, Datum:

0 %   100 %
(unangenehm)   (emotionslos)   (neutral)   (interessant)   (betörend)

Auswertung: % Steigerung

Selbsteinschätzungs-Check:
Wie hoch ist der Anteil, den Sie an Ihrer Stimme gut
leiden können?   Heute, Datum:

0 %   100 %
(Ich mag sie überhaupt nicht)   (Ich finde sie super)

Vorher, Datum:

0 %   100 %
(Ich mag sie überhaupt nicht)   (Ich finde sie super)

Auswertung: % Steigerung

Selbsteinschätzungs-Check:
Wie bewerten andere Ihre Stimme/
Ihren Stimmausdruck?   Heute, Datum:

0 %   100 %
(total unangenehm)   (super angenehm)

Vorher, Datum:

0 %   100 %
(total unangenehm)   (super angenehm)

Auswertung: % Steigerung

Erschaffen Sie sich ein charismatisches Vorbild

Selbsteinschätzungs-Check:
Wie schätzen Sie Ihre Vorbildfunktion ein?   Heute, Datum:

0 %   100 %
(kein Vorbild)   (ein beispielhaftes Vorbild)

Vorher, Datum:

0 %   100 %
(kein Vorbild)   (ein beispielhaftes Vorbild)

Auswertung: % Steigerung

Standortbestimmung: Der Selbstwahrnehmungs-Check

Selbsteinschätzungs-Check:
Schätzen Sie Ihre Integrität ein! (1)   Heute, Datum:

Wie gut passen die einzelnen Teile Ihrer Persönlichkeit schon jetzt zusammen? Bitte kreuzen Sie an, zu wie viel Prozent sie Sich im Moment als integre Persönlichkeit erleben.

0 %   100 %
(gar nicht integer)   (absolut integer)

Vorher, Datum:

0 %   100 %
(gar nicht integer)   (absolut integer)

Auswertung: % Steigerung

Selbsteinschätzungs-Check:
Schätzen Sie Ihre Integrität ein! (2)   Heute, Datum:

In welchen Situationen haben Sie sich als besonders integer erlebt? Bitte notieren Sie mindestens drei dieser Situationen (Referenzerfahrungen) und geben Sie dazu an, zu wie viel Prozent Sie sich dabei als integre Persönlichkeit erlebt haben.

1.

%

2.

%

3.

%

Vorher, Datum:

1.

%

2.

%

3.

%

Auswertung: % Steigerung

Standortbestimmung: Was ist Charisma?

Selbsteinschätzungs-Check: Wie groß ist Ihr momentanes Charisma?

Bitte kreuzen Sie die Ausprägung Ihres momentanen Charismas an.

Heute, Datum:

0 %   100 %
(überhaupt kein Charisma)   (unübertrefflich)

Vorher, Datum:

0 %   100 %
(überhaupt kein Charisma)   (unübertrefflich)

Auswertung: % Steigerung

Selbsteinschätzungs-Check:
Wie viel Charisma wünschen Sie sich? Heute, Datum:

Bitte kreuzen Sie die Ausprägung Ihres Wunsch-Charismas an.

0 %   100 %
(überhaupt kein Charisma)   (unübertrefflich)

Vorher, Datum:

0 %   100 %
(überhaupt kein Charisma)   (unübertrefflich)

Auswertung: % Steigerung

Achtung: Hier ist die Auswertung umgekehrt, d. h. optimalerweise müsste Ihr Charimsawunsch zum heutigen Zeitpunkt kleiner geworden sein als vorher.
Zählen Sie alle prozentualenErgebnisse zusammen, dann erhalten Sie Ihre persönliche Erfolgsquote.

Teil 2: Business Etikette

Wie Sie den zweiten Buchteil optimal nutzen

Der zweite Teil dieses Buches beinhaltet sowohl Wissensinput als auch darauf aufbauende praktische Test- und Trainingseinheiten. Deshalb ist es sinnvoll, die Kapitel chronologisch durchzuarbeiten, es sei denn, die theoretischen Inhalte sind Ihnen geläufig und Sie möchten nur Ihre Verhaltensweisen überprüfen und trainieren.

Der Weg führt dabei über die äußere Erscheinung mitsamt aller relevanten Komponenten bis hin zu Ihren Wertvorstellungen und zutiefst eigenen Charakterzügen, die Ihre Persönlichkeit ausmachen. Anhand von Selbsteinschätzungstests ermitteln Sie Ihr Veränderungspotenzial und bestimmen die Handlungsfelder. Die Übungen erlauben Ihnen, das Erlernte auszuprobieren, und bringen Ihnen Verhaltensalternativen näher.

In Form von Selbstanalysen betrachten Sie Ihre Person im aktuellen beruflichen Kontext und visieren eine zukünftige Zielposition an. Die Auseinandersetzung mit Ihrer Umgebung und den dazu gehörenden menschlichen Begegnungen erfordert sichere Kenntnisse über konventionelle Umgangsformen.

Dieses Buch hilft Ihnen dabei, Ihre Wahrnehmung zu schärfen, denn es macht Details bewusst und deckt Zusammenhänge auf. Die daraus resultierende Sensibilisierung formt Ihren Takt und Ihr Feingefühl für einen sicheren Umgang mit unterschiedlichen Charakteren und Kulturen und in verschiedenen geschäftlichen Situationen.

Bitte verstehen Sie die Informationen über Benimmregeln in diesem Buch nicht als dogmatische Lehren, denen Sie sich widerspruchslos unterzuordnen haben. Vielmehr sollen sie Ihnen zur Orientierung und als Entscheidungsgrundlage dienen. Denn zunächst einmal müssen Sie eine Regel kennen und wissen, welche Konsequenzen es nach sich zieht, wenn Sie diese ignorieren. Auf dieser Basis können Sie verantwortungsvolle Entscheidungen hinsichtlich Ihrer Karriere treffen und Ihre Ziele entsprechend Ihrer persönlichen Einstellung definieren.

Mit Ihrem individuellen Profil entwickeln Sie eine Balance zwischen Anpassung und Rebellion. Manche Kante können Sie glätten, an anderer Stelle gibt Ihnen eine Ecke die nötige Kontur. Das Ziel ist Ihr individueller Stil, mit dem Sie sich souverän auf jedem Business-Parkett bewegen.

Test: Welche Benimm- und Etiketteregeln kennen Sie bereits?

Test: Welche Benimm- und Etiketteregeln kennen Sie bereits?

1. Sie werden der Frau Ihres Chefs vorgestellt. Was sagen Sie?

   a) „Wie schön, Sie kennenzulernen, ich habe schon viel von Ihnen gehört." ☐

   b) „Guten Tag. Ich freue mich, Sie kennenzulernen." ☐

   c) „Habe die Ehre, gnädige Frau!" ☐

2. Ihre Chefin muss niesen. Wie verhalten Sie sich?

   a) Ich reagiere gar nicht, damit ich keine Aufmerksamkeit errege. ☐

   b) Ich sage: „Gesundheit." Das ist schließlich so üblich. ☐

   c) „Gute Besserung", denn sie hat sich sehr wahrscheinlich erkältet. ☐

3. Sie holen eine wichtige Person vom Flughafen ab. Während der Autofahrt zur Firma versuchen Sie es mit Smalltalk. Welches Thema eignet sich?

   a) Die Anreise und das lokale Wetter. ☐

   b) Geschäftliche Themen. ☐

   c) Die politische oder wirtschaftliche Lage Deutschlands. ☐

4. Wie verhalten Sie sich, wenn es beim Smalltalk in der Gruppe um Themen geht, von denen Sie keine Ahnung haben?

   a) Ich versuche, das Thema geschickt umzuleiten. ☐

   b) Ich sage lieber nichts, um mich nicht zu blamieren. ☐

   c) Ich höre zu und frage nach. ☐

5. Wie signalisieren Sie Ihrem Gegenüber im Gespräch am besten Ihre Aufmerksamkeit?

   a) Ich halte dauerhaften Blickkontakt. ☐

   b) Durch wiederholtes Kopfnicken. ☐

   c) Meine Haltung ist dem Gegenüber zugewandt. ☐

6. Was machen Sie, wenn Ihr Gesprächspartner keine Distanzzone einhält und Ihnen zu nahe kommt?

   a) Ich sage ihm höflich, was mich stört. ☐

   b) Ich weiche ein Stück zurück. ☐

   c) Ich bleibe standhaft und halte das einfach aus. ☐

7. Wie gehen Sie beim Smalltalk mit einem für Sie wichtigen Gesprächspartner um, der hartnäckig schweigt?

   a) Ich übergehe sein Schweigen und erzähle einfach von mir. ☐

   b) Ich gebe nicht auf, sondern stelle ihm offene Fragen. ☐

   c) Ich verabschiede mich und lasse ihn in Ruhe. ☐

Test: Welche Benimm- und Etiketteregeln kennen Sie bereits?

8. Sie empfangen einen Kunden zu einer geschäftlichen Verhandlung. Welchen Platz bieten Sie ihm an?

   a) Er kann sich einen Platz aussuchen. ☐

   b) Ich biete einen Platz mit dem Rücken zum Fenster an. ☐

   c) Ich biete einen Platz mit Blickrichtung zum Fenster an. ☐

9. Wie finden Sie bei einem gesellschaftlichen Anlass einen eleganten Ausstieg aus einem unwichtigen Gespräch?

   a) Ich schiebe meinen Hunger vor und strebe zum Büffet. ☐

   b) Ich erkläre, dass ich zur Toilette muss. Das ist ein dringender Grund und hilft immer. ☐

   c) Ich sage, dass ich noch andere Bekannte begrüßen möchte, bedanke mich fürs Gespräch und verabschiede mich. ☐

10. Ist beim Gespräch mit Ihrem Vorgesetzten eine lässige Haltung mit den Händen in den Hosentaschen erlaubt?

    a) Hände in den Hosentaschen gelten auch heute noch als unhöflich. ☐

    b) Hände in den Hosentaschen sind heutzutage okay, alles andere ist altmodisch. ☐

    c) Eine Hand in der Hosentasche ist in Ordnung. ☐

11. Auf einem längeren Business-Flug würden Sie gern ein wenig schlafen, doch Ihr Sitznachbar lässt nicht locker und sucht die Unterhaltung mit Ihnen. Wie verhalten Sie sich?

    a) Ich ignoriere ihn und frage die Stewardess, ob ich einen anderen Platz bekommen kann. ☐

    b) Ich unterhalte mich mit ihm, denn ich kann ja später schlafen. ☐

    c) Ich mache ihm höflich klar, dass ich gern schlafen würde. ☐

12. Sie trinken vor dem Essen im Empfangsraum einen Aperitif. Was machen Sie mit dem noch nicht leeren Glas?

    a) Ich nehme es mit zum Tisch. ☐

    b) Ich trinke es auf dem Weg zum Tisch aus und stelle dort das leere Glas ab. ☐

    c) Ich lasse es auf einem Stehtisch im Foyer stehen. ☐

13. Von wem und auf welche Weise wird bei einem offiziellen Essen der Beginn eingeleitet?

    a) Der Älteste oder Ranghöchste in der Runde sagt ein paar Worte und eröffnet das Mahl. ☐

    b) Der Gastgeber gibt das Signal zum Essensbeginn, indem er in die Runde nickt und zum Besteck greift. ☐

    c) Man sagt sich gegenseitig „Guten Appetit" und alle fangen gleichzeitig an. ☐

Test: Welche Benimm- und Etiketteregeln kennen Sie bereits?

14. Wann dürfen bei einem Geschäftsessen geschäftliche Themen zur Sprache gebracht werden?

   a) Frühestens nach dem Dessert. ☐

   b) Da es sich um ein Geschäftsessen handelt, kann man die ganze Zeit über das Geschäft sprechen. ☐

   c) Auf keinen Fall nach 22 Uhr. ☐

15. Wie verhalten Sie sich, wenn Sie in einem gehobenen Restaurant den Tisch wechseln möchten?

   a) Ich nehme meine Serviette und mein Glas mit. ☐

   b) Ich nehme meine persönlichen Gegenstände mit, den Rest bringt das Servicepersonal zum neuen Tisch. ☐

   c) Ich lasse alles zurück, denn es ist Aufgabe des Personals, dies zum neuen Tisch zu bringen. ☐

16. Was tun Sie, wenn Ihnen im Nobelrestaurant die Serviette vom Schoß rutscht?

   a) Ich bitte den Kellner um eine neue Serviette. ☐

   b) Ich hebe sie einfach auf, lege sie wieder zurück auf den Schoß und tue so, als sei nichts passiert. ☐

   c) Ich hebe sie auf, setze mich darauf und benutze sie anschließend nicht mehr. ☐

17. Sie sind zu einem Abendessen bei Ihrem Vorgesetzten eingeladen. Wann ist es Zeit, nach Hause zu gehen?

   a) Wenn ich müde werde oder einen Schwips habe. ☐

   b) Ungefähr eine halbe Stunde nach dem Mokka oder nach dem Digestif. ☐

   c) Direkt nach dem Dessert. ☐

Lösungen

1. b) Bleiben Sie bei einer natürlichen Aussage, ohne auf Gerüchte hinzudeuten oder sich allzu gestelzt auszudrücken.

2. a) Der höflichen Umgangsform zufolge ignoriert man ein Niesen.

3. a) Bleiben Sie bei unverfänglichen Themen. Auf Geschäftliches kommen Sie später nach der Anwärmphase zu sprechen und Politisches ist zu polarisierend.

4. c) Zeigen Sie Interesse, indem Sie höflich und aufmerksam zuhören und ab und zu eine Frage stellen.

5. c) Ihre Haltung signalisiert Aufmerksamkeit. Dauerhafter Blickkontakt kann als unangenehmes Starren empfunden werden. Auch permanentes Kopfnicken wirkt auf Dauer langweilig. Achten Sie auf eine gesunde Dosierung Ihrer Interessensbekundung.

6. a) Sie dürfen ruhig sagen, was Sie stört. Doch wenn die Person in der Hierarchie über Ihnen steht, kann es ratsam sein, still zu halten und nichts zu sagen.

7. b) Bei einem wichtigen Kontakt sollten Sie versuchen, den Gesprächspartner aus der Reserve zu locken.

8. b) Das Licht von draußen sollte in Ihr Gesicht fallen, damit der Kunde Ihre Gesichtszüge gut erkennen kann.

9. c) Der Gang zur Toilette oder zum Büfett klingt nach einer wenig souveränen Ausflucht. Finden Sie lieber eine unverfängliche Begründung.

10. a) Nur weil es fast alle machen, ist es noch lange nicht in Ordnung.

11. c) Da Sie keine besondere Beziehung zu der Person pflegen, müssen Sie auch nicht auf Ihren Schlaf verzichten.

12. c) Ob Sie das Glas vorher austrinken oder nicht, es bleibt draußen und wird vom Servicepersonal entsorgt.

13. b) Bei geschäftlichen Anlässen eröffnet der Gastgeber das Essen.

14. a) Auch Geschäftsessen dienen der Geselligkeit und dazu, die Beziehungen zu vertiefen. Besonders in internationalen Kreisen gilt es als unhöflich, wenn Sie das Essen für Verhandlungen nutzen.

15. b) Sie nehmen nur Ihre persönlichen Gegenstände mit.

16. a) Geben Sie dem Ober ein dezentes Zeichen, damit er Ihnen eine neue Serviette bringt.

17. b) Eine halbe Stunde nach Abschluss des Essens ist ein angemessener Zeitraum bis zum Aufbruch, um weder Hektik zu verbreiten noch aufdringlich zu sein.

Gesamtauswertung

0–5 richtige Antworten: Es gibt für Sie noch ein gutes Entwicklungspotenzial auf dem Weg zum sicheren Auftreten im geschäftlichen Umfeld. Arbeiten Sie mit diesem Buch systematisch alle Bereiche der Business-Etikette ab.

6–10 richtige Antworten: Sie sind schon recht gut mit Basiswissen ausgestattet. Aber es gibt noch einige Bereiche der Business-Etikette, in denen Sie sich verbessern können. Sie können sie gezielt mit diesem Buch abarbeiten.

11–17 richtige Antworten: Sie bewegen sich bereits ziemlich souverän auf dem Business-Parkett. Mithilfe dieses Buches erhalten Sie noch den letzten Feinschliff zur Brillanz in Sachen Stil und Umgangsformen.

Ihr Karriereplaner

Beispiel: Karriereplaner

Analysieren Sie zuerst Ihre aktuelle Ausgangsposition und formulieren Sie Ihre persönlichen Ziele. Wenn Sie das Ziel klar vor Augen haben, können Sie auch den Weg dorthin beschreiten.

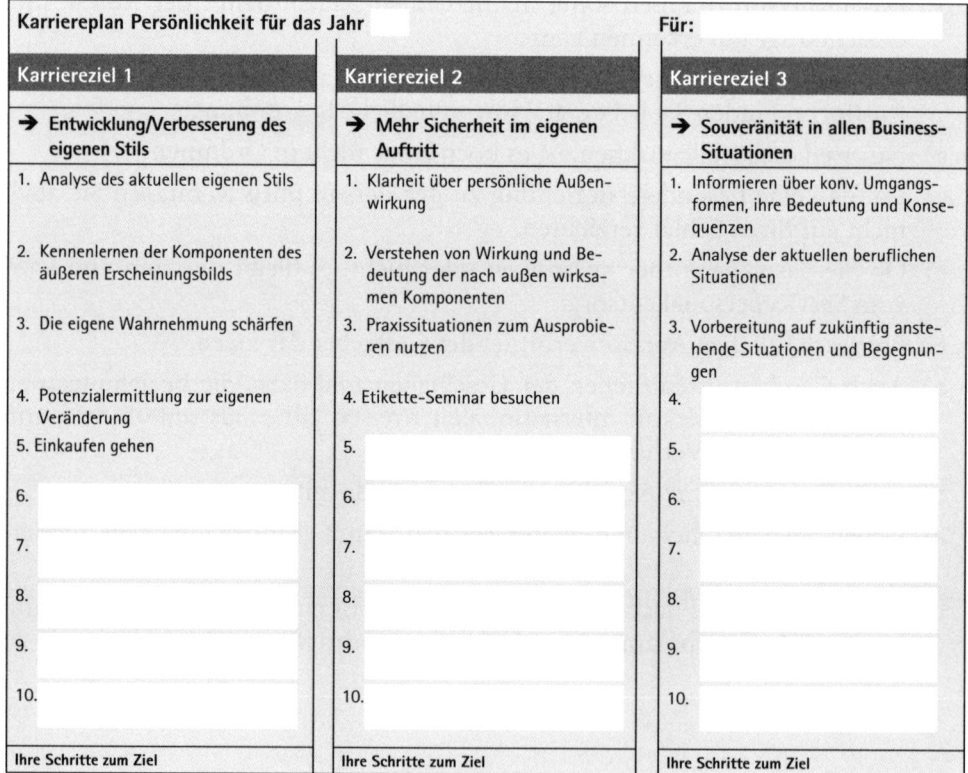

Karriereplan Persönlichkeit für das Jahr		Für:
Karriereziel 1	**Karriereziel 2**	**Karriereziel 3**
➔ Entwicklung/Verbesserung des eigenen Stils	➔ Mehr Sicherheit im eigenen Auftritt	➔ Souveränität in allen Business-Situationen
1. Analyse des aktuellen eigenen Stils	1. Klarheit über persönliche Außenwirkung	1. Informieren über konv. Umgangsformen, ihre Bedeutung und Konsequenzen
2. Kennenlernen der Komponenten des äußeren Erscheinungsbilds	2. Verstehen von Wirkung und Bedeutung der nach außen wirksamen Komponenten	2. Analyse der aktuellen beruflichen Situationen
3. Die eigene Wahrnehmung schärfen	3. Praxissituationen zum Ausprobieren nutzen	3. Vorbereitung auf zukünftig anstehende Situationen und Begegnungen
4. Potenzialermittlung zur eigenen Veränderung	4. Etikette-Seminar besuchen	4.
5. Einkaufen gehen	5.	5.
6.	6.	6.
7.	7.	7.
8.	8.	8.
9.	9.	9.
10.	10.	10.
Ihre Schritte zum Ziel	Ihre Schritte zum Ziel	Ihre Schritte zum Ziel

Übung: Karriereplaner

Das folgende Formular des Karriereplaners hilft Ihnen dabei, Ihre Ziele und die dafür notwendigen Schritte zu dokumentieren.

Karriereplan für das Jahr   **Für:**

Karriereziel 1

↑

1.
2.
3.
4.
5.
6.
7.
8.
9.
10.

Ihre Schritte zum Ziel

Karriereziel 2

↑

1.
2.
3.
4.
5.
6.
7.
8.
9.
10.

Ihre Schritte zum Ziel

Karriereziel 3

↑

1.
2.
3.
4.
5.
6.
7.
8.
9.
10.

Ihre Schritte zum Ziel

Karriereziel 4

↑

1.
2.
3.
4.
5.
6.
7.
8.
9.
10.

Ihre Schritte zum Ziel

Das äußere Erscheinungsbild

Allein die Tatsache, dass jemand keinen Wert auf sein Äußeres und dessen Wirkung legt, wirft zumindest die Frage auf, warum das so ist und auf welche anderen Bereiche seines Denkens und Handelns sich diese nachlässige und gedankenlose Haltung übertragen lässt. Sie meinen, das eine habe mit dem anderen nichts zu tun? Mag sein, dennoch liegt die Überlegung nahe. Und sofern Sie nicht in dieser Weise wahrgenommen werden möchten, gestalten Sie Ihr Erscheinungsbild lieber strategisch und bewusst, statt Ihre Wirkung dem Zufall und der willkürlichen Interpretation anderer zu überlassen. Ganz besonders für (angehende) Führungskräfte ist die Frage nach dem richtigen Stil unerlässlich, wenn sie erfolgreich Karriere machen wollen.

Übung: Was ist Stil?
Beschreiben Sie, wie aus Ihrer Sicht Stil entsteht und wodurch er sich ausdrückt.

Lösung: Stil steht in diesem Zusammenhang für die Übereinstimmung von individuellen Zielen, der damit verbundenen persönlichen Einstellung, dem sicheren Auftritt und der adäquaten äußeren Erscheinung. Deshalb ist Letztere für Karrierebewusste eine wichtige Voraussetzung, um erfolgreich die eigene Persönlichkeit und Individualität auszudrücken. Es reicht aber nicht, sich eine attraktive äußere Hülle zu schaffen, da diese erst durch die dahinter stehenden Werte zum Leben erweckt wird.

Seit Mitte der 1990er Jahre ist wieder ein eindeutiger Trend in Sachen Benimm und Business-Etikette zu erkennen, das vielfältige Angebot an Seminaren und Literatur zu diesen Themen wird immer stärker nachgefragt. Auch in der aktuellen Wirtschaftspresse geben Entscheider von Unternehmen wieder unumwunden zu, dass zu den Einstellungs- und Beförderungskriterien nicht nur fachliche Qualifikationen oder Leistungsstärke zählen, sondern auch besonderer Wert auf geschliffene Umgangsformen und ein repräsentatives Erscheinungsbild der Bewerber und Mitarbeiter gelegt wird.

Die älteren Generationen müssen sich deswegen weniger Sorgen machen, sind sie doch mit traditionellen Sitten und Gebräuchen vertraut und können diese souverän anwenden. Anders sieht es bei den Jüngeren aus, deren Erziehung oft lockerer verlief, die daher oftmals geläufige Regeln nicht genau kennen. Da kann es sogar Absolventen hochkarätiger Studiengänge vor schwierige Herausforderungen stellen, wenn sie spontan entscheiden müssen, wer bei einer Begrüßung zuerst die Hand ausstreckt, oder in welcher hierarchischen Rangfolge ein Raum betreten wird.

Übung: Was bedeuten Stil und Etikette im Business?

Wie schätzen Sie die Bedeutung von Stil und Etikette in Bezug auf Ihre berufliche Perspektive ein?

Lösung: Ihr Stil bringt Ihren Geschmack zum Ausdruck, denn das Zusammenstellen von Kleidung ist ein Beweis des eigenen Farb- und Formempfindens und damit ein kreativer Akt. Die Wahl Ihrer Kleidung und Ihre Umgangsformen lässt Rückschlüsse auf Ihren Charakter sowie Ihre berufliche und gesellschaftliche Herkunft zu. Gute und angemessene Kleidung steht für gehobene Umgangsformen in einer anspruchsvollen Geschäftskultur. Sie erweisen damit Ihren Geschäftspartnern Ihre persönliche Referenz. Es empfiehlt sich eine dem jeweiligen Anlass entsprechende Kleidung, die nach gewissen Gesetzen gewählt ist. Wer diese Regeln ignoriert – bewusst oder unbewusst –, signalisiert, dass er nicht dazugehören will.

Vor allem wenn es darum geht, die Feinheiten der zeitgemäßen Etikette zu kennen und natürlich zu beherrschen, zeigt sich, wer den allgemein gültigen Anforderungen standhält oder sich sogar positiv hervorheben kann.

Selbsteinschätzungs-Check:
Wie groß ist die Ausprägung Ihrer derzeitigen Souveränität?   Datum:

Wie hoch schätzen Sie Ihre Sicherheit hinsichtlich Ihres äußeren Erscheinungsbilds? Bitte kreuzen Sie die Ausprägung Ihrer derzeitigen Souveränität auf einer Skala von 1 bis 10 an.

1   10
(gar nicht souverän)   (vollkommen souverän)

Die Zeiten, in denen steife Förmlichkeit oder gar militärischer Drill vorherrschte, liegen weit hinter uns. Die Neuzeit erlaubt eine gewisse Nonchalance, doch die gültigen Verhaltens- und Kleidungscodes sind teilweise recht komplex und undurchsichtig. Das verunsichert, was von vielen mit zu viel Lässigkeit kompensiert wird. So kann es passieren, dass man trotz guter Leistungen wegen fehlender Akzeptanz auf der Karriereleiter nicht recht vorankommt und im Perspektivegespräch mit dem Vorgesetzten keinen nachvollziehbaren Grund dafür erfährt.

Generell gilt: Wer sich über das rein anerzogene regelgerechte Verhalten hinaus mit Charme und intuitivem Gespür überzeugend auf dem Business-Parkett bewegt, punktet durch gesundes Selbstbewusstsein sowie bemerkenswerte soziale Kompetenz und erreicht mit deutlich höherer Wahrscheinlichkeit sein anvisiertes Ziel. Umso unerklärlicher scheint es, dass in die Lehrpläne der meisten Hochschulen und Universitäten noch keine entsprechende Vorbereitung auf die Überlebensregeln in der Wirtschaft integriert ist. Es liegt also in Ihrer Hand, sich eigeninitiativ um diese Angelegenheit zu kümmern und den Feinschliff zur Abrundung Ihrer Persönlichkeit vorzunehmen.

Selbsteinschätzungs-Check:
Wie viel Souveränität wünschen Sie sich?   Datum:

Wie viel Souveränität wünschen Sie sich für Ihre berufliche Zukunft in Bezug auf Ihre äußere Erscheinung? Bitte kreuzen Sie die Ausprägung Ihrer Wunsch-Souveränität an.

1   10
(gar nicht souverän)   (vollkommen souverän)

Training 1:
Entwicklung Ihres äußeren Erscheinungsbildes   ⏱ 10 Min.

Vergleichen Sie, wie Sie Ihre aktuelle und zukünftige Souveränität selbst eingeschätzt haben.

Um wie viele Punkte auf der Skala liegen die beiden Werte auseinander?   Punkte

An welchen Kriterien machen Sie Ihre aktuelle Außenwirkung fest?

Welche Aspekte wollen Sie aktiv ändern oder weiterentwickeln?

Lösung 1: So entwickeln Sie Ihr äußeres Erscheinungsbild

Daran, wie weit Ihre beiden Einschätzungen auseinanderliegen, lässt sich das Maß der gewünschten und notwendigen Veränderung hinsichtlich Ihrer äußeren Erscheinung ablesen.

Ein bis zwei Punkte Unterschied: Sie sind schon fast am Ziel angekommen und können durch Tipps und Hinweise in diesem Buch Ihrem Auftreten den letzten Feinschliff verleihen.

Drei bis sechs Punkte Unterschied: Sie verfügen über eine solide Basis, haben aber auch ein gesundes Entwicklungspotenzial, das Sie nutzen sollten, um sich zu vervollständigen.

Sieben bis neun Punkte Unterschied: Das deutet darauf hin, dass Sie entweder ganz am Anfang Ihres Weges stehen oder sich selbst sehr negativ einschätzen. Im ersten Fall kann Ihnen dieses Buch mit konkreten Anregungen und praktischen Tipps eine große Hilfe sein, Ihren Karriereweg positiv zu beeinflussen. Falls Sie sich selbst aber derart kritisch betrachten, weil Sie eine Erfolg versprechende Entwicklung Ihrer Erscheinung für unrealistisch halten, stellen Sie möglicherweise zu hohe Erwartungen an sich selbst. In diesem Fall kann Ihnen dieses Buch dabei helfen, Ihre Sichtweise etwas zu korrigieren und einen erkennbaren Fortschritt zu erzielen, wenn Sie sich darauf einlassen.

Abhängig davon, durch welche Kriterien Sie – nach Ihrem jetzigen Kenntnisstand – individuell Wirkung erzeugen, ist es möglich, diese mehr oder weniger leicht und schnell zu bearbeiten. Dadurch wird nicht nur der Grad der Veränderung, sondern auch die zeitliche Dimension bestimmt. Wenn Sie zum Beispiel eine neue Richtung bei Ihrer Garderobe einschlagen wollen, ist dieser Entschluss zwar schnell gefasst, aber aufgrund finanzieller Beschränkungen nur über längere Zeit durchführbar. Manche Änderungen Ihrer bisherigen Verhaltensweisen werden sich schnell vollziehen lassen, wenn Ihnen bislang lediglich Information fehlte. Wenn es aber darum geht, anerzogene Verhaltensmuster aufzulösen, brauchen Sie Willenskraft und Training, um sich mit dem neu Erlernten zu identifizieren und es souverän anzuwenden. Dafür finden Sie in diesem Buch hilfreiche Übungen.

Der berühmte erste Eindruck

Jeder Mensch hinterlässt fast täglich bei neuen Begegnungen einen ersten Eindruck, der weitgehend durch äußerliche Komponenten geprägt wird. Zu den Signalen, die als Erstes wahrgenommen werden, zählen Figur, Körpergröße, Frisur, Stil und Farben der Kleidung, Klang der Stimme, Körpersprache, Blickkontakt sowie der Gesichtsausdruck.

Training 2: Wie steht es um Ihre Eigenwahrnehmung? ⏱ 30 Min.

Wie wollen Sie wahrgenommen werden? Kreuzen Sie maximal fünf Eigenschaften der folgenden Liste an.

Akkurat	Vielseitig	Gesellig	Zufrieden
Vertrauenswürdig	Diplomatisch	Unnahbar	Verständnisvoll
Elegant	Spirituell	Dominant	Unabhängig
Konventionell	Hilfsbereit	Flexibel	Geheimnisvoll
Wagemutig	Intuitiv	Dynamisch	Locker
Sympathisch	Freundlich	Kreativ	Erfolgreich
Konsequent	Selbstbewusst	Lässig	Sportlich
Warmherzig	Anspruchsvoll	Bescheiden	Konservativ
Tolerant	Großzügig	Natürlich	Visionär
Eifrig	Geradlinig	Höflich	Bodenständig
Intellektuell	Attraktiv	Entschlossen	

Woran machen Sie Ihre Wirkung fest? Beschreiben Sie möglichst viele Faktoren. Welche Details erzeugen welche Wirkung?

1. Äußere Erscheinung: Kleidung, Styling, Frisur

2. Körpersignale: Körperhaltung und Statur, Körpersprache, Mimik, Gestik

Lösung 2: So überprüfen Sie Ihr Selbstbild

Überprüfen Sie, inwieweit die Eigenschaften, die Sie angekreuzt haben, mit sichtbaren Wirkungsfaktoren, die andere an Ihnen wahrnehmen können, übereinstimmen.

Beispiel:

Sind Sie eher ein gefühlsbetonter Mensch, der großen Wert auf die Anerkennung durch seine Mitmenschen legt? Dann tragen Sie wahrscheinlich lieber warme Farben und weisen weichere Konturen auf (zum Beispiel bei Ihrer Frisur), um diesen Ausdruck zu verstärken. Oder stehen Sie für Disziplin und Tatkraft und arbeiten gern regelgetreu? Dann entsprechen Ihnen besser sachliche Farben und geradlinige Formen, während Ihre Stimme eher Durchsetzungskraft als Einfühlungsvermögen vermittelt.

Versuchen Sie selbst einzuschätzen, ob die gewünschten Wirkungen und Ihre äußeren Merkmale zueinander passen. Die Aspekte, die Ihrem Gefühl nach eher im Widerspruch zueinander stehen, eröffnen Ihnen weiteres Entwicklungspotenzial, um sich erfolgreich Ihrer Vorstellung anzunähern.

Zahlreiche Studien besagen, dass 55 Prozent der Wirkung einer Person in den ersten Momenten einer Begegnung allein dadurch bestimmt wird, wie die äußerlich sichtbaren Merkmale wahrgenommen werden. 38 Prozent des Eindrucks entstehen durch die Klangfarbe und -melodie der Stimme und nur sieben Prozent basieren auf der inhaltlichen Qualität, wie der US-Forscher Albert Mehrabian herausgefunden hat.

Der persönliche Erfolg hängt also zunächst davon ab, welchen emotionalen Eindruck der Einzelne in den ersten Augenblicken einer Begegnung hervorruft. Und dies wird maßgeblich von der Art und Zusammenstellung der Kleidung sowie der

Ausstrahlung einer Person bestimmt. Das Bild, das wir uns machen, verführt uns dazu, unser Gegenüber in eine Schublade zu stecken, aus der es kaum wieder herauskommt. Haben wir erst einmal ein zweifelhaftes Bild, stehen wir auch den Aussagen dieser Person skeptisch gegenüber. Andererseits sind wir durchaus bereit, einem Menschen, der uns auf den ersten Blick sympathisch ist, auch einmal einen kleinen Schnitzer durchgehen zu lassen. Dies gilt natürlich in beide Richtungen – denn auch Sie hinterlassen einen Eindruck bei einer neuen Begegnung.

Hinweis: Führen Sie die folgende Übung nur auf ungefährlichem – nichtgeschäftlichen – Terrain durch. Am besten setzen Sie sich in ein Café und achten darauf, wo bei vorbeigehenden Personen Ihre Blicke starten und welchem Weg sie folgen, wenn Sie jemanden zum ersten Mal wahrnehmen.

Training 3: Andere Menschen bewusst wahrnehmen ⏱ 30 Min.

Versetzen Sie sich nun noch einmal in die Situation, in der Sie ein Mensch besonders beeindruckt hat: Was ist Ihnen zuallererst an ihm aufgefallen? Benutzen Sie Adjektive, um Ihren Eindruck zu beschreiben. An welchen (äußerlich sichtbaren) Merkmalen haben Sie Ihren Eindruck festgemacht? Findet sich ein typisches Muster in Ihrer Wahrnehmung? Wenn ja, wie läuft es ab? Es können natürlich auch verschiedene Muster je nach Geschlecht oder Situation sein. In diesem Fall analysieren Sie, wie diese übereinstimmen oder voneinander abweichen.

Wenn Sie sich den üblichen Ablauf bewusst gemacht haben, listen Sie in Stichwörtern auf, was passiert. Welche Schlussfolgerungen können Sie für sich daraus ziehen?

- Was ist Ihnen besonders aufgefallen und warum ist das so? Sind Sie zum Beispiel bei den Augen einer Person länger hängen geblieben, weil sie groß oder auffällig geschminkt waren? Oder hatte diejenige einfach einen sehr klaren Blick und ein Leuchten in den Augen?

- Was hat Ihr Interesse hervorgerufen? Wodurch lassen sich Anziehungskraft oder Sympathie begründen? Was löst ein erwiderter Blickkontakt oder ein unverhofftes Lächeln aus?

- Wie schätzen Sie Personen aufgrund ihrer Haltung oder ihres Gangs ein? Und welche Rückschlüsse über ihre Lebenssituation oder Zufriedenheit leiten Sie daraus ab?

- Welche Rolle spielt für Sie der Kleidungsstil einer Person? Können Sie deren gesellschaftliche Stellung oder vielleicht eine weltpolitische Einstellung daran ablesen?

Lösung 3: So erkennen Sie Ihr Wahrnehmungsmuster beim ersten Eindruck

Es gibt für all diese Fragen keine pauschal falschen oder richtigen Antworten. Die Auseinandersetzung mit diesem Thema soll Sie vielmehr dafür sensibilisieren, dass es sich beim ersten Eindruck immer um eine höchst subjektive Empfindung handelt, die automatisch bei uns und unserem Gegenüber passiert – entweder bewusst oder unbewusst. Machen Sie sich klar, dass jeder auf dieser Basis eine erste Entscheidung darüber trifft, wie interessant und sympathisch die andere Person für ihn ist, ohne dass dies auf fundierten Tatsachen und Bewertungen beruht.

Ist Ihnen aufgefallen, wie schnell ein erstes Scannen per „Augen-Blick" vonstatten geht? Für eine erste Einschätzung benötigen wir nur knapp sieben Sekunden. Dieser Zeitraum genügt, um eine Gestalt von oben bis unten zu mustern und die Bilder augenblicklich zu einem Gesamteindruck zu verdichten. Diese sehr kurze Zeitspanne erklärt auch, warum es gerade zu Anfang nicht so sehr das Inhaltliche des Gesagten ankommt, sondern vielmehr darauf, wie eine Botschaft vermittelt wird.

Wenn Sie sich dieser Tatsache bewusst sind, können Sie in den ersten Momenten des Kennenlernens viel gezielter agieren, indem Sie die entscheidenden Aspekte Ihrer äußeren Erscheinung in den Vordergrund stellen. Machen Sie sich zudem deutlich, wie bei Ihnen üblicherweise ein erster Eindruck von anderen Menschen entsteht. Versuchen Sie sich an eine Begegnung zu erinnern, bei der jemand ein deutliches Bild hinterlassen hat.

Expertentipp: Die Gesamtwirkung entscheidet

Erst die Wahrnehmungen von zwei aufeinander treffenden Parteien zusammen genommen entscheiden über den weiteren Verlauf der (Geschäfts-)Beziehung. Damit Sie die Werte und Absichten eines neuen Kontakts direkt aus den gesendeten Signalen ableiten können, brauchen Sie eine geschärfte Wahrnehmung und Kenntnis über die tatsächlichen Aussagen hinter den visuellen Merkmalen. Deswegen geht es in diesem Buch nicht nur um einzelne Faktoren, sondern darum, stets deren Wirkungszusammenhänge darzustellen.

Der feine Zwirn oder das perfekt sitzende Kostüm allein führt nicht zum Erfolg im Business. Erst wenn alle Komponenten Ihrer äußeren Erscheinung im Einklang sind, gewinnen Sie bei Ihrem Gegenüber die nötige Glaubwürdigkeit, die wie eine natürliche Autorität ohne kritisches Hinterfragen wahrgenommen und anerkannt wird. Das bedeutet: In einem gut sitzenden Anzug mit selbstbewusster und aufrechter Haltung, mit einem klaren, direkten Blick und angemessen lauter Stimme bekommt Ihre Aussage das richtige Gewicht, um gehört und akzeptiert zu werden.

Das richtige Outfit

Schon der Hauptmann von Köpenick war sich der Tatsache mehr als bewusst, dass sich fast jedes Ziel erreichen lässt, wenn der äußere Auftritt stimmt. Dies galt nicht nur in der damaligen Zeit, die vom Militär dominiert war – auch unsere heutige Businesswelt ist diesbezüglich reglementiert.

Was sind nun aber die Kriterien, die eine Kleiderauswahl zum „richtigen Outfit" machen? Diese Frage lässt sich nicht so ganz einfach beantworten, denn jede Branche pflegt ihre eigenen Dresscodes. In der Finanzwelt herrschen grundsätzlich andere Gesetze als bei den Kreativen. Und auch zwischen international agierenden Konzernen, dem eher bodenständigen Mittelstand und der urbanen Agenturszene liegen Welten. Hinzu kommt: Mode unterliegt stetigen Veränderungen, da neue Trends Farben, Formen und Materialien beeinflussen.

Daher gilt: Erst das gelungene Zusammenspiel der Einflussfaktoren – Umgebung, Anlass, Persönlichkeit und Aktualität – lässt Ihren wahren Stil und Ihre Karrierestrategie erkennen.

Training 4: Ihr Lieblings-Outfit 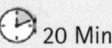 20 Min.

Stellen Sie aus Ihrer vorhandenen Garderobe ein komplettes Outfit zusammen, in dem Sie sich einfach wohl fühlen. Vergessen Sie dabei nicht alle relevanten Accessoires: Schuhe, Socken, Krawatte, Make-up, Uhr, Schmuck, Tasche usw.

Lösung 4: So bringen Sie Ihr Lieblings-Outfit in den richtigen Zusammenhang

Selbstverständlich ist es wichtig, dass Sie sich in Ihrem Outfit wohl fühlen, damit Sie natürlich und authentisch auftreten können. Doch bedenken Sie den Kontext, in dem Sie gesehen werden: Im Umfeld gepflegter Business-Anzüge und -Kostüme verlieren bequeme Jeans samt Turnschuhen schnell ihren Reiz als Lieblingsstücke. Wenn Sie die jeweilige Umgebung mit in Betracht ziehen, bevor Sie Ihre Kleidung auswählen und zusammenstellen, stimmen Sie sich darauf ein, worin Sie sich angemessen angezogen fühlen werden.

Abhängig davon, welchen Anspruch Sie an Ihre Karriere stellen, steht das reine Wohlfühlen nicht mehr an erster Stelle, sondern ordnet sich dem Wunsch nach neuen Chancen unter.

Mit einer gut durchdachten Kleiderauswahl lassen sich Absichten zum Ausdruck bringen. So deutet ein seriöser Anzug sicherlich eher auf geschäftliche Zielsetzungen hin als ein sportlich, legeres Outfit. Ein zu groß geratenes Jackett beispielsweise könnte zu Rückschlüssen auf das Standing einer Person bezüglich ihrer Position führen: Es entsteht der Eindruck, sie müsste in ihre Aufgaben erst noch hineinwachsen.

Deshalb ist es gerade im geschäftlichen Kontext von entscheidendem Vorteil, wenn Sie die feinen Zwischentöne beherrschen und dadurch auch die Absichten Ihres Gegenübers richtig einschätzen können.

Expertentipp: Suchen Sie sich Orientierung

Achten Sie darauf, was die erfolgreichen Leute im Unternehmen tragen, und leiten Sie entsprechende Schlussfolgerungen daraus ab. Orientieren Sie sich in Ihrem Stil tendenziell innerhalb der Karrierehierarchie nach oben, um zu zeigen, dass Sie auch auf gehobenem Posten eine gute Figur abgeben. Überholen Sie dabei aber möglichst nicht Ihren direkten Vorgesetzten mit offensichtlich exklusiveren Kleidungsstücken.

Schauen Sie sich um: Stehen eher klassisch-konservative Erscheinungen oder bunte Paradiesvögel an der Führungsspitze?

Mit kleinen und wohldosierten Extravaganzen – zum Beispiel einer modisch geschmackvollen Krawatte in einer konservativen Umgebung – können Sie sich positiv vom Durchschnitt abheben, ohne die notwendige Akzeptanz zu verlieren.

Training 5: Ihr (zukünftiges) Erfolgs-Outfit 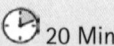 20 Min.

Kombinieren Sie nun diejenigen Kleidungsstücke zu einem passenden Business-Outfit, von dem Sie glauben, dass es Ihren Karriereansprüchen vollauf genügt. Berücksichtigen Sie wieder alle dazu gehörenden Details und Accessoires.

Lösung 5: So finden Sie Ihr Erfolgs-Outfit

Sofern Sie alle Elemente für ein geschmackvolles und businesstaugliches Outfit bereits in Ihrem Kleiderschrank vorfinden, sollten Sie dieses auf jeden Fall zu wichtigen Terminen tragen. Das gilt vor allem dann, wenn Sie etwas Bestimmtes erreichen wollen – zum Beispiel bei Gehaltsverhandlungen oder Perspektive-Gesprächen mit Ihrem Vorgesetzten. Falls Ihnen einzelne Komponenten fehlen, können Sie diese gezielt als Ergänzung nachkaufen, um Ihr Erfolgs-Outfit zu komplettieren.

Denn mit der Entscheidung für ein bestimmtes Outfit verbindet sich gleichzeitig eine Zielsetzung bezüglich Ihrer Wirkung, die Sie sich bewusst machen sollten, um sie strategisch zu nutzen.

Inwieweit Sie sich den gegebenen Konventionen anpassen, liegt in Ihrem Ermessen. In vielerlei Hinsicht haben sich in den letzten Jahrzehnten die Spielräume des Akzeptablen immens erweitert. Als ein Beispiel ist der „Casual Friday" zu nennen, eine Idee aus den USA, die Ende der Neunzigerjahre auch im westeuropäischen Business Einzug hielt. Man lockerte offiziell freitags den Kleidungs-Code, sodass selbst in Banken oder Unternehmensberatungen ausnahmsweise die Krawatte zu Hause bleiben durfte. Dies war allerdings kein Freifahrtschein für saloppe Freizeitmode, sondern nur eine Nuance in Sachen legerer Look. Statt eines normalen Oberhemdes wählte der Herr etwa ein gepflegtes Polohemd zum Anzug. Im Zuge der kritischen Wirtschaftslage ist in vielen Unternehmen diese moderne Kleiderordnung jedoch wieder in Vergessenheit geraten. Ein weiteres Beispiel: Heute kann man auch modische Sneakers zum Anzug tragen. Und auch in den zahlreichen Kombinationen von Farben, Mustern und Formen bieten sich genügend individuelle Möglichkeiten an, wie Sie sich von einem allzu uniformen Einheitslook abheben können.

Baukasten für Männer

Die nun folgende Beschreibung der einzelnen Bekleidungselemente dient als Leitfaden für eine sinnvoll gestaltete Garderobe. Das Ziel ist, Fehlkäufe zu vermeiden und mit dem richtigen Know-how aus diversen Angeboten des Modemarkts die einander optimal ergänzenden Teile auszuwählen.

Elemente der stilvollen Grundgarderobe

Widmen wir uns zunächst der Grundgarderobe für den Herrn, bevor es mit den modischen Kleinigkeiten zu den jeweiligen Outfits weitergeht.

Anzüge

Beim Kauf eines Anzugs entscheidet nicht allein der Name des Designers oder des Labels darüber, ob Sie gut darin aussehen. Neben Material- und Verarbeitungsqualität sind vor allem der für die jeweilige Statur optimale Schnitt und der richtige Sitz maßgeblich. Bei Anzügen unterscheidet man zwischen Zweiteilern (Sakko und Hose) und Dreiteilern (Sakko, Hose und Weste), bei denen jeweils alle Teile aus dem gleichen Stoff gefertigt sind.

Die Sakkoformen variieren vom modischen bis zeitlosen Einreiher bis zum eher klassisch-konservativen Doppelreiher (auch Zweireiher genannt). Den Einreiher gibt es in den Varianten Zwei-, Drei- und Vierknopf. Der Dreiknopf ist die Standardausführung und der Vierknopf eine modische Variante.

Expertentipp: Trageregel

Beim Einreiher gilt, dass er im Sitzen geöffnet sein darf. Sobald Sie aufstehen, sollte mindestens der mittlere Knopf (beim Vierknopf die beiden mittleren Knöpfe) geschlossen werden. Ein Zweireiher ist selbst bei hohen Temperaturen immer geschlossen zu tragen.

Westen

Die Weste beim Dreiteiler ist aus dem gleichen Stoff gearbeitet wie der Rest, wertet den Anzug als Kleidungsstück zusätzlich auf und ist gut für formelle Anlässe geeignet. Verzichten Sie auf Experimente mit farbenfrohen Stoffen und Mustern, denn diese haben im Geschäftsumfeld nichts verloren – und sind zudem ein Relikt aus den späten 1980er und frühen 1990er Jahren. Auch der Strickpullunder eignet sich nicht als stilvolles Accessoire zum gelungenen Business-Outfit.

Expertentipp: Trageregel

Die Weste ist immer geschlossen, nur der unterste Knopf bleibt stets offen. Die Weste muss so lang sein, dass weder das Hemd noch der Gürtel darunter hervorschauen.

Hemden

Der guten alten Business-Etikette zufolge trägt man(n) immer langärmelige Hemden zum Anzug, was leicht erkennbar ist, da die Ärmelmanschette etwa eineinhalb Zentimeter aus dem Sakkoärmel herausragt. Derzeit zählen doppelt gelegte Umschlagmanschetten, die mit hochwertigen Manschettenknöpfen geschlossen werden, zur gehobenen Bekleidungskultur. Die akzeptable Alternative ist die sogenannte Sportmanschette mit zwei Knöpfen.

Je nach Umfeld kann ein Hemd auch ohne Krawatte getragen werden. Dann bleibt der oberste Knopf geöffnet.

Ein wesentliches Stilelement sind die unterschiedlichen Kragenformen von Oberhemden. Allerdings handelt es sich heutzutage bei fast allen Varianten um sogenannte Umlegekragen. Diese Form hat den früheren Stehkragen abgelöst und dient dazu, den schmalen Krawattenteil im Nacken zu verdecken.

- Kent-Kragen: das gebräuchlichste aller Krawattenhemden mit mal mehr und mal weniger breit gestellten Kragenschenkeln

- Normalkragen: wirkt immer gepflegt; hat eine weiche Einlage, die für Formstabilität sorgt; kann auch ohne Krawatte getragen werden

- Tab-Kragen: ein elegantes Krawattenhemd; ein Stoffriegel hält den Kragen unter der Krawatte zusammen und hebt dadurch den Knoten besonders hervor

- Button-down-Kragen: hat angeknöpfte Kragenspitzen; gilt als sportlich und kann sowohl mit als auch ohne Krawatte getragen werden

- Verdeckter Button-down-Kragen: gilt als etwas elegantere Version, da die Köpfe an der Unterseite der Kragenschenkel verdeckt liegen und nicht sichtbar sind

- Haifisch-Kragen: eine modische, italienische Variante mit sehr breit gestellten Kragenschenkeln; nur mit Krawatte zu tragen

- Kontrast-Kragen: hat einen weißen Kragen auf (meist blau-) gemustertem Hemdstoff; war ein „Must" in den 1920er Jahren und ist heute ein Zeichen von Extravaganz; wird bevorzugt von Börsianern und Finanzmoguln getragen

- Vatermörder: elegantes Abendhemd mit Stehkragenform; auch Kläppchen-Kragen genannt

Kent-Kragen

Tab-Kragen

Button-down-Kragen

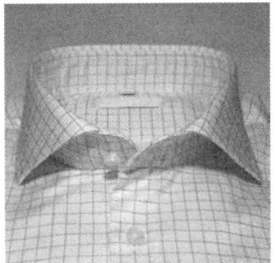

Haifisch-Kragen

Kontrast-Kragen

Die richtige Kragenweite erlaubt Ihnen problemloses Atmen und Schlucken. Prüfen Sie dies mit dem Ein-Finger-Prinzip: Zwischen Hals und Kragen muss ein Finger passen.

Ein makelloser und gepflegter Zustand des Hemdes sollte selbstverständlich sein, doch in der Praxis sieht man immer wieder abgestoßene oder verfärbte Kragen- und Ärmelkanten. Dies sind sehr eindeutige Hinweise darauf, dass das betreffende Hemd seine besten Zeiten hinter sich hat.

Expertentipp: Trageregeln

1. Die Kragenspitzen sollten vom Revers des Jacketts bedeckt sein (außer bei eng gestellten Kragenschenkeln).
2. Die Ärmel enden an der Daumenwurzel.
3. Die korrekte Hemdkragenhöhe in der Nackenpartie übersteigt die des Sakkos um eineinhalb Zentimeter.

Hosen

Gemäß der aktuellen Mode gibt es Anzughosen meistens mit einer oder zwei Bundfalten und in den Varianten mit oder ohne Aufschlag. Sofern sie nicht Bestandteil eines Anzugs sind, können sie auch in anderen Farben und Stoffen zum Jackett getragen werden. Typische Kombinationselemente sind zum Beispiel die graue Flanellhose zum dunkelblauen Club-Sakko mit Goldknöpfen oder in leicht sportlicher Ausführung eine feine Gabardine-Stoffhose.

Expertentipp: Trageregeln

1. Eine Hose ist immer erst mit passendem Gürtel ein vollständiges Kleidungsstück.
2. Die korrekte Hosenlänge reicht bis zur oberen Absatzkante.
3. Auch wenn es eine weit verbreitete Angewohnheit ist – die Hände gehören nicht in die Hosentaschen. (In einem legeren Umfeld kann maximal eine Hand in der Tasche stecken, aber niemals beide Hände gleichzeitig.)

Jacken/Mäntel

Zur Grundgarderobe des Herrn gehören mindestens ein Mantel und/oder ein Long-Jacket. Dies ist nicht allein mit dem Schutz bei kaltem Wetter zu begründen, sondern in der Hauptsache, um bei entsprechenden Gelegenheiten – zum Beispiel beim Gang in ein Restaurant oder Hotel, ins Theater, in die Oper und auf Reisen – mit einem vollständigen Outfit einen kompletten Eindruck zu erzeugen. Denn trotz der meist kurzen Distanzen zwischen Parkplatz und Zielort sieht es merkwürdig und unvollständig aus, wenn ein Mann, der mit einem stilvollen Anzug bekleidet ist, ohne Mantel durch nächtliche Straßen oder durch den Flughafen läuft.

Die Tatsache, dass Männer laut aktueller Verkaufszahlen ihren Mantel durchschnittlich 15 Jahre tragen, lässt die Empfehlung, auf ein klassisches Modell zurückzugreifen, durchaus sinnvoll erscheinen. Eine zeitlose Variante für Herbst und Winter ist der wadenlange, einreihige Mantel mit verdeckter Knopfleiste aus einem dunklen Wollstoff – vornehmlich Anthrazit, Dunkelblau oder Braun –, für den schlanken Herrn darf er vorzugsweise tailliert geschnitten sein. Für wärmere Jahreszeiten bietet sich ein schlichter Baumwollmantel aus Gabardine, Popeline oder einem matt beschichteten Material an, um sich gegen Wind und Regen zu schützen.

Expertentipp: Vielseitige Palette mit großem Angebot nutzen

Modischer und jünger wirken kürzere Modelle. Die Varianten bewegen sich in der Länge zwischen Mitte des Oberschenkels bis maximal zum Knie. Um nicht an Eleganz einzubüßen, sollten Sie darauf achten, dass die Stoffoberfläche edel und glatt ist.

Eine Art Mantelersatz sind Long-Jackets, die mit ihrem meist sportlichen Schnitt und häufig derberen Materialien vielseitig einsetzbar sind. Es gibt sie in unterschiedlichen Ausführungen, zum Beispiel mit herausnehmbarem Futter und anderen nützlichen Funktionen. Für die Businesstauglichkeit sind Schlichtheit (wenige sichtbare Taschen) und Reverskragen auf jeden Fall der Kapuze und dem praktischen Taillentunnelzug vorzuziehen.

Blousons sind derzeit nicht nur jenseits der aktuellen Mode, sondern auch generell mit Vorsicht zu genießen. Sie werden fälschlicherweise oft gerade von untersetzten Personen getragen. Durch die ballonartige Form und die zusätzliche Querunterteilung des Körpers wird ein runder Bauch aber nicht verborgen, sondern geradezu hervorgehoben. Wenn dann noch Gegenstände in den Taschen mitgeführt werden, trägt dies zusätzlich auf und erzeugt eine unvorteilhafte Wirkung. Mit der folgenden Checkliste können Sie immer wieder überprüfen, ob Sie die Grundausstattung in Ihrem Kleiderschrank haben.

Haben Sie Ihre Grundausstattung zusammen?	ja	nein
4 Business-Anzüge		
1 x anthrazit	☐	☐
1 x dunkelblau	☐	☐
1 x mittelgrau	☐	☐
1 x Nadelstreifen	☐	☐
1–2 Sakkos	☐	☐
zusätzlich		
1 x Sport-Sakko in Shetland- oderLambswool-Qualität	☐	☐
1 x Cord-Sakko oder Club-Sakko	☐	☐
1–2 Westen – passend zu den Anzügen	☐	☐

Haben Sie Ihre Grundausstattung zusammen?	ja	nein
3–4 Hosen	☐	☐
zusätzlich		
1 x beigefarbene Gabardine-Hose mit Bundfalten	☐	☐
1 x Chinos, sportlich, mit oder ohne Bundfalten	☐	☐
1 x graue Flanellhose	☐	☐
1 x schwarze elegante Bundfaltenhose	☐	☐
1–2 Jeans		
1 x schwarz	☐	☐
1 x dunkelblau (nicht ausgewaschen)	☐	☐
12 Hemden	☐	☐
2 x weiß		
1 x Tab-Kragen	☐	☐
1 x Kent-Kragen	☐	☐
2 x blau (hellblau, kräftig blau)	☐ ☐	☐ ☐
1 x ecru/creme	☐	☐
2 x Streifen	☐ ☐	☐ ☐
1 x kariert, fein liniertGrundfarbe Weiß	☐	☐
1 x grau	☐	☐
2 x pastell (hellgrün, flieder, rosé, hellgelb)	☐ ☐	☐ ☐
1 x kräftige Farbe(orange, terracotta, grün, braun)	☐	☐
1–2 Strick-Polohemden (aus feinstem Merino-Garn)		
1 x dunkel (anthrazit, schwarz, dunkelblau)	☐	☐
1 x hell (beige, hellgrau)	☐	☐
10 Krawatten, alle aus Seide, unterschiedlich in Farbe und Muster	☐	☐
1 Mantel, einreihig, knie- oder wadenlang, aus dunklem Wollstoff	☐	☐
1 Long-Jacket	☐	☐
1–3 Gürtel		
1 x schwarz aus feinem, edlem Leder	☐	☐
1 x braun aus feinem, edlem Leder	☐	☐
1 x etwas derberes Leder, passend zur Jeans, Cord- oder Freizeithose	☐	☐
3–4 Paar Schuhe		
1 x schwarz, elegant, mit Ledersohle	☐	☐
1 x braun, elegant, mit Ledersohle	☐	☐
1 x etwas derberer Schuh mit dickerer Sohle zu Jeans oder Chinos	☐	☐
1 x Schuh mit hohem Schaft oder Stiefelette, mit Ledersohle	☐	☐
1 Smoking, samt passendem Hemd, Kummerbund, Schleifenbinder und Lackschuhen	☐	☐

Accessoires für den Herrn: Schuhe, Krawatte und Co.

Durch den Einsatz von wirkungsvollen Accessoires können wechselnde Effekte zur gleich bleibenden Basiskleidung erzielt werden. Die gekonnte Abstimmung von Hemd und Krawatte beispielsweise rundet das Erscheinungsbild ab und setzt den entscheidenden modischen Akzent.

Expertentipp: Machen Sie eine Bestandsaufnahme

Verschaffen Sie sich einen Überblick über Ihren Fundus und probieren Sie durch Hinzulegen aus, welche Accessoires wozu passen und wodurch sich neue, modische Effekte ergeben. Dadurch offenbart sich automatisch, welche Dinge fehlen und neu gekauft werden müssen.

Schuhe

Wer sich anspruchsvoll kleidet, tut dies von Kopf bis Fuß. Denn selbst ein gelungenes Outfit nutzt nichts, wenn der angestrebte Eindruck durch die verkehrte Wahl der Schuhe wieder zunichte gemacht wird.

Für qualitativ gute und haltbare Schuhe können Sie nicht zu viel Geld investieren. Es ist sinnvoll, sich lieber einige wenige, aber dafür exklusive Exemplare anzuschaffen und diese sorgfältig zu pflegen. Qualitativ hochwertige Schuhe sind zwar teuer, aber sehr haltbar und vor allem gut für Ihre Füße.

Zum Business-Anzug gehört ein Schuh aus glattem Leder und mit fester Ledersohle in den konventionellen Farben Schwarz oder Braun. Wild- oder Nubuk-Lederschuhe passen gut zum winterlichen Wollsakko in Kombination mit derben Hosen. In traditionellen Branchen werden ausschließlich Schnürschuhe aus Glattleder zum eleganten Anzug getragen, das heißt keine Schlüpfschuhe (Slipper) oder andere Schuharten.

In der Regel gibt es hochwertige Schuhe renommierter Handelsmarken aus Deutschland, Italien, England, Frankreich, Ungarn und der Schweiz. Die gängigen Formen variieren von der zeitlosen abgerundeten Kappe bis zur modernen gerade abgeschnittenen Spitze. Die Absatzhöhe liegt zwischen 2,5 und 3,5 Zentimetern. Ein bekannter, sehr klassischer und hochgradig eleganter Schuh ist der „Budapester", der ursprünglich handgearbeitet und oft mit einer Lochmusterung versehen wurde.

Tabu sind ausgetretene, abgeschabte Schuhe mit abgelaufenen Absätzen, Kreppsohlen eignen sich ebenfalls nicht für das Business-Parkett. Zurzeit ist die spitz zulaufende Form gänzlich unmodern.

Expertentipp: Trageregel

Neuerdings werden auch zu hellgrauen Anzügen braune Schuhe getragen. Das kann sehr chic aussehen, dazu gehört dann allerdings auch der farblich passende Gürtel. Zu dunklen Anzügen (blau, anthrazit und schwarz) gehören aber immer schwarze Schuhe und auch bei formellen Anlässen sind schwarze Schuhe und Accessoires die bessere Wahl.

Socken

Die Farbe der Socken richtet sich vorzugsweise nach der Hosenfarbe und nicht, wie oft fälschlicherweise vermutet, nach den Schuhen. Das heißt konkret: Zu einer dunkelblauen Hose und schwarzen Schuhen trägt man dunkelblaue Socken, möglichst gleichfarbig. Ansonsten sollten die Socken eine Nuance dunkler sein als die Hose. Es ist ratsam, auf auffällige Musterungen zu verzichten, da sie nur selten elegant oder seriös wirken. Tabu sind witzige (Comic-)Motive, es sei denn, Sie wollen im Job als Spaßvogel wahrgenommen werden. Auch Ihr Hobby (Segeln, Golf oder Oldtimer) sollten Sie nicht über das Medium Socke kommunizieren. Gegen dezente Ton-in-Ton-Muster ist hingegen nichts einzuwenden. Weiße Socken gehören nicht ins geschäftliche Umfeld, außer Sie sind Arzt (in Weiß).

Zu einem stilvollen Business- oder Abendanzug gehört eine Strick- oder Wirksocke aus dünnem Garn. Das optimale Material wählen Sie nach Wohlgefühl am Fuß, Jahreszeit und Preislage aus, in jedem Fall sollte es sich aber um eine feine Anzugsocke handeln und nicht um Sportsocken oder grob gestrickte Strümpfe. Achten Sie beim Kauf darauf, dass die Socken einen möglichst geringen Kunstfaseranteil haben, um auch nach einem langen, hektischen Tag in geschlossenen Schuhen unangenehme Gerüche zu vermeiden. Besonders hautverträglich sind Naturmaterialien, zum Beispiel Wolle, Baumwolle oder Seide.

Expertentipp: Trageregel

Die Länge der Socken ist dann richtig gewählt, wenn auch im Sitzen kein nacktes (behaartes) Bein zu sehen ist.

Krawatten

Die Krawatte stellt einen Blickfang dar, denn sie ist dem Gesicht sehr nahe. Sie sollte deshalb mit besonderer Sorgfalt und unter Berücksichtigung verschiedener Kriterien ausgewählt werden. Um Stil und Qualitätsbewusstsein zu vermitteln, sollten Sie ausschließlich Seidenkrawatten tragen, denn ein geschultes Auge erkennt allein durch den Glanz und die Oberflächenbeschaffenheit, ob es sich um Seide oder Kunstfasern (Polyester) handelt. Krawatten aus anderen Materialien wie Wolle, Leinen oder Leder erweisen sich meist nur als kurzfristige Modeerscheinungen. Sie sollten solchen Trends nur folgen, wenn Sie ein gutes Gespür für Veränderungen in der Mode haben und dem Zeitgeist nicht hinterherhinken. Auch für die Krawatte gilt, lieber auf lustige oder niedliche Motive zu verzichten, da sie der seriösen Wirkung nur im Wege steht.

Um in Bezug auf Farben, Muster und die jeweilige Breite einigermaßen auf dem aktuellen Stand zu sein, empfiehlt es sich, spätestens alle zwei Jahre ein paar neue Modelle zu erstehen. Auch wenn Sie ein klassischer Typ sind, scheuen Sie sich nicht vor dieser Ausgabe, denn Krawatten haben eine Art Verfallsdatum und man sieht ihnen ihre Vergangenheit und Trageerlebnisse an. Falls Sie bei der Wahl von Farben und Mustern unsicher sind, richten Sie sich entweder nach aktuellen Bekleidungsprospekten oder lassen sich von dem geschulten Verkaufspersonal beim Herrenausstatter fachkundig beraten.

Expertentipp: Trageregel

Die Krawattenspitze endet exakt auf der Höhe des Gürteldorns.

Sie verlängern die Lebensdauer Ihrer Krawatte, indem Sie diese nach dem Tragen immer komplett entknoten und aushängen lassen. Legen Sie beim Bügeln ein Baumwolltuch auf die Krawatte, um Speckglanz zu vermeiden.

Die folgenden Abbildungen zeigen Ihnen, wie eine Krawatte gebunden werden kann.

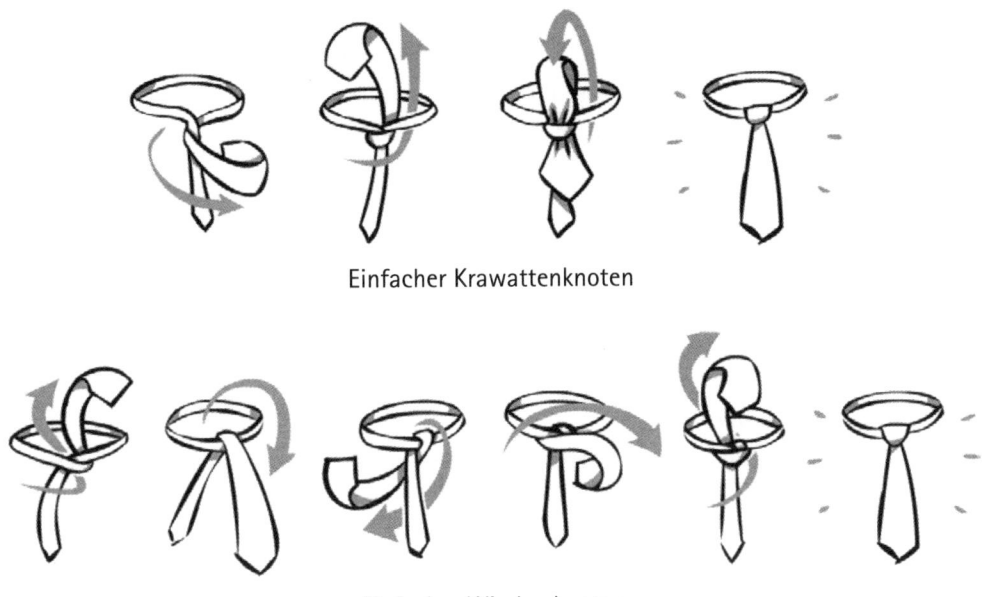

Einfacher Krawattenknoten

Einfacher Windsorknoten

Gürtel

Zu einem vollständigen Outfit gehört immer ein farblich passender Ledergürtel. Ausnahme: Wer Hosenträger verwendet, braucht keinen Gürtel, eine Maßnahme zur Sicherung der Hose reicht aus.

In der Ausführung sollte der Gürtel eher schlicht gehalten sein, also ohne auffällige Verzierungen und Schnallen, und in der Farbe abgestimmt auf Schuhe und Tasche. Sie sind gut ausgestattet, wenn Sie je ein Set (Gürtel und Tasche) in Schwarz und eins in Braun haben. Zusätzlich ist es sinnvoll, sich einen derberen Gürtel für Jeans und Chinos (sportliche Freizeithose aus Baumwolle) anzuschaffen.

Expertentipp: Trageregel

Die Gürtelweite ist dann genau richtig gewählt, wenn der Dorn im mittleren Loch sitzt. Dann haben Sie in beide Richtungen genügend Spielraum.

Tasche

Das Spektrum an Taschen, die sich für Businesszwecke eignen, ist aktuell sehr weit gefasst. Waren es früher klassischerweise der Aktenkoffer oder die Ledermappe, gibt es heute eine Vielzahl an Taschen von (Marken-)Anbietern aus hochwertigen Materialien mit funktionalen Formen, die durchaus salonfähig sind. Als stilvoll gelten puristische Formen und schlichte Ausführungen ohne auffällige Verzierungen.

Lediglich auf Rucksäcke oder große Sporttaschen sollten Sie im Business-Umfeld lieber nicht zurückgreifen, da diese eindeutig zu freizeitlich wirken. Wichtig ist in jedem Fall der einwandfreie Zustand einer Tasche, sie sollte weder ausgebeult noch abgeschabt sein.

Uhren und Schmuck

Die Spielräume für Männer sind hier relativ eng, doch Schmuck in Maßen ist eine gute Sache. Bestimmte Uhrenmarken dienen allerdings mehr als Statussymbol denn als Zeitmesser und werden auch als solche wahrgenommen. Wer diesen Eindruck vermeiden möchte, ist mit einem gediegenen Modell deutlich besser bedient.

Expertentipp: Faustregel

Beim Mann wirken Ehering, Armbanduhr und maximal noch ein Schmuckring aussagekräftiger als eine noch so teure Halskette oder Armbänder am Handgelenk. Auch Ohrringe kommen nicht bei jedem gut an.

Düfte für den Herrn

Auch der Geruch eines Menschen beeinflusst den ersten Eindruck und die Sympathiefrage wesentlich. Düfte gehören zur Körperpflege und prägen die Erscheinung einer Persönlichkeit. Unverzichtbar ist daher der Gebrauch von Deodorants. Bei den meisten Herren gehört ein Aftershave zur Grundausstattung. Bei Bedarf kann es durch ein frisches und dezentes Eau de Toilette oder Eau de Cologne ergänzt werden.

Achtung: Alle Duftarten sollten immer nur sparsam angewendet werden. Wer eine schwere Duftwolke hinter sich herzieht, tut des Guten zu viel.

Expertentipp: Duft regelmäßig wechseln

Um zu vermeiden, dass Sie Ihren eigenen Duft nicht mehr wahrnehmen und überdosieren, wechseln Sie ab und zu die Note.

Grund- und Akzentfarben

In der Farbpsychologie ist längst wissenschaftlich erwiesen, dass Farben Assoziationen wecken. Damit lösen auch unsere Kleider Bilder beim Gegenüber aus. Nur wenn die Farbwahl von bewussten Prozessen bestimmt ist, gestalten wir unser eigenes Image selbst. Wenn Sie die Aussagen von Farben kennen, können Sie strategisch mit ihnen umgehen und je nach Anlass souverän und vorteilhaft die passende Farbe einsetzen. Machen Sie sich das Wissen um den Effekt von Farben zunutze. Businesstaugliche Farben für großflächige Kleidungsstücke sind in der folgenden Tabelle aufgeführt.

Grundfarben für Oberbekleidung	
Kleidungsfarbe	**Wirkung**
Schwarz	Festlich/markant/professionell/ungewöhnlich/undurchschaubar Schwarz steht für Individualität und Coolness. Es bedeutet Abschirmung nach außen und ist Ausdruck von Unnahbarkeit.
Anthrazit	Elegant/gepflegt/sachlich Anthrazit vermittelt keine Emotion und keinen Zeitgeist, sondern bedeutet Konzentration auf Inhalte und stellt die Persönlichkeit in den Hintergrund.
Grau	Unauffällig/sachlich/dezent Grau steht für Schlichtheit und Understatement und wird besonders von Menschen getragen, die keine Aussage über sich treffen wollen.
Dunkelblau	Klassisch/konservativ/Vertrauen erweckend/traditionell Dunkelblau ist die Farbe, die Vertrauen und Sicherheit suggeriert. Es wird von Menschen getragen, die feste, altbewährte Strukturen bevorzugen, und vermittelt Anpassung an bestehende Konventionen.
Dunkelbraun	Avantgardistisch/tiefgründig/stylish/erdverbunden Je dunkler das Braun, desto geheimnisvoller ist die Erscheinung.
Mittelbraun	Aufgeschlossen/bodenständig/behaglich Brauntöne wirken nicht bedrohlich, sondern nett und freundlich. Oft bevorzugt von natürlichen und verständnisvollen Menschen.
Beige	Leger/natürlich/offen Naturtöne wirken geerdet, der Träger erscheint naturverbunden.

Quelle: Karl Ryberg: Farbtherapie. Orbis Verlag 1997

Natürlich gibt es Anzüge und Sakkos auch in anderen Farben – zum Beispiel in Brombeerrot, Senf-, Tannengrün oder Königsblau –, aber diese sind deutlich mit dem Makel der Vertreterjacketts behaftet. Damit eignen sie sich nicht für jemanden, der auf der Karriereleiter nach oben kommen möchte.

Damit Kleidung geschäftlich seriös wirkt und nicht vom Wesentlichen ablenkt, sind dezente Muster zu bevorzugen. Von uni (einfarbig) über kleine Ton-in-Ton-Musterungen (Fischgrätenmuster) bis zum zarten Nadel- oder Kreidestreifen ist alles möglich und stilvoll. Auch fein linierte Karos (zum Beispiel Glencheck) gehören zu den Klassikern, stehen derzeit allerdings auf der modischen Hitliste nicht sehr weit oben.

Akzentfarben und ihre Wirkung	
Farbe	**Wirkung**
Weiß	Rein/sauber/klinisch/neutral/perfekt Weiß weckt die Assoziationen von Unschuld, Klarheit und Tugend. Speziell als Hemdfarbe gilt Weiß als festlich elegant und abendtauglich.
Gelb	Heiter/sonnig/intellektuell/neugierig/logisch/kommunikativ Warmes Sonnen- oder Maisgelb wirkt nach außen gerichtet und wird oft von Menschen mit heiterem Wesen getragen.
Orange	Reif/leuchtend/strahlend/lebhaft/gefühlvoll/großzügig Orange drückt Lebensfreude aus, sollte aber wohldosiert eingesetzt werden, um nicht aufdringlich zu wirken. Orange gilt als Zeichen für Extrovertiertheit.
Rot	Aktiv/dynamisch/kraftvoll/kampflustig/impulsiv/mutig Kräftiges Rot steht für Power. Besonders selbstbewusste Menschen in Rot können durch ihre Dominanz auf andere erdrückend wirken.
Bordeaux/ Weinrot	Im Gegensatz dazu hat Bordeaux eine zurückhaltende, konventionelle Aussage und sollte mit helleren Farben kombiniert werden, um nicht zu düster zu wirken.
Blau	Kühl/erfrischend/klar/idealistisch/intuitiv/autoritär/konzentriert Hellblau suggeriert Helligkeit und steht bei der Kleidung für Lebendigkeit und Leichtigkeit. Royalblau bringt eine gewisse Extravaganz zum Ausdruck.
Violett	Ungewöhnlich/begeisternd/mystisch/mächtig Violett in der Kleidung weist auf das Besondere hin. Diese Farbe – eine Mischung aus Rot (heiß) und Blau (kalt) – steht für Polarisierung.
Pink	Laut/auffällig/rebellisch/risikofreudig Genau richtig für Menschen, die gern einmal aus der Reihe tanzen und die Folgen mit Humor tragen.

Akzentfarben und ihre Wirkung	
Farbe	**Wirkung**
Grün	Natürlich/lebendig/jung/empfindlich/künstlerisch/talentiert Die Nuancen dieser Farbe wirken sehr unterschiedlich. Helles Apfel- oder Pistaziengrün ist mild und passt zu Menschen, die ihre zarten Anteile hervorheben wollen. Flaschen- oder Smaragdgrün signalisiert Macht und Autorität. In Kombination mit Schwarz wird diese Wirkung verstärkt. Olivgrün lässt die Person in den Hintergrund treten.
Pastelltön: Rosé, Bleu, Flieder, Hellgelb	Zart/romantisch/weich/zurückhaltend/einfühlsam/devot Spirituelle und sensible Menschen drücken gern ihre Feinfühligkeit und Zurückhaltung über Pastelltöne aus.
Silber	Modern/technisch/emotionslos
Gold	Nobel/exklusiv

Quelle: Karl Ryberg: Farbtherapie. Orbis Verlag 1997

Gelungene Abstimmung der Kleidungselemente

Farben und Stoffmuster unterliegen dem modischen Wandel. Das gibt Ihnen die Möglichkeit, entweder Zeitgeist zu demonstrieren oder sich im Abseits zu positionieren, wenn Ihre Kleidung einfach nicht mehr up to date ist. Damit ist nicht gemeint, dass Sie sich jeweils nach dem aktuellen Trend zu richten haben, vielmehr sollten Sie in der Lage sein, innerhalb der unterschiedlichen Sortimente die zu Ihnen passenden Stücke zu finden und Ihrem Äußeren einen gewissen Wert beizumessen.

Interessante und abwechslungsreiche Effekte lassen sich durch die gelungene Abstimmung von Hemd und Krawatte erzielen, da diese die Blicke Ihres Gegenübers auf sich ziehen. Als sichere Grundfarben für Oberhemden, die bei fast allen Anlässen und für fast jeden Typ tragbar sind, gelten Hellblau, Weiß, Creme bzw. Ecru. Darüber hinaus reicht das Spektrum von Pastelltönen – Hellgrün, Flieder, Rosé, Hellgelb – bis hin zu verschiedenen Grauabstufungen, Schwarz und zurzeit modischen kräftigen Farben wie Orange, Braun, Beige, Pink, Terrakotta usw.

Solche Farben sollten mit Bedacht ausgewählt werden, das heißt abgestimmt auf Haut- und Haartyp sowie passend zur Anzugfarbe. Falls Sie ein kontrastreicher Typ mit kräftiger Haut- und/ oder Haarfarbe und markanten Gesichtszügen sind, können Sie Ihre Kleidung auch Ton in Ton gestalten, ohne langweilig zu wirken. Bei blasseren Farbtypen tragen Kontraste bei den Farben dazu bei, mehr Aufmerksamkeit zu generieren.

Expertentipp: Zur Auswahl der Kleidung und Tragegewohnheiten

Was die Auswahl der Kleidung und Tragegewohnheiten angeht, gelten einige Gesetzmäßigkeiten: So fallen beispielsweise kräftige Farben und große Muster besonders auf und haben einen hohen Wiedererkennungswert. Bei Menschen, denen Sie häufiger begegnen, können Sie durch diese Elemente den Eindruck erwecken, dass Sie nur über eine begrenzte Garderobe verfügen.

Achten Sie darauf, wie sich das Strahlen Ihrer Augen verstärkt, wenn Sie die zu Ihrer Augenfarbe optimale Hemdfarbe tragen: Blaue Hemden passen am besten zu blauen und grauen Augen, während Grün- und Beigetöne besonders gut mit braunen und grünen Augen harmonieren.

Zu klassischen, eleganten Anzügen kann die Krawatte durchaus etwas dynamischer und farblich kontrastierend sein, zu gemusterten Anzugstoffen passen besser einfarbige oder kleingemusterte Krawatten. Generell wirken kleine Muster seriöser. Achten Sie darauf, dass die Farbe des Hemdes im Muster der Krawatte wieder aufgegriffen wird. Nur bei weißen Hemden stimmen Sie die Krawattenfarbe auf die des Sakkos ab. Das bedeutet: Zu einem blauen Hemd können Sie eine Krawatte tragen, die im Streifenmuster oder in einem anderen kleinen Musterelement einen Blauton aufweist, der zur Hemdfarbe passt.

Stimmen Sie das Muster der Krawatte auch auf Ihre Gesichtsform ab. Zu einem runden Gesicht sind Muster mit Punkten und Kreisen zu vermeiden, denn sie verstärken diesen Eindruck. Im Gegensatz dazu gilt für ein hageres Gesicht, dass scharf abgegrenzte Muster es noch kantiger machen.

Expertentipp: Holen Sie sich Unterstützung

Falls Ihr Farb- und Musterempfinden nicht sehr stark ausgeprägt ist, ziehen Sie beim Kauf und beim Ausprobieren neuer Kombinationen jemanden hinzu, der Ihnen mit Rat und Tat zur Seite steht.

Typ- und figurgerechte Passformen

Die optimale Passform setzt voraus, dass Sie richtig einschätzen, ob Sie in die Kategorie der untersetzten, normalen oder schlanken Größen fallen.

N-Größen	Für alle Männer mit normalen Proportionen; Größenlauf 44–62
S-Größen	Für den schlanken, groß gewachsenen Mann mit eher schmalen Hüften und Schultern; Größenlauf 94–106
U-Größen	Für den kräftigen Mann mit umfangreicherem Oberkörper und mehr Bundumfang sowie etwas kürzeren Beinen; Größenlauf 24–30

Die Maße, die zur Bestimmung der Kleidergrößen bei Herren wichtig sind, entnehmen Sie bitte der folgenden Tabelle.

Körperhöhe	Ohne Schuhe vom Scheitel bis zur Sohle
Brustumfang	Über der stärksten Stelle der Brust waagerecht um den Körper
Halsweite	Unterhalb des Kehlkopfs locker rund um den Hals
Bundumfang	Ohne zu schnüren rings um die Taille
Seitenlänge	Von der Taille über die Hüfte außen am Bein entlang bis zur Fußsohle
Schritthöhe	Vom obersten Punkt an der Innenseite des Beins bis zur Fußsohle

Jackett-Passform

Mit einem Anzug lassen sich körperliche Unregelmäßigkeiten bestens kaschieren. Ob Sie nun schmale Schultern und stämmige Hüften oder einen Bauchansatz haben, ein richtig sitzendes Anzug-Jackett verhilft Ihnen zu besseren Proportionen.

Bei der Anprobe eines Sakkos sollten Sie Ihre natürliche Haltung einnehmen. Nur so bekommen Sie einen realistischen Eindruck, ob das Kleidungsstück auch korrekt sitzt. Das heißt, dass Sie weder die Schultern unnatürlich straffen noch den Bauch einziehen sollten, um im Spiegel eine präsentable Erscheinung abzugeben.

Expertentipp: Zur Länge des Jacketts

Lassen Sie die Arme neben dem Körper baumeln, die Hände sind dabei locker geöffnet. Wichtig: Sie dürfen die Hände oder Finger dabei weder strecken noch anwinkeln! Wenn dann die Fingerspitzen den unteren Saum des Jacketts berühren, ist die Länge genau richtig.

Die Ärmel des Sakkos enden etwa einen bis eineinhalb Zentimeter oberhalb der unteren Kante der Hemdmanschette. Wenn Sie die gestreckten Arme nach vorne ausstrecken, sollten die Ärmel nicht über die Hemdmanschette nach oben rutschen und es darf keine unangenehme Spannung im Rücken entstehen.

Die Schulterweite sollte nahezu passgenau sein. Das heißt: Vermeiden Sie überschnittene Schultern, in die Sie erst noch hineinwachsen müssen. Die Taillenweite ist locker, aber körpernah. Ein geschlossener Sakko sitzt nicht eng an den Hüften. Achten Sie bei Schlitzen darauf, dass diese auch dann nicht aufspringen, wenn Sie den Sakko zugeknöpft tragen.

Wenn Sie zu den Menschen gehören, die verschiedene Gegenstände in Ihren Jackentaschen aufbewahren – zum Beispiel Portemonnaie, Brieftasche, Mobiltelefon und/oder den Schlüsselbund –, verstauen Sie diese auch bei der Anprobe wie gewohnt in den Taschen, um vorab zu sehen, wie sich die Passform verändert, wenn Gewicht und Volumen der Gegenstände hinzukommen.

Expertentipp: Hinweise zur perfekten Passform

- Kleine Männer sind mit dem Drei-Knopf-Einreiher am vorteilhaftesten ausgestattet.
- Das Jackett sollte auf keinen Fall zu lang oder zu weit sein, weil sonst der Eindruck entsteht, Sie müssten erst noch hineinwachsen.
- Rundliche Männer verzichten besser darauf, sich mit einem Zweireiher und auffälligen Mustern zu kleiden, da diese zusätzlich auftragen.
- Das Jackett sollte auf keinen Fall zu eng sein und möglichst keine starken Schulterpolster haben.
- Große Männer können sowohl Einreiher (in Form des Drei- oder Vierknopf) als auch Zweireiher tragen. Achten Sie auf die ausreichende Länge des Sakkos.
- Sehr schlanke Männer können auch beide Formen tragen.
- Eine leicht taillierte Form ist angemessen, damit das Jackett nicht herumschlottert. Schulterpolster geben Ihnen eine gute Kontur.

Hosen-Passform

Männer mit kurzen Beinen tragen besser nur Hosen ohne Aufschlag, da dieser das Bein optisch weiter verkürzt. Sie sollten besonders auf ausreichende Länge achten und sehr weite Hosen lieber vermeiden. Vorteilhaft sind komplette Anzüge statt kontrastreicher Kombinationen (zum Beispiel dunkler Blazer und helle Hose), damit sich keine zusätzliche Teilungslinie am Körper bildet.

Wer kräftigere Beine hat, sorgt beispielsweise durch einen geeigneten Schnitt mit mehr Bundfalten für ausreichende Weite vor allem am Oberschenkel, damit sich an dieser Stelle der Stoff nicht spannt.

Hemden-Passform

Die korrekte Hemdgröße ermitteln Sie, indem Sie Ihren Halsumfang messen. Legen Sie dazu das Maßband um den Hals und stecken Sie einen Finger zwischen Maßband und Hals. Die weitere Passform wird über den jeweiligen Schnitt ermittelt: tailliert, bauchig oder gerade geschnitten. Wählen Sie die für Ihre Figur angemessene Schnittform aus. Ein Hemd passt dann perfekt, wenn es über der Brust und an der Taille bzw. über dem Bauch locker, aber nicht weit sitzt. Zu viel Stoff stört unter dem Jackett und ein zu knapp geschnittenes Hemd sieht aus, als wären Sie aus ihm herausgewachsen.

Welche Kleidung passt zu welchem geschäftlichen Anlass?

Mit dem Wunsch nach Individualität verbinden viele Menschen die Ablehnung starrer Bekleidungsregeln. Die Folge ist eine weit verbreitete Unsicherheit darüber, was zu welchem Anlass tragbar ist. Das hat dazu geführt, dass heutzutage legere Kleidung bei nahezu allen Gelegenheiten akzeptiert wird. Auf den ersten Blick mag das für den Einzelnen bequem und unverfänglich wirken, aber gleichzeitig geht damit ein Verlust an kultureller Qualität und Identität einher.

Außerdem gibt es nach wie vor eine große Anzahl an Unternehmen, die ausgesprochenen Wert auf ein kultiviertes Erscheinungsbild ihrer Mitarbeiter legen. Dieser formelle Anspruch steigt, je stärker die Firmen international agieren, denn dann wird es notwendig, sich weltweit auf dem Business-Parkett standesgemäß zu behaupten.

Während der letzten Jahre hat sich allgemein eine Renaissance der alten Werte und Traditionen im gepflegten Umgang miteinander und insbesondere in Bezug auf die Bedeutung der richtigen Garderobe abgezeichnet. Deshalb folgt an dieser Stelle ein kleiner Ausflug in den Bereich der formellen Kleiderwahl. Bitte verstehen Sie die Angaben dazu nur als Hinweise oder vielleicht als Empfehlung, aber nicht als unumstößliche Regeln.

Expertentipp: Kleidung als Wohlfühlfaktor

Trotz aller Konventionen kommt es sehr darauf an, dass Sie sich in Ihrer Haut wohlfühlen – und das sollte nicht durch die Kleidung verhindert werden.

Ob Sie sich in einer unbekannten Situation zurechtfinden und ein gutes Gefühl haben, hängt sicher zu einem großen Teil davon ab, inwieweit Sie die Lage vorab einschätzen können und mit welchen Erwartungen oder Zielsetzungen Sie an einer Veranstaltung teilnehmen. Wenn Sie schon einmal deutlich „underdressed" in eine Versammlung hineingeplatzt sind und die skeptischen bis belustigten Blicke oder gar Kommentare ertragen mussten, wissen Sie vermutlich für die Zukunft, was Sie tun müssen, um dies zu vermeiden. Im schlimmsten Fall haben Sie den Fauxpas gar nicht bemerkt, aber einen nachhaltig negativen Eindruck hinterlassen.

Wenn Sie sich bewusst Raum für Individualität schaffen oder als nicht angepasst wahrgenommen werden wollen, können Sie sich ausgefallen kleiden. In einem vertretbaren Rahmen wirkt sich das eventuell auch karriereförderlich aus. Doch dieses Spiel mit dem Feuer müssen Sie erstklassig beherrschen und anhand guter Menschenkenntnis einschätzen können, wie Ihre Mitmenschen Ihre Extravaganz bewerten, damit die Konsequenzen kalkulierbar bleiben.

Generell sind natürlich keine einheitlichen Maßgaben möglich, da sich die branchenüblichen Freiheiten sehr stark unterscheiden. Je konservativer Ihr Umfeld, desto weniger Verständnis wird Ihnen bei spektakulären Ausbrüchen entgegengebracht. Und auch die Kreativen dieser Welt pflegen zwar eine gewisse Avantgarde, haben aber unweigerlich ihre eigenen Riten. Wer damit nicht zurechtkommt, gehört auch nicht dazu.

Deshalb die Empfehlung: Wenn Sie an einer informellen Veranstaltung mit dem Vorsatz teilnehmen, aus einer einheitlichen Masse hervorstechen zu wollen, tun Sie dies durch eine außergewöhnliche Farbe bei der Kleidung. Wenn Sie den anderen Anwesenden in der Wertigkeit Ihres Outfits in nichts nachstehen, kann der Effekt gelingen – ohne einen Imageverlust.

Expertentipp: Informieren Sie sich

Bei Unsicherheiten, welche Kleidung für eine Veranstaltung angemessen ist, können Sie vorab beim Veranstalter nach einer möglichen Kleiderordnung fragen.

In den folgenden Tabellen finden Sie einige typische Anlässe und die gemäß den Standards dafür jeweils empfohlenen Kleidungsstücke.

Anzugfarbe	Anlass
Schwarz	Vorzugsweise bei festlichen Gelegenheiten und am Abend
Anthrazit	Universell im Büroalltag, bei Geschäftsessen, Präsentationen, im Kundenkontakt und für informelle Abendveranstaltungen
Grau	Passend für tagsüber, zum Beispiel im Büro, als typisches Messe-Outfit, bei Kongressen, Tagungen etc.
Dunkelblau	Universell im Büroalltag, auch für Geschäftsessen, Kundenkontakt und informelle Abendveranstaltungen
Dunkel-/ Schwarzbraun	Universell im Büroalltag, auch für Geschäftsessen, Kundenkontakt und informelle Abendveranstaltungen
Mittelbraun	Nur tagsüber im normalen Geschäftsalltag ohne spezielle oder bedeutsame Termine; gut für vertrauliche Mitarbeitergespräche
Beige	Betriebsausflug oder bei lockeren Kleidungsregeln im Unternehmen

Hemdfarbe	Kombination bzw. Anlass
Weiß	Universell einsetzbar; mit Kent- oder Tab-Kragen besonders geeignet für Abendanlässe, da von besonderer und zeitloser Eleganz und Schlichtheit
Blau	Der frische Klassiker zu allen (Tages-)Anlässen einschließlich Geschäftsessen und lockerer After-Work-Party; passt zu allen Anzugfarben (Grau, Dunkelblau, Braun, Beige, zu Schwarz möglichst nur Hellblau kombinieren) und Ausführungen, von sportlich bis sachlich vornehm

Hemdfarbe	Kombination bzw. Anlass
Grau	Für tagsüber und informelle Abendanlässe, kann Ton in Ton oder mit einem frischen Farbtupfer durch die entsprechende Krawatte variiert werden
Pastell	Gutes Stilelement zum Auffrischen der grauen Bürokleidung; schön auch in Kombination mit einer kräftigeren Krawatte aus der gleichen Farbfamilie
Ecru/Creme/ Champagner	Edle Alternativen zu Weiß; auch für festliche Anlässe mit dezenter Krawatte, die Anzug und Hemd miteinander verbindet
Streifen	Tragbar zum unifarbenen Anzug

Gängige Dresscodes und ihre Bedeutung	
Bekleidungsvermerke auf der Einladung	**Outfit/Outfitkomponenten**
Großer Gesellschaftsanzug/„Cravate Blanche" oder „White Tie" (normalerweise nur Abendgarderobe, außer bei großer Hochzeit)	Frack Jackett vorne taillenkurz, hinten lange Schwalbenschwänze, offen getragen, Frackhemd mit Manschettenknöpfen, weiße Frackschleife (Fliege), weiße (Pikee-)Weste, schwarze Hose mit Hosenträgern, schwarze Lack- oder Hochglanzschuhe, schwarzer Zylinder

Kleiner Gesellschaftsanzug/„Cravate Noir" oder „Black Tie" (nur Abendgarderobe, außer bei Hochzeiten)	a) Smoking
	  Schwarzes, ein- oder zweireihiges Sakko mit Seidenspiegelrevers oder Schalkragen, weißes Hemd mit Schleife, evtl. Kummerbund (gefaltete Seidenschärpe), schwarze Hose mit aufgenähtem Seidenband (Galon) an der äußeren Hosennaht, immer mit schwarzen Lackschuhen
	b) Dinner-Jackett
	  Weiße oder helle Smokingjacke, alles andere wie beim Smoking oben beschrieben

Stresemann, „Morning Coat" (nur am Tag zu tragen)	Schwarzes oder graues einreihiges Jackett, weißes Hemd, silbergraue oder schwarz-weiß gemusterte Krawatte mit silberner Krawattennadel, (silber-)graue Weste, schwarz-grau gestreifte Hose, schwarze, glatte Schnürschuhe

Gängige Dresscodes und ihre Bedeutung	
Bekleidungsvermerke auf der Einladung	**Outfit/Outfitkomponenten**
Cut bzw. Cutaway	Langes, schwarzes Jackett mit runden Rockschößen, weißes Hemd, graue Krawatte, graue Weste, schwarz-grau gestreifte Hose, schwarze Glattlederschuhe, grauer Zylinder, bei (Staats-)Begräbnissen schwarzer Zylinder
Festlicher Anzug	Dunkler Anzug, helles Hemd und Krawatte, glatter Lederschuh

Besondere Anlässe	Passendes Outfit
Empfang (auch am Vormittag)	Dunkler Anzug, helles Hemd und Krawatte
Formelles Geschäftsessen	Dunkler Anzug, weißes oder cremefarbenes Hemd, dezente Krawatte
Dinner, Bankett, Ball	Abendanzug, Smoking oder Dinnerjackett
Premiere-Veranstaltung	Smoking
Opern-/Theater-Premiere, offizieller Staatsempfang, große Hochzeitsfeier	Frack
Beerdigung	Dunkler Anzug, weißes Hemd, dunkle Krawatte

Expertentipp: Spezielle Konventionen bei formellen Anlässen
- Je förmlicher der Anlass, desto weniger Freiheit besteht bei der Farbe von Hemd und Krawatte.
- Hochwertige Jacquard- oder Brokatwesten werden nur zu festlichen Anlässen wie zum Beispiel Hochzeiten oder Gala-Veranstaltungen getragen.
- Ab 18 Uhr trägt der Mann von Welt schwarze Lederschuhe.

Sofern der „Casual Friday" in Ihrem Unternehmen praktiziert wird, können Sie freitags weitgehend die an anderen Tagen üblichen Regeln ignorieren. Statt Hemd und Krawatte können Sie zum Beispiel ein schickes Polohemd in guter Qualität (aus Merinowolle oder einer Baumwoll-/Viskosemischung) und eine freizeitliche Hose (Chinos oder Jeans) mit einem derberen Schuh tragen.

Falls aber am Freitag Kundentermine anstehen, ist der sonst übliche Kleidungskodex einzuhalten. Ist Ihr Tagesablauf planbar, können Sie Ihre Garderobe problemlos auf die jeweils anstehenden Termine abstimmen.

Expertentipp: Für jeden Anlass die passende Farbe

- Wenn zum Beispiel harte Verhandlungen anstehen, bei denen Sie eine klare Position vertreten müssen, können Sie mit einer farbintensiven Krawatte einen Akzent setzen, um Ihren Standpunkt lebhaft zu unterstreichen.
- Falls Sie ein dominanter Typ sind und in einem Mitarbeitergespräch Vertrauen erzeugen wollen, statt die Kluft der Hierarchie zu verstärken, wählen Sie warme, erdige Brauntöne für Ihre Kleidung.
- Um bei Erstkontakten in Kundengesprächen eine sachliche sowie vertrauensfördernde Ebene zu finden, spielen Sie mit verschiedenen Blau-Nuancen.

Sie können Farben auf zwei Arten nutzen, wenn Sie in einer bestimmten Situation ein Ziel erreichen möchten. Sie können entweder Ihre individuellen positiven Eigenschaften unterstreichen oder Ihre persönlichen Defizite ausgleichen, um eventuelle Schwächen zu kaschieren.

Expertentipp: Wappnen Sie sich für unvorhergesehene Situationen

Um gewappnet zu sein, falls sich am Tag überraschend neue Termine oder Verabredungen ergeben, ist es sinnvoll, immer ein frisches Hemd und eine alternative Krawatte im Büro zu deponieren. So können Sie auch bei einem spontanen Geschäftsessen nach einem langen, stressigen Bürotag mit einem adäquaten Erscheinungsbild beeindrucken.

Funktionale Materialien

Die Qualität eines Anzugs macht vor allem der Stoff aus, aus dem er gefertigt ist. Denn das verwendete Material entscheidet über den Fall und die Oberfläche der Ware, dauerhafte Formbeständigkeit, gute Trageeigenschaften wie Atmungsaktivität und Knitterbeständigkeit sowie die Haltbarkeit. Diese Anforderungen erfüllen vor allem Anzüge aus Wolle bzw. Schurwolle. Je feiner der Zwirn – zum Beispiel beim Englischen Tuch –, desto höher die Qualität und desto besser die Trageeigenschaften. Neueste technologische Entwicklungen in der Herstellung und Verarbeitung machen es möglich, dass Anzüge aus Wolle auch für warmes Klima tauglich sind, zum durch Beispiel Cool Wool oder Super 100 feingekämmt. Mit einer minimalen Beimischung von Lycra oder Elasthan (fünf bis acht Prozent) ist vollständige Formbeständigkeit und Knitterfreiheit gewährleistet, sodass Sie sogar nach langem Sitzen oder Autofahren noch chic aussehen.

Als Alternative kommt ein feiner Flanell infrage, der in der Regel ebenfalls aus Wolle oder einer Wollmischung besteht. Dessen Garne sind nicht so fest verzwirnt, wodurch der Stoff an der Oberfläche leicht flauschig und wärmer ist. Schon ein geringer Anteil von Cashmere macht diesen Stoff zu einem haptischen Erlebnis, allerdings auch recht kostspielig.

Von reinen Leinen- oder Seidenanzügen ist abzuraten. Zwar wirken sie beim Kauf edel, aber aufgrund ihrer naturgegebenen Eigenschaften sind sie sehr knitteranfällig und Seide verschleißt zusätzlich schnell. Als Beimischungen sind beide Fasern durchaus denkbar, da diese Nachteile dann kompensiert werden.

Expertentipp: So testen Sie Knitter- und Elastizitätsverhalten

Greifen Sie in den Ärmelstoff und halten ihn ca. 30 Sekunden fest in der geschlossenen Faust. Wenn Sie ihn dann wieder loslassen, erkennen Sie, wie es um Knitter- und Elastizitätsverhalten des Materials bestellt ist.

Tweed-Sakkos gehören nicht auf das Business-Parkett, sondern eher zum Jäger und Landadel. Bei Cordanzügen muss man zwei Varianten unterscheiden: Auf der einen Seite steht der Anzug aus modischem Feincord in makelloser Form, der kombiniert mit einem exzellenten Hemd samt passender Krawatte durchaus im Geschäftsleben bestehen kann. Auf der anderen Seite befindet sich der ausgebeulte Breitcord-Look, der an pädagogische Vorbilder aus unserer Schulzeit erinnert.

Baukasten für Frauen

Die Ansprüche an das äußere Erscheinungsbild von Frauen im Geschäftsleben sind mindestens genauso hoch wie an das von Männern. Aus dem Grad der Perfektion werden automatisch Rückschlüsse auf Ihre Persönlichkeit und Ihre Arbeitsweise gezogen. Und unabhängig davon, ob die Erkenntnisse zutreffen, stecken Sie erst einmal in der entsprechenden Schublade. Doch die positive Seite ist der weit reichende Gestaltungsspielraum, den Frauen beim Outfit zur Verfügung steht. Denn sie können mit wenig Grundgarderobe, aber einzelnen, gut gewählten Stilelementen und Accessoires ihr Äußeres immer wieder „neu" erfinden und variieren. Die Wertigkeit eines Outfits bestimmen verschiedene Parameter:

- Der Fall der Ware, der durch die Stoffqualität beeinflusst wird; damit ist gemeint, wie sich das Kleidungsstück Ihrem Körper und Ihren Bewegungen anpasst, ohne zu steif zu sein oder unvorteilhaft aufzutragen
- Die figurgerechte Passform mit vorteilhafter Schnittführung
- Die typgerechte Farb- und Musterwahl
- Das sichtbare Feingefühl und eine gewisse Raffinesse in der Abstimmung der Komponenten; das heißt, die Fähigkeit,
  die einzelnen Elemente der Kleidung und Accessoires stilgetreu miteinander zu kombinieren (ein ausgefallener Akzent ist erlaubt, aber keine richtigen Stilbrüche)

Elemente der stilvollen Grundgarderobe

Auch bei den Damen geht es jetzt erst einmal um die Basics, bevor die Details von Outfits besprochen werden.

Business-Kostüm und -Anzug

Ein Kostüm oder Anzug besteht in der Regel aus Jacke und Rock bzw. Hose, die aus dem gleichen Stoff gefertigt und im Schnitt so aufeinander abgestimmt sind, dass sie als ein Gesamtkleidungsstück am besten zur Geltung kommen. Die aktuelle Mode umfasst eine Vielzahl an Formen und Längen mit diversen Verschlüssen, Kragenformen und Taschenlösungen. Zu den Standards bei den Kostümen gehören kurze figurbetonte Jacken mit Rocklängen von mini über knielang bis zur gesetzten Wadenlänge mit und ohne Schlitz. Daneben gibt es längere taillierte Jackenformen, zum Beispiel mit hoch angesetzter Taille in Kombination mit verkürzten Röcken. Der Phantasie sind hier nur wenige Grenzen gesetzt. Erlaubt ist, was gefällt – wenn es der betreffenden Person steht.

Doch gerade bei den zurzeit modischen körpernahen Schnitten sollten Sie nicht aus den Augen verlieren, dass es sich beim Kostüm ohnehin schon um ein ausgesprochen feminines Kleidungsstück handelt. Der Rahmen der akzeptablen Möglichkeiten orientiert sich daran, dass sich Ihnen die Kleidung anpassen sollte und nicht zu sehr im Vordergrund steht. Es ist zweifellos besser, wenn Sie durch Ihre Kompetenz einen guten Eindruck hinterlassen, als dass Sie nachhaltig Ihre Körperformen zur Schau stellen.

Expertentipp: Trageregel

Unter einer Jacke ist immer ein höher geschlossenes Oberteil zu tragen (zum Beispiel eine Bluse oder ein Shirt), um tiefe, möglicherweise reizvolle Einblicke zu verhindern.

Lediglich junge (und jung gebliebene) Prominente mit einem entsprechenden Image und der dazu passenden Figur können es sich leisten, in der Öffentlichkeit den BH aus der Jacke herausblitzen zu lassen.

Röcke

Aktuell finden Sie in den Designerkollektionen vorwiegend schmal geschnittene oder leicht ausgestellte Röcke in unterschiedlichen Längen.

Expertentipp: Achten Sie auf das Material

Je weiter der Rock geschnitten ist, desto wichtiger ist ein weich fließender Stoff, der nicht unnötig aufträgt und die Hüften breit erscheinen lässt.

Glocken-, Teller- und Faltenröcke sowie Hosenröcke stehen zurzeit nicht auf der Hitliste der modischen Kleidungsstücke. Volant- und Stufenröcke im Folklore-Stil sind zwar up to date, aber zu verspielt für das berufliche Umfeld.

Die optimale Rocklänge richtet sich im Übrigen nicht ausschließlich danach, ob Ihre Beine wohl proportioniert und vorzeigbar sind. Der Rocksaum sollte nicht höher als eine knappe Handbreit über dem Knie enden.

Expertentipp: Unerwünschte Einblicke vermeiden

Probieren Sie einmal vor einem großen Spiegel im Rock verschiedene Sitzpositionen aus und wechseln Sie von einer Position zur anderen. Sie werden erstaunt sein, wie leicht man versehentlich zu tief blicken lässt, weil eng geschnittene Röcke vor allem im Sitzen weit hoch rutschen.

(Anzug-)Hosen

Gab es in den 1970er Jahren mit den Schlaghosen und in der 1980er Jahren mit der Karottenform eindeutige Trends, so liefert uns das neue Jahrtausend eine enorme Bandbreite aktuell tragbarer Hosenschnitte. Die Formen reichen von weiten Marlene-Hosen bis zu schmal geschnittenen Hosenbeinen mit geradem oder leicht ausgestelltem Verlauf (sogenannter „Bootcut"). Auch die Länge variiert zwischen 7/8 bis extralang.

Selbst die Material- und Stoffvielfalt ist so groß wie nie. Feingezwirnte Wollstoffe, Baumwolle und Baumwollmischungen, salonfähige Jeans- und Cordstoffe, Seide, Leinen, handweiches Leder sowie hochwertige Chemiefasern bestimmen das Modeportfolio. Das macht die Wahl zwar manchmal zur Qual, eröffnet aber gleichzeitig ein großes Spektrum für eine nicht enden wollende Abwechslung.

Westen

Zum einen gibt es die Weste als Bestandteil eines Business-Anzugs oder -Kostüms. In diesem Fall ist sie aus dem gleichen oder einem abgestimmten Stoff gefertigt ist und wird normalerweise auch nur in dieser Zusammenstellung getragen. Diese dreiteiligen Kombinationen erleben derzeit nicht ihre hochmodische Phase, sondern sind eher als Klassiker zu bezeichnen.

Eine andere Variante sind Satin-, Jacquard- oder Brokatwesten, die eine leicht altertümliche Eleganz ausstrahlen und sich besser für Familienfeiern eignen als für die Büroetage.

Der Vollständigkeit halber seien auch sportliche Ausführungen wie Stepp- und Cordweste mit aufgesetzten Taschen erwähnt, die sich aber nur im Freizeitbereich wiederfinden sollten.

Blusen

Die Bluse ist traditionell das Business-Oberteil für die Dame, denn sie drückt Eleganz und Sachlichkeit zugleich aus und eignet sich für fast alle geschäftlichen Anlässe. Unter einem Blazer getragen kann eine Bluse dem gesamten Erscheinungsbild eine eigene Note verleihen, abhängig von Farbe, Material und Kragenform. Es gibt die sachliche Hemdbluse, die umso markanter in der Wirkung ist, wenn sie längere Kragenschenkel hat, die über dem Reverskragen des Blazers getragen werden.

Darüber hinaus gibt es unzählige modische Variationen mit verschiedensten Mustern – klassische Streifen, verspielte florale Muster, geometrische Motive und Phantasiedesigns. Typische Materialien sind Baumwolle und Baumwollgemische, aber auch Seide und Chemiefasern – manchmal in Verbindung mit elastischen Fasern, um den Tragekomfort durch mehr Beweglichkeit zu erhöhen und Bügelfreiheit zu gewährleisten.

(T-)Shirts, Poloshirts und andere Oberteile

Die ausgesprochen breite Auswahl an Oberteilen für Frauen versetzt Sie in die Lage, aus Ihrer Grundgarderobe mit wenig Aufwand immer wieder interessante Veränderungen kreieren zu können. Wenn Sie dabei die Seriosität und Ihren Stil wahren, können Sie sogar im schicken T-Shirt eine gute Figur machen.

Pullover

Feingestrickte Pullover in edlen Materialien wie Cashmere oder Mohair fühlen sich nicht nur gut an, sondern sind auch gut im Business-Kontext tragbar. Es gibt sie mit verschiedenen Kragenformen, zum Beispiel mit V-Ausschnitt, Rundhals, Rollkragen, U-Boot-Ausschnitt sowie mit Polokragen und Knopfleiste.

Expertentipp: Achtung flauschige Wolle!

Vorsicht bei Angora und manch anderen flauschigen Wollsorten, die stark haaren und so ungewollte Spuren besonders auf dunklen Kleidungsstücken hinterlassen.

Beachten Sie bei der Größe des Pullovers, dass er körpernah sitzt, das heißt, dass er nicht schlabbern, aber auch nicht eng anliegen sollte. Die Grobstrick-Modelle eignen sich ausschließlich für den Freizeit- und Outdoor-Bereich.

Kleider

Businesstaugliche Kleider erfüllen folgende Kriterien: Sie sind ausreichend lang (mindestens bis kurz übers Knie), verdecken die Schultern (keine Spaghettiträger) und haben einen gemäßigten Ausschnitt. Der Stoff ist von schlichter Eleganz (keine Glanzeffekte oder Spitzeneinsätze). Eine bekannte Form ist das Etui-Kleid à la Audrey Hepburn, das mit einer kleinen Bolero-Jacke getragen wird.

Für die Abendgarderobe erweitert sich die Palette deutlich. Zum Repertoire einer jeden Frau sollte das „Kleine Schwarze" gehören, da es genügend Anlässe gibt, bei denen es tragbar ist – beim Theater- oder Opernbesuch, zum offiziellen Empfang oder zur Cocktail-Party. Die „große Garderobe" in lang ist bei Gala-Diners und zum Ball angemessen.

Mäntel

Die Mantel-Varianten berücksichtigen nicht nur die verschiedenen Jahreszeiten, sondern unterscheiden sich auch im Stil so sehr, dass für jeden Typ und jede Figur etwas Passendes zu finden ist. Im Angebot sind Längen von Mitte Oberschenkel bis knöchellang. Einige Modelle sind tailliert und mit Gürtel, andere hängen lose, manche haben kantige, andere feminin schmale Schulterformen und es gibt alle erdenklichen Verschlussarten. Welcher Mantel für Sie der richtige ist, hängt vor allem von Ihrer Restgarderobe ab – sowohl was die Schnittführung als auch was die Länge betrifft. Wenn Sie zum Beispiel häufig Röcke tragen, sollte der Mantel so lang sein, dass der Rocksaum bedeckt ist. Zu Hosen sieht ein knielanger Mantel meistens besser aus.

Das Material des Mantels sollten Sie so wählen, dass es Ihren täglichen Rhythmus gut übersteht. Falls Sie an öffentliche Verkehrsmittel gebunden sind, brauchen Sie wetterfeste Oberflächen. Um nicht zu jeder Saison notwendigerweise einen neuen Mantel kaufen zu müssen, ist es sinnvoll, ein wenig auffälliges und trendunabhängiges Modell im Hinblick auf Schnitt und Material vorzuziehen. Ein dunkler Stoff aus qualitativ hochwertiger Wolle bietet lange Haltbarkeit. Das sommerliche Gegenstück ist ein Popeline-Mantel aus Baumwolle.

Expertentipp: So vermeiden Sie Knötchenbildung

Ziehen Sie im Auto Ihren Wollmantel lieber aus, denn durch die Reibung am Sitz entsteht sonst sehr schnell das sogenannte Pilling (Knötchenbildung). Die Fusseln, die sich bilden, werten Ihren Mantel optisch ab.

Jacken

Eine aparte Alternative zum Mantel stellen raffiniert geschnittene Jacken dar. Damit sie nicht zu sportlich leger wirken, sollten außen nicht so viele Taschen und Verschlüsse sichtbar sein. Von großen Print-Motiven ist ebenfalls abzuraten.

Stilvoll wirken zum Beispiel Blazerschnitte, die in der Länge ein wenig über das Gesäß hinausgehen. Ein beliebtes Jackenmaterial ist Leder, das sich durch natürliche Anmutung und lange Lebensdauer auszeichnet. Zu empfehlen sind Rind- und Ziegennappaleder – beide in Griff und Fall hochwertiger als Porc und Porc-Split.

Haben Sie Ihre Grundausstattung zusammen?	ja	nein
2–3 Business-Kostüme		
1 x klassisch, dunkel	☐	☐
1 x farbig oder hell, eventuell etwas avantgardistisch	☐	☐
2–3 Business-Hosenanzüge		
1 x klassisch, , dunkelblau oder anthrazit	☐	☐
1 x Nadelstreifen	☐	☐
1 x Schwarz, elegant, eventuell leichter Glanz	☐	☐
2–3 Blazer		
1 x sportlich, zum Beispiel Khaki mit Schulterklappen	☐	☐
1 x Jeans oder Cord	☐	☐
1 x weiches Streichgarn, camelfarben	☐	☐
1–2 Kleider		
1 x das „Kleine Schwarze"	☐	☐
1 x sommerliches Dessin	☐	☐
1–2 klassische Röcke		
1 x knielang, kleiner Schlitz, gerader Schnitt, dunkel	☐	☐
1x knielang, leicht ausgestellt, dezente Farbe	☐	☐
1–2 modische Röcke		
1 x florales Muster, leicht fließender Stoff, leicht ausgestellt	☐	☐
1 x Cord, Jeans oder Khaki-Stoff, eng oder mit Sattel	☐	☐
4–5 Hosen		
1 x schwarz, weite Form, Bügelfalte, extralang für Schuhe mit Absatz	☐	☐
1 x dunkel, schmaler Schnitt eventuell unten leicht ausgestellt, für verschiedene Schuhe und für Stiefel	☐	☐
1 x leicht glänzendes Material, schlichter Schnitt, Bügelfalte	☐	☐
1 x Cargohose mit aufgesetzten Beintaschen, Naturfarben (khaki, braun oder beige)	☐	☐
1 x beigefarben, Leinen- oder Baumwollmischgewebe	☐	☐
4–5 Blusen		
1 x weiß, schlicht, elegant, eventuell lange Kragenschenkel	☐	☐
1 x elegante, leicht glänzende Seidenbluse, farbig	☐	☐
1 x sportlich, taillierte Form, elastisches Material (Jersey)	☐	☐
1 x gestreift oder anders gemustert	☐	☐
1 x gemusterte Chiffonbluse, eventuell Crash-Look	☐	☐
Diverse Oberteile		
1 x Jersey-Poloshirt mit Druckknopfleiste	☐	☐
T-Shirts mit dezenten Prints oder Applikationen, Langarm, Dreiviertelarm, Rundhals, V-Ausschnitt	☐	☐

Haben Sie Ihre Grundausstattung zusammen?	ja	nein
2–3 Feinstrick-Pullover		
1 x Merino-Wolle mit V-Ausschnitt oder Rundhals, unifarben	☐	☐
1 x Rollkragen, dunkel	☐	☐
1x farbig gemustert	☐	☐
2–3 Mäntel/Jacken		
1 x Wollmantel, lang, dunkel	☐	☐
1 x Jacke, tailliert	☐	☐
1 x Kurzmantel, Baumwoll-Popeline	☐	☐
5–6 Paar Schuhe		
1 x Schnürschuh, bequem mit flachem Absatz	☐	☐
1 x College- oder Schlüpfschuh, mit Ledersohle	☐	☐
1 x elegante Pumps mit geeigneter Absatzhöhe für Röcke	☐	☐
1 x Stiefel, kniehoch für Röcke	☐	☐
1 x Stiefelette, knöchelhoch	☐	☐
Anmerkung der Autorin: Manche Schuhformen brauchen Sie in mehreren Farben und so kommt man schnell auf 15 oder mehr Paar Schuhe.		

Accessoires und Schmuck – das Salz in der (Mode-)Suppe

Vor allem für Frauen gilt, dass sie ihre Basisgarderobe immer wieder mit neuen Accessoires und Kleinigkeiten aufwerten und abwandeln können. Darum sollten Sie darauf besonderes Augenmerk legen, wenn Sie wieder einmal einkaufen gehen.

Schuhe

Das äußere Erscheinungsbild findet seine Vollendung in der Wahl der richtigen Schuhe und kann auf diese Weise entweder perfektioniert oder zerstört werden. In den letzten Jahren haben sich die Regeln über das passende Schuhwerk drastisch gelockert, denn in urbaner Umgebung und unter jungen Kreativen ist es völlig unbedenklich, zum stilvollen Business-Anzug trendige Sneakers zu tragen. In konservativeren Branchen und Gegenden sollten Sie auf derartige Experimente dennoch lieber verzichten.

Expertentipp: Achten Sie auf Bequemlichkeit und Tragbarkeit

Im Normalfall ist es ratsam, nicht allzu viel Aufmerksamkeit auf Ihre Füße zu lenken, zum Beispiel durch bunte Farben oder extreme Absatzhöhen. Ihre Schuhe sollten vielmehr bequem und tragbar sein, Ihnen einen festen Stand und sicheres Gehen ermöglichen, damit Sie im wahrsten Sinne des Wortes Schritt halten können.

Je nach Anlass steht der Komfort sogar über dem Design, zum Beispiel dann, wenn Sie sich einen ganzen Tag lang auf einer Messe bewegen müssen und trotzdem den Abend schmerzfrei in Gesellschaft verbringen wollen. Zu Röcken oder Kleidern nimmt sich ein Schuh mit einer gewissen Absatzhöhe natürlich vorteilhafter aus, da er das Bein streckt. Eine akzeptable Höhe liegt bei acht bis maximal zehn Zentimetern in Form eines soliden und dickeren Absatzes. Für Pfennigabsätze ist diese Höhe im Geschäftsumfeld unangemessen. Auch Highheels mit Fesselriemchen senden klare erotische Signale und haben auf dem Business-Parkett nichts verloren. Zu beachten ist, dass diese Angaben immer im Kontext des gesamten Erscheinungsbildes stehen, sie lassen sich nur bedingt stereotypisieren.

Expertentipp: Nur gepflegte Schuhe sehen gut aus

Ein wichtiger gemeinsamer Nenner für alle Schuhe ist ein gepflegter Zustand, abgelaufene Absätze und andere Alterserscheinungen sind nicht akzeptabel.

Strümpfe/Strumpfhosen

Die Farbauswahl der Strümpfe und Strumpfhosen orientiert sich an der Restgarderobe, also an Rock oder Hose und Schuhen. Zu dunklen Stoffen (dunkelblau, anthrazit oder schwarz) tragen Sie Nylonstrümpfe entweder in der jeweiligen Kleiderfarbe oder in einem natürlichen Hautton. Zu hellen, sommerlichen Röcken oder Kleidern passen nur hautfarbene Strumpfhosen oder Strümpfe. Nicht besonders geeignet für berufliche Zwecke sind glänzende oder auffällig gemusterte Strümpfe und Strumpfhosen, sie machen sich in einem abendlich festlichen Rahmen besser.
Mit Laufmaschen ziehen Sie zwar die Blicke auf sich, jedoch nicht im positiven Sinn. Da ein solches Missgeschick jederzeit passieren kann, sollten Sie immer den passenden Ersatz in der Handtasche oder Schreibtischschublade vorrätig haben.

Expertentipp: Trageregel

Strümpfe, die Sie zu Hosen tragen, sollten mit der Farbe der Hose übereinstimmen und so lang sein, dass auch im Sitzen keine nackte Haut zu sehen ist.

Für einen eleganten Gesamteindruck ist ein feingestrickter, einfarbiger oder dezent gemusterter Strumpf die richtige Wahl – die sportlich flauschige Baumwollsocke bleibt zu Hause. Für angenehmen Tragekomfort sorgen Naturmaterialien (Wolle, Seide oder Baumwolle), eventuell mit geringen Chemiefaseranteilen, die für Form- und Farbbeständigkeit sorgen.

Expertentipp: Nie ohne Strümpfe

Als konventionelle Grundregel gilt, dass die anspruchsvolle Dame nie – auch nicht bei hochsommerlichen Temperaturen – unbestrumpft geht. Dies gilt insbesondere im Ausland bzw. im Umgang mit ausländischen Geschäftspartnern (speziell aus den USA, Asien und Südeuropa).

Unterwäsche

Die eigentlich von außen nicht sichtbare Unterwäsche wird hier erwähnt, weil sie leider häufig für unangenehme Nebeneffekte sorgt. Schon die richtige Farbauswahl entscheidet zu einem guten Teil darüber, ob Sie Ihre Mitmenschen unfreiwillig mit Ihrem „Darunter" konfrontieren. Bedenken Sie, dass helle Stoffe durch dunkle schimmern und umgekehrt.

Eine weitere Störung des Gesamteindrucks wird verursacht, wenn sich die Ränder der Unterhose oder des BH und eventuell auch Träger deutlich abzeichnen, weil die Unterwäsche zu eng ist. Das wirkt sehr unschön und lässt sich sehr einfach vermeiden, indem Sie passende Wäschestücke kaufen.

Schmuck und Uhren

Darüber, welche Art von Schmuck sich für alle Frauen im Business am besten eignet, kann es keine allgemein gültigen Aussagen geben. Denn diese Entscheidung unterliegt in erster Linie dem individuellen Geschmack.

Expertentipp: Verzichten Sie auf auffälligen Schmuck

Sie sollten zum Beispiel auf Schmuckstücke verzichten, die bei Bewegungen klimpern oder so groß sind, dass sie die Blicke anziehen und vom Wesentlichen ablenken.

Auch ob zu echtem oder zu Modeschmuck gegriffen wird, muss jede für sich entscheiden – solange die Tatsache, dass Modeschmuck günstig ist, Sie nicht dazu verführt, besonders viele oder große Stücke zu tragen. Denken Sie daran, dass sowohl die Menge als auch das Design von Schmuck relevant sind, wenn es um die Wirkung geht.

Bedenken Sie auch, dass vor allem Gesicht und Hände in das Blickfeld des Gegenübers geraten. Falls mit zunehmendem Alter Glätte und Zartheit der Haut an bestimmten Stellen (zum Beispiel an Hals und Dekolletee) nachlässt, tun Sie sich keinen Gefallen damit, wenn Sie die Aufmerksamkeit Ihres Gesprächspartners durch auffällige Schmuckstücke genau dorthin lenken.

Expertentipp: Trageregeln

- Zu einer Kette tragen möglichst Sie nur kleine und unauffällige Ohrringe.
- Insgesamt maximal drei Ringe und eine Armbanduhr sind genug Zierde für die Hände und die Handgelenke.
- Uhr und Armband werden nicht gemeinsam an einem Handgelenk getragen.

Die folgende Tabelle gibt Aufschluss darüber, welcher Schmuck mit welchen Kragenformen harmoniert.

Kragen-/ Ausschnittform	Passt	Passt nicht
Rundhals- Ausschnitt	Kleine Ohrringe und Kette mit kleinem Anhänger	Großer Schmuck, der zu überladen wirkt
Rollkragen	Enges Collier oder lange dünne Kette	Dicke, bunte Ketten wirken überladen; lange oder große Ohrringe stauchen
V-Ausschnitt	Kurze Halskette, die maximal bis zum tiefsten Punkt des Ausschnitts geht, dazu kleine Ohrstecker	Große und überlange Ketten erdrücken den Ausschnitt; auch eng anliegende Halsketten stören die Ausschnittkontur
Bustierform (mit Spagettiträgern oder trägerlos)	Collier oder zarte, enge Halskette, dazu hängende Ohrringe oder -stecker	Lange Ketten, da sie das Dekolletee optisch verlängern
U-Boot-Ausschnitt	Hängende Ohrringe, farblich abgestimmt auf das Oberteil	Jede Art von Kette

Der Stil Ihrer Uhr, ob sportlich oder lieber elegant, richtet sich nach Ihrem restlichen Outfit – kleine Stilbrüche sind erlaubt. Tabu hingegen sind Plagiate hochkarätiger Designermodelle, die Sie als Blender entlarven. Ob Sie generell lieber Platin-, Gold- oder Silberschmuck tragen, hängt ganz von Ihrem Portemonnaie und Ihrer persönlichen Vorliebe ab.

Expertentipp: Was ist mit Tattoos und Piercings?

Tattoos und Piercings sind zwar ein weit verbreiteter Körperschmuck, aber wenn Sie keinen Anstoß erregen wollen, verzichten Sie lieber auf sichtbare Exemplare.

Tücher und Schals

Durch den Einsatz von (Seiden-)Tüchern und feinen Schals können Sie schlichte Oberteile aufpeppen und ohne großen Aufwand selbst mit kleiner Grundgarderobe immer wieder für Abwechslung sorgen. Auch hier gilt, dass dieses Accessoire so gewählt und drapiert wird, dass es lediglich eine ergänzende und nicht etwa erschlagende Wirkung hat.

Expertentipp: Die richtige Material- und Farbwahl

Für tagsüber greifen Sie besser auf eher schlichte Materialien und frische, aber dezente Farben zurück. Bei abendlichen Gelegenheiten dürfen Sie durchaus auch mal ein bisschen schillernde Eleganz zeigen.

Wenn Sie Informationen über aktuelle Trends in Bezug auf Farben und Stoffe sowie die Art der Drapierung von Tüchern und Schals suchen, sind hochwertige Modemagazine eine verlässliche Quelle.

Gürtel und Taschen

Herrschte während der 1990er Jahre bis ins neue Jahrtausend hinein der Trend zum Puristischen vor, so wandelte sich dies in den letzten Jahren eindeutig. Oft sind wieder aufwendiger gestaltete Modelle zu sehen – insbesondere bei den Lederaccessoires. Diese Welle wird sich aber sicherlich nicht langfristig halten und ist für das Business-Umfeld sowieso nur eingeschränkt geeignet.

Wenn Sie bei einer Hand- oder Aktentasche auf hochwertige Qualität achten, damit Sie lange Freude an ihr haben, dann hat das auch einen anständigen Preis. Trotzdem sollten Sie für verschiedene Gelegenheiten und Outfits unterschiedliche Modelle besitzen.

Form und Größe richten sich natürlich nach dem Inhalt (Akten und Timer oder nur Kleinstutensilien), den Sie voraussichtlich darin transportieren wollen. Im Normalfall benötigen Sie mindestens zwei Ausführungen – einmal in Schwarz und einmal in Braun –, um je nach Kleidungsgrundfarbe die passende Ergänzung zu haben.

Dann gehört noch eine leichtgewichtige Variante zur Grundausstattung, die Sie einen ganzen Tag lang – zum Beispiel während eines Messebesuchs – mit sich herumtragen können, ohne dass Ihre Schulter zu schmerzen beginnt. Dieses Modell können Sie auch für informelle Abendveranstaltungen (Geschäftsessen, Visitenkarten-Party) verwenden. Für festliche und glamouröse Veranstaltungen brauchen Sie ein zartes kleines Täschchen – definitiv ohne Schulterriemen –, farblich abgestimmt auf die Abendgarderobe.

Expertentipp: Immer im guten Zustand

Eines haben alle Taschen gemeinsam: Sie befinden sich in makellosem Zustand und sind weder ausgebeult noch abgeschabt.

Auch in den aktuellen Gürtelkollektionen finden sich derzeit viele nieten- und strassbesetzte Exemplare in fast allen Farben dieser Welt. In gemäßigter Form sind gewisse Spielereien erlaubt, um einfach einmal einen kleinen Akzent zu setzen. Doch eine hochgradig glitzernde Gürtelschließe zu einem schlichten Business-Anzug wäre schon ein zu großer Stilbruch. In jedem Fall sollte der Gürtel mit den Schuhen und der Tasche farblich abgestimmt sein.

Düfte

Auch Duft ist ein wesentlicher Faktor unserer Wahrnehmung und wirkt sich auf den Gesamteindruck aus, den Sie bei anderen Menschen erzeugen. Als absolute Basis darf sicherlich die Nutzung eines wirksamen Deodorants vorausgesetzt werden, um unangenehmen Körpergerüchen auch in hektischen Momenten und bei langen Arbeitstagen vorzubeugen.

Expertentipp: Zum Thema Körperbehaarung

Ein für manche Frauen eher heikles Thema ist die Körperbehaarung. Aber machen Sie sich bitte bewusst, dass sichtbare Körperbehaarung unter den Achseln und an den Beinen international extrem verpönt ist – und in Deutschland nur stillschweigend geduldet, nicht aber akzeptiert wird.

Bei der Wahl Ihres Parfums sollten Sie tagsüber auf ein leichtes, frisches, eventuell etwas blumiges Eau de Toilette zurückgreifen, das leicht verfliegt und nicht etwa als schwere Duftwolke im Raum hinter Ihnen hängen bleibt.

Expertentipp: Wechseln Sie den Duft regelmäßig

Dosieren Sie den Duft immer gleich, da sich die Nase an ihn gewöhnt und nur Sie ihn nicht mehr in der tatsächlichen Intensität wahrnehmen. Oder wechseln Sie ab und zu die Duftmarke, um den Gewöhnungseffekt zu verhindern. Denn „overperfumed" zu sein ist ebenso unangenehm wie „overdressed".

Frisur und Make-up

Frisuren können die Kopfform maßgeblich verändern und beeinflussen dadurch die gesamte Körpersilhouette. Unabhängig von Länge und Styling ist das wichtigste Kriterium der gepflegte Eindruck. Für Kurzhaarfrisuren bedeutet das: sauber geschnittene Konturen, bei langen Haaren keine ausgefransten Strähnen. Wer sich die Haare färbt, sollte generell keinen weit nachgewachsenen Haaransatz in der Originalfarbe akzeptieren.

Die beste Möglichkeit, wie Sie eine typgerechte und optimale Frisur für sich finden, ist eine individuelle Beratung bei einem kompetenten Friseur. Das kann zwar etwas teurer sein als gewohnt – aber diese Investition lohnt sich garantiert.

Das beste Make-up für den geschäftlichen Alltag ist so gestaltet, dass es kaum bewusst wahrgenommen werden kann. Make-up soll dazu dienen, Ihre positiven Merkmale zu verstärken und kleine Schwachstellen zu kaschieren. Verwenden Sie es dazu, Ihren Typ zu betonen, statt ihn massiv zu verändern. Stimmen Sie Ihr Make-up farblich und stilistisch sorgfältig auf Ihre Kleidung ab, denn schon mit einem poppigen Lippenstift kann ein elegantes Outfit an Ausstrahlung verlieren.

Eine Grundregel sagt aus, dass immer nur eine Gesichtspartie hervorgehoben werden darf – entweder der Mund oder die Augen. Eine kräftige Lippenstiftfarbe darf nicht in Konkurrenz treten mit Augen, die durch Kajal und Lidschatten stark betont werden. Sparsam aufgetragene Mascara (Wimperntusche) und naturfarbener Lidschatten reichen in diesem Fall völlig aus, um den Ausdruck der Augen zu verstärken.

Je nach Hautbeschaffenheit kann es genügen, über eine nicht fettende Feuchtigkeitscreme einen losen, transparenten Puder aufzutragen, um einen ebenmäßigen Teint zu erreichen. Bei Hautunregelmäßigkeiten oder Ringen unter den Augen helfen eine leichte Grundierung und ein abdeckender Concealer, die vor dem Puder aufgetragen werden. Für eine gesunde Gesichtsfarbe kann eine dezent getönte Tagescreme sorgen. Benutzen Sie zu diesem Zweck niemals einen dunklen Puder, Ihr Gesicht wird dann fleckig aussehen. Rötliches Rouge sorgt für Frische im Gesicht, es muss aber mit großer Präzision und sehr sparsam aufgetragen werden. Beigefarbenes Rouge – etwas dunkler als die restliche Gesichtshaut – entlang der Linie des Wangenknochens verteilt, kann eine markante Kontur erzeugen.

Expertentipp: Wirkung bei Tageslicht überprüfen

Wenn Sie neue Produkte kaufen oder ein neues Make-up ausprobieren, überprüfen Sie die Wirkung unbedingt noch einmal bei Tageslicht.

Weitere professionelle Tipps und hilfreiche Anregungen finden Sie in niveauvollen Mode- und Styling-Journalen. Wenn Sie möchten, können Sie auch einmal die beste Freundin als Ratgeberin hinzuziehen.

Wer trotzdem nicht zurechtkommt oder unsicher ist, holt sich professionellen Rat bei Kosmetikinstituten oder guten Fachparfümerien. Sie bieten sowohl Einzelberatungen als auch regelmäßig Schulungen an, bei denen adäquate Schminkmethoden und die typgerechte Farbauswahl (oft sogar kostenlos) vermittelt werden.

Jedes Make-up kann seine vorteilhafte Wirkung nur dann erzielen, wenn es makellos und perfekt ist. Selbst kleine Fehler – wer kennt nicht die bröckelnde oder verlaufene Mascara und den verschmierten oder unvollständigen Lippenstift? – fallen sofort unangenehm auf. Überprüfen Sie deshalb regelmäßig den Zustand Ihres Make-ups und arbeiten Sie gegebenenfalls nach.

Große Aufmerksamkeit ziehen auch Ihre Hände auf sich. Deshalb sollten Sie darauf achten, dass Ihre Fingernägel gepflegt manikürt aussehen. Akzeptieren Sie also keine abgekauten Nägel oder eine bunte Mischung aus langen und kurzen Nägeln. Auch abgeblätterter Nagellack wirkt unordentlich.

Farben/Muster und ihre Wirkung

Der Wirkung von Farben wird in allen Kulturen dieser Welt eine Bedeutung zugesprochen, die sich in der jeweiligen Symbolik, der Sprache und bei den Heilmethoden wiederfindet. Der von Farben ausgelösten Psychosomatik kann sich kein Mensch willentlich entziehen. Dies betrifft alle Lebensbereiche – die Gestaltung von Räumen, Autofarben und selbstverständlich auch die Farbe Ihrer Kleidung. Im Marketing und Produktdesign greifen die Gestalter bewusst auf „Lieblingsfarben" zurück, um Menschen zum Kauf bestimmter Produkte zu animieren.

Mit der farblichen Zusammenstellung Ihrer Kleidung haben Sie die Möglichkeit, Sympathiepunkte zu sammeln, zum Hingucker zu werden oder in der Masse unterzugehen. Die Entscheidung, mit welcher Zielsetzung Sie sich ins Tagesgeschehen begeben, sollten Sie bewusst treffen. Es gibt einige grundsätzliche Regeln in Bezug auf die Wirkung von Farben, aber natürlich können Sie auch situativ und intuitiv reagieren.

Expertentipp: Unterstreichen Sie Ihre Position

Wenn Sie zum Beispiel vor einer schwierigen Verhandlung stehen, können Sie vorab überlegen, ob Sie eine konträre Position vertreten und dies durch Kontrastfarben unterstreichen wollen oder ob Sie Partei ergreifen und sich solidarisch farblich mit bestimmten Personen verbünden wollen.

Zu den westlichen Kleidungsregeln gehört, dass sich bestimmte Grundfarben vor allem für großflächige Kleidungsstücke eignen, während frische oder plakative Farben eher für Akzente oder kleine Highlights eingesetzt werden, um nicht zu laut und schrill in ihrer Wirkung zu sein. Die hohe Kunst liegt in der harmonischen und typgerechten Zusammenstellung von Farbtönen und Mustern sowie darin, vorteilhafte Farbverläufe zu finden.

Farben und ihre Wirkung	
Schwarz	Festlich/markant/professionell/ungewöhnlich/undurchschaubar Schwarz steht für Individualität und Coolness. Es bedeutet Abschirmung nach außen und ist Ausdruck von Unnahbarkeit.
Anthrazit	Elegant/gepflegt/sachlich Anthrazit vermittelt keine Emotion und keinen Zeitgeist, sondern bedeutet Konzentration auf Inhalte und stellt die Persönlichkeit in den Hintergrund.
Grau	Unauffällig/sachlich/dezent Grau steht für Schlichtheit und Understatement und wird besonders von Menschen getragen, die keine Aussage über sich treffen wollen.
Dunkelblau	Klassisch/konservativ/vertrauenerweckend/traditionell Dunkelblau ist die Farbe, die Vertrauen und Sicherheit suggeriert. Es wird von Menschen getragen, die feste, altbewährte Strukturen bevorzugen, und vermittelt Anpassung an bestehende Konventionen.
Dunkelbraun	Avantgardistisch/tiefgründig/stylish/erdverbunden Je dunkler das Braun, desto geheimnisvoller ist die Erscheinung.
Mittelbraun	Aufgeschlossen/bodenständig/behaglich Brauntöne wirken nicht bedrohlich, sondern nett und freundlich. Oft bevorzugt von natürlichen und verständnisvollen Menschen.
Beige	Leger/natürlich/offen Naturtöne wirken geerdet, der Träger erscheint naturverbunden.
Khaki	Weltoffen/unkompliziert/pragmatisch veranlagt Ein Naturton, der eine Assoziation zu Abenteurern und Entdeckern weckt, die das Leben mehr lieben als den Luxus.
Weiß	Rein/sauber/klinisch/neutral/perfekt Weiß weckt die Assoziationen von Unschuld, Klarheit und Tugend. Speziell als Blusenfarbe gilt Weiß als festlich elegant und abendtauglich.

Farben und ihre Wirkung	
Gelb	Heiter/sonnig/intellektuell/neugierig/logisch/kommunikativ Warmes Sonnen- oder Maisgelb wirkt nach außen gerichtet und wird oft von Menschen mit heiterem Wesen getragen.
Orange	Reif/leuchtend/strahlend/lebhaft/gefühlvoll/großzügig Orange drückt Lebensfreude aus, sollte aber wohldosiert eingesetzt werden, um nicht aufdringlich zu wirken. Orange gilt als Zeichen für Extrovertiertheit.
Rot	Aktiv/dynamisch/kraftvoll/kampflustig/impulsiv/mutig Kräftiges Rot steht für Power. Besonders selbstbewusste Menschen in Rot können durch ihre Dominanz auf andere erdrückend wirken.
Bordeaux/ Weinrot	Im Gegensatz dazu hat Bordeaux eine zurückhaltende, konventionelle Aussage und sollte mit helleren Farben kombiniert werden, um nicht zu düster zu wirken.
Blau	Kühl/erfrischend/klar/idealistisch/intuitiv/autoritär/konzentriert Hellblau suggeriert Helligkeit und steht bei der Kleidung für Lebendigkeit und Leichtigkeit. Royalblau bringt eine gewisse Extravaganz zum Ausdruck.
Violett	Ungewöhnlich/begeisternd/mystisch/mächtig Violett in der Kleidung weist auf das Besondere hin. Diese Farbe – eine Mischung aus Rot (heiß) und Blau (kalt) – steht für Polarisierung.
Pink	Laut/auffällig/rebellisch/risikofreudig Genau richtig für Menschen, die gern einmal aus der Reihe tanzen und die Folgen mit Humor tragen.
Grün	Natürlich/lebendig/jung/empfindlich/künstlerisch/talentiert Die Nuancen dieser Farbe wirken sehr unterschiedlich. Helles Apfel- oder Pistaziengrün ist mild und passt zu Menschen, die ihre zarten Anteile hervorheben wollen. Flaschen- oder Smaragdgrün signalisiert Macht und Autorität. In Kombination mit Schwarz wird diese Wirkung verstärkt. Olivgrün lässt die Person in den Hintergrund treten.
Pastelltöne: Rosé, Bleu, Flieder, Hellgelb	Zart/romantisch/weich/zurückhaltend/einfühlsam/devot Spirituelle und sensible Menschen drücken gern ihre Feinfühligkeit und Zurückhaltung über Pastelltöne aus.
Silber	Modern/technisch/emotionslos
Gold	Nobel/exklusiv

Quelle: Karl Ryberg: Farbtherapie. Orbis Verlag 1997

Durch eine gekonnte Abstimmung von Farben und Mustern können Sie Ihr Stilgefühl dezent und wirkungsvoll zeigen. Im Allgemeinen passen kräftige Farben besonders gut zu Menschen mit kräftiger Haut- und Haarfarbe. Sie erfordern aber auch ein kräftigeres Make-up. Pastelltöne hingegen stehen Menschen mit blasser

Haut und wenig kontrastreichen Gesichtszügen. Insbesondere brünette und natur-blonde Haare kommen mit weicheren Farbtönen gut zur Geltung. Mit diesen Farb-nuancen lassen sich auch wirkungsvolle Kontraste zusammenstellen.

Expertentipp: Highlights in kräftigen Farben

Als nordisch blasser Typ verwenden Sie kräftige Farben in Form von kleinen Highlights, um inte-ressante Akzente zu setzen. Vermeiden Sie diese Farben aber bei großflächigen Kleidungsstücken wie Jacke, Kostüm oder Rock.

Kräftige Farben für das Oberteil in Kombination mit einer gedeckten Neutralfarbe für das Unterteil ergeben eine gute, wenig aufdringliche Wirkung. Beachten Sie bei auffälligen Stoffmustern und Farben, dass sie deutlich erkennbare Zeichen aktueller Modetrends sind und dementsprechend eine „Verfallszeit" haben. Zusätzlich ist der Wiedererkennungseffekt bei Menschen in Ihrem täglichen Umfeld sehr hoch.

Wenn Sie lieber durch Kompetenz in einer sachlichen Umgebung überzeugen wol-len, ist es ratsam, dass Sie auf solche hervorstechenden und ablenkenden Akzente völlig verzichten.

Kleine Muster und unifarbene Kleidungsstücke lassen sich einfacher und vielseiti-ger kombinieren als großgemusterte Elemente, die optische Unruhe erzeugen.

Großflächige Muster eignen sich vorwiegend für große und schlank wirkende Men-schen und werden durch großzügig, das heißt nicht sehr körpernah geschnittene Kleidungsstücke ein wenig neutralisiert.

Expertentipp: Der richtige Farbverlauf

Ein Farbverlauf, der von oben nach unten dunkler wird, hat Vorteile: Die hellere Farbe am Oberkör-per zieht den Blick des Gegenübers automatisch nach oben, also zum Gesicht. Dadurch sichern Sie sich nicht nur die gewünschte Aufmerksamkeit, sondern lenken gleichzeitig von eher unvorteilhaf-ten Körperteilen ab.

Die richtige Passform: dezent betonen und vorteilhaft kaschieren

Eine Frau darf durchaus aussehen wie eine Frau. Das bedeutet: Wenn Sie frauliche Proportionen haben, dann gebieten auch die anerkannten Konventionen der Busi-ness-Etikette nicht, dass Sie sich in weite Gewänder hüllen müssen. Natürlich liegen Welten zwischen Schlabberlook und hautengem Sexy-Outfit. Daher ist es ratsam, sich über die eigenen Körperproportionen und -konturen bewusst zu sein, um die Aufmerksamkeit auf die besonders ansehnlichen Stellen zu lenken, dies aber gleich-zeitig gut zu dosieren.

Sind Ihre Beine zum Beispiel schlank und gut geformt, dann spricht nichts dagegen, dass Sie einen knapp oberhalb des Knies endenden Rock tragen. Wenn Sie dazu aber zusätzlich noch hochhackige Schuhe mit sehr schmalen Absätzen anziehen, so würde dies eine deutlich erotische Ausstrahlung mit sich bringen, die für einen seriösen Geschäftsauftritt zu stark ist. Besser wäre es also, Sie würden sich bei dieser Rockform für schicke Schuhe mit maximal sechs Zentimeter Absatz, der ein bisschen stabiler ist, entscheiden.

Auch ein schönes Dekolletee und eine weibliche Oberweite dürfen in Maßen gezeigt werden. Ein körpernahes Oberteil sollte aber möglichst nicht gleichzeitig tief ausgeschnitten oder gar transparent sein. Eine gute Dosierung haben Sie erreicht, wenn die Aufmerksamkeit folgendermaßen gelenkt wird: Ihr Gegenüber sollte Ihre Vorzüge zwar wahrnehmen können, aber nicht magnetisch davon angezogen werden. Wenn Ihr Gesprächspartner während einer Unterhaltung immer wieder mit den Blicken an bestimmten Stellen Ihres Körpers hängen bleibt, statt Ihnen ins Gesicht zu sehen, ist die Wirkung – ob im Positiven oder im Negativen – eindeutig zu stark.

Expertentipp: Holen Sie sich Bestätigung

Manchmal reicht der selbstkritische Blick in den Spiegel nicht aus, um die eigene Außenwirkung eines neuen Outfits realistisch einschätzen zu können. Befragen Sie daher vorsichtshalber bei grenzwertigen Kleidungsstücken lieber eine Person ihres Vertrauens – den Lebenspartner, die beste Freundin oder eine Kollegin, die Ihnen nahesteht.

Gut sitzende Kleidung kann außerdem hilfreich sein, wenn Sie Schwachstellen Ihres Körpers kompensieren wollen. Im Alltag kann man feststellen, dass längst nicht alle Frauen diesen Vorteil für sich zu nutzen wissen.

Nur wenn Sie Ihren eigenen Körper bewusst wahrnehmen und die persönlichen Vorteile genauso gut kennen wie Ihre jeweiligen Problemzonen, können Sie durch die richtige Kleidung Ihr Äußeres insgesamt harmonischer, schlanker und schöner erscheinen lassen. Dazu ist ein selbstkritischer Blick von allen Seiten erforderlich. Lassen Sie sich dabei auch ruhig von einer guten Freundin beraten. Ihr Ziel sollte es sein, durch besonders gut ausgewählte Kleidungsstücke die Aufmerksamkeit auf Ihre positiven Seiten zu lenken und gleichzeitig durch geschicktes Kaschieren von den schwierigen Zonen abzulenken. Eine wichtige Voraussetzung dafür ist die korrekte Einschätzung Ihrer Konfektionsgröße, denn ein zu eng geschnittenes Kleidungsstück lässt Sie automatisch dicker aussehen.

Die folgende Tabelle enthält die Maße, die wichtig sind, um die passende Konfektionsgröße für Frauen festzustellen.

Körperhöhe	Ohne Schuhe vom Scheitel bis zur Sohle
Brustumfang	Über der stärksten Stelle der Brust waagerecht um den Oberkörper
Unterbrust-umfang	Am unteren Brustansatz waagerecht um den Körper
Taillenumfang	Ohne zu schnüren rings um die Taille

Hüftumfang	Waagerecht um die stärkste Stelle der Hüfte
Seitenlänge	Von der Taille über die Hüfte bis zur Fußsohle

Die Damenkonfektion unterscheidet zwischen zwei Größentabellen, den N- und den K-Größen.

N-Größen	Normale Größen für Körpergröße ab 1,64 Meter; Größenlauf 34–46
K-Größen	Kurze Größen für Körpergröße kleiner als 1,64 Meter; Größenlauf 17–23

Viele Frauen verfügen aber nicht über Gardemaße und kommen mit den genannten Größen nicht zurecht. Sie sollten daher beim Einkauf die folgenden Tipps zum Umgang mit Problemzonen beherzigen:

- Für kleine Frauen ist es ratsam, keine zu langen Kleidungsstücke zu tragen, also keine Hosen mit Überlängen, die Jackenlänge sollte bis maximal zum Schritt reichen. Bei Röcken ist es ratsam, dass die Farbe der Strümpfe der Rockfarbe entspricht. Halten Sie Ober- und Unterteil lieber Ton in Ton statt in starken Kontrasten.

- Große Frauen können sehr gut längere Jacken, zum Beispiel im Gehrock-Schnitt, tragen. Hosen können auch mal nur knöchellang sein oder einen Aufschlag haben.

- Frauen mit einer rundlichen Figur stehen weich fließende Materialien, kleingemustert oder unifarben mit möglichst wenigen Farbkontrasten. Empfehlenswert ist die Abstimmung Ton in Ton von Kopf bis Fuß. In der Schnittführung sind senkrechte Nähte oder Streifen vorteilhaft, weil sie die Figur strecken. Enge Kleidungsstücke wirken oft unvorteilhaft, weil die Konturen genau zu erkennen sind.

- Für sehr schlanke Frauen sind große Muster und Accessoires gut tragbar. Legere Kleidungsschnitte geben ihnen Fülle.

- Bei kurzen Beinen und langem Oberkörper ist es gut, auf waagerechte Begrenzungen zu verzichten, da diese Querbetonung den Körper untersetzter und kleiner erscheinen lässt. Vermeiden Sie Ringel- oder Blockstreifen oder breite kontrastfarbene Gürtel. Für Sie sind längere Hosen besser geeignet als solche in Wadenlänge mit sichtbarem Sockenabschluss. Vorteilhaft wäre ein kniebedeckender Rock oder eine schmal geschnittene Hose, immer mit hoch geschnittener Taille, Schuhe mit etwas Absatzhöhe und dazu ein Oberteil ohne geometrische Quermusterungen. Wählen Sie den Gürtel in der Farbe des Unterteils.

- Frauen mit hoch sitzender Taille und kurzem Oberkörper sollten längere Pullover oder Jacken und Hüfthosen tragen. Der Gürtel greift dabei die Farbe des Oberteils auf.

- Für viele Frauen ist ihr Po eine Problemzone, weil sie ihn für zu kräftig oder nicht wohlgeformt halten. Wenn Sie zu dieser Gruppe gehören, meiden Sie Miniröcke, enge Hosen und Kleider im Etuischnitt. Wählen Sie stattdessen Röcke mit senkrechter Linienführung in Form einzelner Bahnen. In Verbindung mit einem fließenden Material, zum Beispiel Viskose oder Modal, schwerer Seide, Wollmischungen oder einer Baumwoll-/Viskose-Mischung, sorgt der weiche Fall eines Kleidungsstücks für eine gute Kontur. Festere Materialien wie Leinen oder reine Baumwolle können hingegen durch ihre Steifigkeit und Knitterbildung zusätzlich auftragen und sorgen für eine optische Verbreiterung.

- Bei breiten Hüften sind Hosen oder Röcke mit Taschen in den Seitennähten nicht vorteilhaft. Tragen Sie gemusterte Kleidungsstücke im Oberteilbereich, um die Blicke dorthin zu ziehen, und dazu unifarbene – vorzugsweise dunkle – Hosen oder Röcke.

- Bei Körper- oder Gesichtsformen, deren Konturen nicht ideal verlaufen, wirken alternative Formen bei der Kleidung ausgleichend. Für eine lange, schmale Gesichtsform ist ein Rundhals-Kragen die bessere Lösung als ein V-Ausschnitt.

- Bei sehr extremen Formen ist es hingegen nicht gut, auf die genau entgegengesetzte Kontur auszuweichen, da die Kontrastwirkung zu stark sein kann. Zu einem kreisrunden Gesicht sind lange Ohrgehänge die falsche Wahl – besser wären tropfenförmige Ohrringe.

- Wer einen langen Hals hat, sollte keine Kurzhaarschnitte und auch keine V-Ausschnitte tragen. Besser sind Rollkragen und Tücher oder Schals. Bei einem kurzen Hals sehen enge Ketten nicht gut aus.

Expertentipp: Spezialanbieter für große Größen

Schicke Mode ab Konfektionsgröße 42 finden Sie im Sortiment der Spezialanbieter. Sie entwickeln gut durchdachte Kombinationen in diesen Größen, die den Körper möglichst wohlproportioniert aussehen lassen.

Welche Kleidung für welchen Anlass?

Genauso selbstverständlich, wie Sie sich bei besonderen privaten Anlässen, etwa bei einer Hochzeit oder einer Trauerfeier, unterschiedlich kleiden, stellen auch die verschiedenen Situationen im Business-Alltag unterschiedliche Anforderungen an unsere äußere Erscheinung.

In der Regel wählt man für ein Vorstellungsgespräch automatisch ein formelleres Outfit als für normale Bürotage. Wer möchte in dieser Situation kein besonders positives Bild abgeben? Wenn Sie vorab wissen, welche Tagestermine anstehen, können Sie Ihre Kleidung entsprechend auswählen.

Falls Sie gelegentlich an einer Konferenz teilnehmen oder eine Präsentation halten und dabei im Mittelpunkt der Aufmerksamkeit stehen, sollten Sie besonders sorgfältig vorgehen. Demonstrieren Sie durch besondere Kleidung, dass Sie auch die Situation als besonders einstufen. Angemessen sind ein schlichter Business-Anzug oder ein Kostüm mit schicker Bluse oder weich fließendem Polo-Shirt. Falls dies sowieso Ihrem täglichen Standard entspricht, werten Sie Ihr Outfit durch eleganteres Schuhwerk mit etwas höheren Absätzen und glänzendem Leder auf. Das Gleiche gilt für alle Situationen, in denen Sie Kundenkontakt haben – im Büro, auf Reisen oder auf Messen.

Expertentipp: Besondere Anlässe am „Casual Friday"

Selbst wenn es in Ihrem Unternehmen einen „Casual Friday" gibt, gilt diese Regel nicht, sobald besondere Begegnungen anstehen.

Die größte Herausforderung besteht darin, im Lauf eines Tages allen Gelegenheiten gerecht zu werden – sogar dann, wenn sich überraschend neue Programmpunkte ergeben:

- Ein Tages-Outfit in Form eines Business-Anzugs lässt sich für ein abendliches Geschäftsessen leicht durch eine elegante Bluse oder ein bisschen glamourösen Schmuck und Schuhe mit höheren Absätzen aufwerten, die Sie mitnehmen.

- Sofern es in Ihrem Büro räumlich machbar ist, empfiehlt es sich, immer einen dunklen Blazer, ein neutrales Oberteil, Ersatz-Nylonstrümpfe und ein schickes Paar Schuhe im Büro deponiert zu haben. So können Sie selbst dann adäquat reagieren, wenn der Chef ein Emergency-Meeting anberaumt oder Ähnliches passiert.

Ein wenig komplizierter sind die Regeln, wenn es um angemessene Abendkleidung geht. Früher gab es sehr strenge Bekleidungsvorschriften für gesellschaftliche Abendanlässe, die aber aufgeweicht wurden, als die revolutionäre Generation der 68er das Establishment erschütterte. Danach hat man sich zwar wieder vorsichtig an neue Konventionen herangetastet, doch diese sind noch längst nicht derart präsent und allgemein gültig, dass sie an weiterführenden Bildungsinstituten gelehrt würden.

Das heißt, dass es in unserer eigenen Verantwortung liegt, uns das diesbezügliche Wissen anzueignen. Menschen aus gehobenen Schichten bekommen es quasi mit in die Wiege gelegt und haben es in den meisten Fällen leichter, sich bei formellen Anlässen souverän zurechtzufinden und richtig zu verhalten.

Auf den Einladungen zu besonderen Veranstaltungen finden sich sogenannte Bekleidungsvermerke (Dresscodes), die Ihnen einen Hinweis auf die geforderte Garderobe geben. So können Sie insbesondere bei sehr hochkarätigen Anlässen nicht überrascht werden und versehentlich „under-" der „overdressed" erscheinen.

Gängige Dresscodes und ihre Bedeutung	
(Anmerkung der Autorin: Die Bekleidungsvermerke beziehen sich aus alter, überlieferter Tradition nur auf die Bekleidung des Herrn, da die Dame von Welt sich danach richtete und somit wusste, was sie zu tragen hatte. In meinen Erläuterungen finden Sie dennoch das jeweilige Pendant in der Damengarderobe.)	
Dunkler Anzug	Dunkles Kostüm oder Anzug mit schlichter, eleganter Bluse
Straßenanzug	Auch hellere Farben bei Anzug/Kostüm erlaubt, kombiniert mit T-Shirt oder Poloshirt
Business Casual	Mischung aus edlem Business- und etwas sportlichem Freizeit-Look
Legere Kleidung	„Come as you are", gemeint ist hochwertige Freizeitkleidung, kein reines Strand- oder Sport-Outfit
Festliche Kleidung	Dunkler, festlicher Hosenanzug mit weißer Bluse oder elegantes Kleid (mindestens knielang)
Abendanzug	Kleine Abendgarderobe, das heißt langes Abend- oder Cocktailkleid, kostbarer Schmuck, Make-up, Hochsteckfrisur, offene Highheels bzw. Stilettos
Gesellschaftsanzug	Große Abendgarderobe, das heißt langes Abend- oder Ballkleid, (zum Beispiel schulter-, rückenfrei, dekolletiert), kostbarer Schmuck, hochhackige Schuhe (Pumps oder Stilettos)

Anwendung der Dresscodes auf typische Geschäftsanlässe	
Auslandsreise	Dunkler Hosenanzug
Betriebsausflug	Legere Kleidung oder Business Casual
Messebesuch/Kongresse	Hosenanzug oder Kostüm
Kundenbesuch	Dunkler Hosenanzug oder Kostüm
Präsentation/Rede halten	Dunkler Hosenanzug oder Kostüm
Pressekonferenz	Dunkler Hosenanzug oder Kostüm
Vorstellungsgespräch	Dunkler Hosenanzug oder Kostüm
Erster Tag im Unternehmen	Dunkler Hosenanzug oder Kostüm
Mündliche Prüfung	Business Casual
Kleines Geschäftsessen	Dunkler Anzug oder festliche Kleidung
Großes formelles Geschäftsessen	Kleine Abendgarderobe
Firmen-Events/Jubiläumsfeier	Dunkler Hosenanzug/festliche Kleidung
Betriebsfest/Weihnachtsfeier	Dunkler Hosenanzug/festliche Kleidung
Sport-Event	Business Casual oder legere Kleidung

Anwendung der Dresscodes auf typische Geschäftsanlässe	
Akademische Feier/Ordensverleihung/Auszeichnung	Dunkler Hosenanzug/festliche Kleidung
Oper/Konzert/Theater/Vernissage/Kultur-Event	Festliche Kleidung (bei Opern-Premieren kann sogar die große Abendgardobe angebracht sein)
Party	Festliche Kleidung
Cocktail-Party	Kleine Abendgarderobe
Ball	Große Abendgarderobe
Festliches Bankett	Große Abendgarderobe
Offizieller (Staats-)Empfang	Kleine Abendgarderobe (tagsüber) oder große Abendgarderobe (abends)

Reisegarderobe – unterwegs und immer in Form

Die perfekte Reisekleidung muss nicht nur bequem, sondern auch strapazierfähig sein, um einen längeren Flug, eine Zug- oder Autofahrt schadlos zu überstehen. Nur so können Sie auch nach Ihrer Ankunft am Zielort in einwandfreiem Zustand repräsentativ auftreten.

Expertentipp: So entfernen Sie Falten in der Kleidung

Hängen Sie nach Ankunft im Hotel Kleidungsstücke aus Wolle auf einem Bügel über die Badewanne, die ein wenig mit heißem Wasser gefüllt ist. Lassen Sie sie dort einige Stunden im Wasserdampf aushängen. Die Sachen sind danach nahezu knitterfrei.

Die Voraussetzung für ein rundum gutes Erscheinungsbild sind Stoffe mit einer einwandfreien Optik. Damit diese auch trotz stundenlangen Sitzens erhalten bleibt und Sie gleichzeitig ausreichend Bewegungsfreiheit haben, sollten die Kleidungsstücke aus bi-elastischem Material sein. Dies ist in der Regel eine Mischung aus Naturfasern und Synthetik, das in Bezug auf Strapazierfähigkeit, Formbeständigkeit und Knitterresistenz bestens ausgerüstet ist. Diese Eigenschaften finden Sie beispielsweise bei einem Business-Anzug oder -Kostüm aus hochgezwirnten Wollfäden, dem sogenannten Kammgarn, mit einer geringen Beimischung von Elasthan (fünf bis neun Prozent), das einen kleinen Stretcheffekt bewirkt.

Übung: Der Kleiderschrank-Check

1. Schritt: Legen Sie alle businesstauglichen Kleidungsstücke in der Wohnung aus und stellen Sie Ihr Lieblingsoutfit zusammen.

2. Schritt: Sortieren Sie alle Kleidungsstücke aus, die Sie länger als sechs Monate nicht getragen haben. (Ausnahme: Abend- und Festgarderobe oder rein saisonbedingte Kleidungsstücke)

3. Schritt: Fangen Sie spielerisch an, einzelne Teile auszutauschen, um auf neue Kombinationsideen zu kommen.

4. Schritt: Sie können sich die neuen Variationen notieren oder sie fotografieren, um sich später wieder zu erinnern.

5. Schritt: Fertigen Sie eine konkrete Einkaufsliste an, welche Module Ihnen bei Ihren Outfits fehlen, damit Sie beim nächsten Einkauf gezielt vorgehen können – das spart Zeit und Geld.

Wiederholen Sie diese Prozedur alle drei bis sechs Monate. Sie erreichen auf diesem Weg mehr Abwechslung bei Ihrer Garderobe und sortieren regelmäßig unnötige Platzräuber aus.

Von kurzlebigen Trends bis zur klassischen Avantgarde

Viele Menschen ruhen sich auf dem Gedanken aus, dass es ein Privileg der Schönen und Wohlhabenden ist, einen eigenen Stil zu haben. Aber Stil bezieht sich nicht auf das, was gerade „en vogue" ist, sondern vielmehr auf die Essenz der Elemente, die Ihrem individuellen Ausdruck gerecht werden und Ihre Vorzüge und innere Schönheit besonders hervorheben. Die Vielfalt der angebotenen Design-Linien und ständig wechselnde Trends ermöglichen es, die verschiedenen Geschmäcker und Stilrichtungen zu bedienen. Sie finden auch im Bereich der Business-Kleidung Kollektionen in allen Preisklassen und mit unterschiedlichen modischen Aussagen.

Viele bekannte Designer und Ausstatter stehen für gute Qualität bei Material und Verarbeitung, was die Haltbarkeit der Kleidung maßgeblich beeinflusst und auch den Preis bestimmt. Das ist der Grund, warum im Hochpreissegment häufig der zeitlos klassische Stil vorherrscht. Bedenken Sie aber, dass circa alle fünf Jahre Details an den Grundschnitten von Anzügen, Kostümen, Hosen, Hemden und Blusen verändert werden, die Ihnen möglicherweise nicht gleich auffallen – doch der Kenner sieht mit einem Blick das Alter Ihres Outfits. Einige Beispiele für Schnittdetails, die sich häufiger ändern:

- Jackett: Breite und Form der Revers, Schulterpolsterung und Schnittführung bei der Schulterpartie
- Hose: Höhe des Aufschlags, Anzahl und Tiefe von Bundfalten, Beinweite, Hosenlänge (nur bei Damenhosen)
- Hemd: Form und Länge der Kragenschenkel
- Bluse: Form und Länge der Kragenschenkel, Taillierung, Schulterbreite und -polster
- Mantel: Länge, Weite, Form und Breite der Schulterpartie, Art der Knopfleiste, Form und Breite der Revers
- Krawatte: Breite, Oberflächenbeschaffenheit

Das Auftragen antiquierter Kleidungsstücke, nur weil sie noch „gut" sind, gilt im Geschäftsumfeld weder als sparsam noch als vorbildlich, sondern wirft die Frage auf, ob Sie sich nichts Neues leisten können oder keinen Wert auf sich und Ihr Äußeres legen. Dieser Mangel an Abwechslung bedeutet auch Stillosigkeit, selbst wenn Sie ehemals teure Anzüge oder Mäntel tragen. Zum Stil gehört demnach auch der regelmäßige Wechsel Ihrer Garderobe. Dies ist selbstverständlich ein kontinuierlicher Prozess, in dem nach und nach Einzelteile aussortiert und durch neue Stücke ersetzt werden.

Das andere Extrem ist das „Fashion-Victim" (Modeopfer), das jedem aktuellen Trend zu entsprechen versucht. Dabei hinterfragt es nicht, welche Stilrichtung eigentlich zu ihm passt, beziehungsweise es ist ihm auch nicht wichtig, ob sein Look in seinem Umfeld überhaupt akzeptiert wird. Eine solche Definition der eigenen Persönlichkeit und des Stils lässt keinen Tiefgang und keine Kontinuität erkennen. Es entsteht der Eindruck von Ziellosigkeit oder mangelnder Entscheidungsfähigkeit, was dazu führen kann, dass er oder sie nicht mehr glaubwürdig erscheint. Dieses Kaufverhalten stellt zudem entweder eine hohe finanzielle Belastung dar oder zielt auf nur minderwertige Billigware ab.

Empfehlenswert ist, sich in einem gesunden mittleren bis gehobenen Segment zu bewegen. Dort gibt es Kollektionslinien von gestandenen Labels oder jungen Nachwuchs-Designern, die manchmal etwas experimentell und avantgardistisch sind. Hier schaffen raffinierte Schnitte und einfallsreiche Details Raum für Individualität. Wenn Sie gleichzeitig auf gute Stoffe und solide Verarbeitung achten und sich bei Farben und Mustern ein wenig zurückhalten, bekommen Sie eine hochwertige und haltbare Garderobe, bei der auch das Preis-Leistungs-Verhältnis stimmt.

Expertentipp: Modetrends als Möglichkeit betrachten

Verstehen Sie Mode und Trends immer als eine Option, die man entweder annehmen oder ablehnen kann. Wählen Sie aus der jeweils aktuellen Vielfalt Kleidungsstücke aus, mit denen Sie sich identifizieren und die zu Ihnen passen. Kaufen Sie nicht die Dinge, die „man" zurzeit haben muss, um „in" zu sein.

Der Weg zum eigenen Stil

Die Kreation eines eigenen Stils hängt zunächst einmal davon ab, was unter diesem Begriff überhaupt zu verstehen ist. Wikipedia definiert ihn so: „Stil bezeichnet eine charakteristisch ausgeprägte Art der Ausführung menschlicher Tätigkeiten."

Der Stil einer Führungskraft oder einer Person, die ein Vorbild sein soll, drückt sich durch mehrere Faktoren aus. Aus den inneren Werten formen sich charakteristische Verhaltensweisen und diese stehen im Einklang mit der äußeren Erscheinung. Dadurch entsteht ein Gesamtbild, das sich mit den Begriffen „Persönlichkeitsprofil" und „Umgangsformen" beschreiben lässt – und daraus leitet sich der individuelle Stil ab.

Training 6: Die inneren Werte ⏱ 20 Min.

Für welche Werte stehen Sie mit Ihrer Persönlichkeit? Und wie transportieren Sie diese nach außen?

Wie sehen Ihre Wertmaßstäbe im Umgang mit Menschen aus? Führen Sie sich vor Augen, nach welchen Kriterien Sie sich Verbündete im Arbeitsumfeld suchen und woran Sie vorab zu erkennen glauben, ob jemand Ihren Ansprüchen genügt.

Wonach suchen Sie gezielt – also pro-aktiv –, wenn Sie sich Ihr persönliches Umfeld an Ihrem Arbeitsplatz schaffen?

Wodurch geben Sie Ihre Wertschätzung zu erkennen?

Lösung 6: Den inneren Werten auf der Spur

Bei dieser Aufgabe gibt es kein Richtig oder Falsch. Überlegen Sie, wie Sie sich selbst und andere sehen und auf welche Weise Sie die Werte anderer Personen erkennen. Bedenken Sie dann bei der Anwendung Ihrer Erkenntnisse im Alltag Folgendes: Um sich weiterzuentwickeln, brauchen Sie nicht nur Menschen, mit denen Sie sich automatisch gut verstehen, weil Sie „auf einer Wellenlänge sind", sondern auch anders gestrickte Persönlichkeiten, mit denen Sie sich auseinandersetzen können. Der fachabteilungsübergreifende Austausch zum Beispiel hilft Ihnen, Dinge aus fremden Perspektiven zu betrachten und dadurch Ihren Horizont zu erweitern. Und der direkte Kontakt zu hierarchisch höher gestellten Personen ist ratsam, um die eine oder andere Insider-Information zu bekommen und zumindest gedanklich schon in der künftigen Liga mitzuspielen.
Bei all diesen Elementen des Büroalltags spiegelt sich Ihr Stil wider. Wenn Sie sich Ihrer Wirkung bewusst sind, können Sie sich gewandt auf jedem Parkett bewegen.

Dabei schulen und verfeinern Sie Ihre Fähigkeiten und entwickeln Sie Ihr Persönlichkeitsprofil, was Ihnen sicher auf dem Weg nach oben hilft.

Expertentipp: Betrachten Sie Stilfragen umfassend

Vielfach wird Stil allein an äußerlichen Merkmalen festgemacht. Die Unsicherheit beim eigenen Stilempfinden führt zu der gedanklichen Vereinfachung, Stil sei die Aneinanderreihung von Statussymbolen. Folglich wäre derjenige stilvoll, der ein bestimmtes Markensymbol auf der Motorhaube hat und dessen Kleidung und Accessoires Etiketten renommierter Designerlabels aufweisen. Diese Annahme ist nicht nur falsch, sondern auch eine unvollständige Betrachtung des Themas.

Was auch immer Sie in Ihrem Leben verkörpern möchten, ob Sie ein hehres Ziel verfolgen oder einer Ideologie anhängen, haben Sie sich je gefragt, wie Sie dies ausdrücken können, ohne nur darüber zu reden? Sie verfügen dazu über mehrere nonverbale Mittel, mit denen sich hervorragend kommunizieren lässt – zum Beispiel Ihren Kleidungsstil.

Eine persönliche Überzeugung lässt sich subtil durch äußere Merkmale untermauern. Wer für umwelt- und sozialverträgliche Produktionsbedingungen plädiert, kann dies kundtun, indem er nachhaltig produzierte Kleidung trägt. Hier ist nicht die Rede von Öko-Outfits mit selbst gestrickten Pullovern, sondern von Produkten renommierter Markenhersteller, die nach Ökotex-Standard zertifiziert sind.

Auch weniger greifbare Werte wie Aufrichtigkeit und Loyalität können durch Ihre Gesamterscheinung deutlich werden. Man spricht nicht umsonst von einer „aufrechten Haltung", wobei damit nicht nur die Körperhaltung, sondern auch die Eigenschaft, zum eigenen Wort zu stehen, gemeint ist.

Doch woran machen Menschen fest, wie Personen, die sie noch nicht gut kennen, überhaupt sein könnten? Für manche ist es der Blick in die Augen des anderen, der ihnen Aufschluss über die Tiefen der Persönlichkeit gibt. Andere meinen, dass der Geruch, die Stimme oder die generelle Ausstrahlung einfach für eine unerklärliche Sympathie verantwortlich sind. Das sind alles eher reaktive Begründungen.

Expertentipp: Kommen Sie sich selbst näher

Wenn Sie ein klares Bild von Ihrer eigenen Person und Ihren Berufs- oder Lebenszielen haben, können Sie Ihre Erscheinung in einem langfristigen Prozess bewusst (um-)gestalten, bis sie dem Image entspricht, das Sie haben wollen. Konzentrieren Sie sich dabei auf das, was Ihnen an sich selbst wesentlich erscheint, und versuchen Sie, dies mit Ihrem gesamten äußeren Erscheinungsbild auszudrücken.

Hierzu einige Beispiele: Nüchterne und realitätsbezogene Wesenszüge und eine analytische, strukturierte Arbeitsweise werden von außen wahrnehmbar durch klare, sachliche Farben sowie lineare und scharf konturierte Muster. Wenn Sie eher das Bild eines zurückhaltenden, bescheidenen und fleißigen Menschen erzeugen wollen, dann drücken Sie dies nicht nur durch dezente, farblich gedeckte Kleidung aus, sondern ebenso durch eine schlichte Wortwahl und gemäßigte Lautstärke Ihrer Stimme. Von einer (angehenden) Führungskraft, deren natürliche Autorität eine spürbare Präsenz erzeugt, erwarten wir allerdings ein anderes Standing.

Eine Person mit einem autoritären und stringenten Führungsstil kann man sich nur schwer in Pastelltönen oder legeren Freizeitklamotten im Geschäftsumfeld vorstellen. Die Folge einer solchen Dissonanz könnte sein, dass die Weisungen dieses Vorgesetzten nicht oder nur teilweise anerkannt werden, da er keine oder nur wenig Überzeugungskraft ausstrahlt. Oder die Mitarbeiter können einfach nicht einschätzen, woran sie bei dieser Person sind, und entwickeln ihr gegenüber kein Vertrauen.

Je genauer Sie Ihre Ausstrahlung kennen und in ihrer Wirkung einzuschätzen wissen, desto eher lernen Sie das Wechselspiel der Komponenten bewusst zu nutzen.

Training 7: Die typischen, charakteristischen Verhaltensweisen an sich selbst entdecken

🕐 20 Min.

Beobachten Sie Ihr Verhalten einmal selbst.

1. Beschreiben Sie kurz, wie Sie morgens den Tag begrüßen.

2. Wie gestalten Sie den Einstieg in Ihren Arbeitstag? Gibt es Regelmäßigkeiten oder Rituale?

3. Zählen Sie fünf charakteristische Eigenschaften auf, mit denen Sie sich beschreiben würden, wenn es um den Umgang mit Kollegen geht.

4. Nennen Sie fünf Adjektive, die Ihre Haltung gegenüber Ihrem Vorgesetzten kennzeichnen.

Lösung 7: So können Sie Ihre charakteristischen Verhaltensweisen interpretieren

Zu 1: Die Antwort auf diese Frage zeigt, mit welcher Einstellung Sie in Ihr Tagesgeschehen gehen und was Sie dort unbewusst ausstrahlen. Sehen Sie in jedem neuen Tag eine Herausforderung und befinden Sie sich in Kämpferlaune? Signalisieren Sie dies über Ihre Körperhaltung, den Gesichtsausdruck und vielleicht auch über kräftige Akzentfarben in Ihrer Kleidung? Dann müssen Sie sich nicht wundern, wenn Ihnen im Umgang mit Kollegen Gegenwind ins Gesicht bläst oder Ihre Mitarbeiter eher verängstigt als motiviert und vertrauensvoll agieren.

Oder fällt Ihnen beim Gedanken ans Büro schon das Aufstehen schwer und Sie schleppen sich widerwillig zu Ihrer Arbeit? Falls Sie mit hängenden Schultern, leicht gesenktem Kopf und in düsteren Farben an Ihrem Arbeitsplatz in Deckung gehen, verwundert es nicht, dass Sie leicht übersehen werden und Sie niemand um Rat oder nach Ihrer Meinung fragt.

Gehören Sie zu den Menschen, die das Leben und ihre Arbeit grundsätzlich lieben und dies durch aufrechte Körperhaltung, leicht nach oben gerichtete Mundwinkel und eine von innen kommende Frische glaubwürdig ausstrahlen? Mit der dazu passenden Kleidung – sachlich, passgenau und mit einem kleinen Überraschungsakzent – sind Sie ein motivierendes Vorbild.

Zu 2: Die Frage nach den Einstiegsritualen zielt vorrangig darauf ab, ob Sie feste Strukturen bevorzugen oder sich flexibel auf jedwede Gegebenheit spontan einstellen können und daran sogar Spaß haben. Denken Sie darüber nach, ob Sie kleine, sympathische Marotten haben – etwa ohne Morgenkaffee ungenießbar zu sein – oder auf dem Weg sind, unbeweglich zu werden. Zu festgefahrenes Verhalten bei der Arbeit wirkt wie ein Korsett beim Hochleistungssport. Vielleicht lockern Sie einfach mal Ihren Kleidungskodex ein wenig und gestatten sich ein bisschen mehr Bewegungsfreiheit.

Falls Sie gar keine festen Gewohnheiten haben und jeder Tag völlig anders bei Ihnen verläuft, kann das ebenfalls zu Irritationen bei den Menschen in Ihrer Umgebung führen, weil sie keinerlei Anhaltspunkte für eine Einschätzung haben. In diesem Fall könnten Sie mit einer wieder erkennbaren Konstante bei Ihrer Kleidung einen Ausgleich schaffen.

Zu 3: Wenn Sie dies nicht schon automatisch getan haben, sollten Sie jetzt hinterfragen, woran die genannten Eigenschaften erkennbar werden. Über welche Kanäle findet Ihr Verhalten den Weg nach außen? Passen alle Komponenten zusammen? Senden Sie einheitliche Signale oder wundern Sie sich manchmal darüber, dass sie fehlinterpretiert werden?

Bei den Verhaltensweisen, die Sie als positiv werten, können Sie die Wirkung verstärken, indem Sie die einzelnen Signale dazu stärker aufeinander abstimmen. Andersherum lassen sich negative oder fragwürdige Eigenschaften durch leichte Kontraste zumindest abmildern. Ein schüchterner Mensch kann schon durch eine gerade Kopfhaltung und Blickkontakt seine Introversion in den Hintergrund treten lassen.

Beachten Sie dabei aber, dass zu große Gegensätze eher zu Verwirrung und zum Verlust der Glaubwürdigkeit führen, weil die Widersprüchlichkeiten spürbar werden, sich aber nicht erklären lassen. Hängende Schultern und ein gesenkter Kopf machen den Satz „Es geht mir bestens!" unglaubwürdig.

Zu 4: Stellen Sie an sich selbst irgendwelche Veränderungen fest, wenn Sie aus dem Kreis der Kollegen vor Ihren Vorgesetzten treten? Was ändert sich an Ihrer Körperhaltung oder an Ihrer Stimmlage, während Sie mit ihm sprechen? Mit welchen Gesten offenbaren Sie eigentlich Ihre (Geistes-)Haltung?

Sie können Respekt in Form einer gespannten (nicht angespannten) Körperhaltung im Sitzen oder im Stehen ausdrücken. Doch denken Sie daran, dass Sie durch Ihren Umgangsstil auch Ihr Potenzial zeigen können. Deshalb darf der Unterschied der beiden Augenhöhen nicht zu groß werden. Vertreten Sie durch einen festen Stand Ihre Position, aber bekunden Sie durch eine zugewandte Haltung auch Ihre Loyalität.

Einen wesentlichen Eindruck in Hinblick auf Gelassenheit oder Verunsicherung vermitteln die Bewegungen Ihrer Augen und der Klang Ihrer Stimme. Ein klarer, offener Blick und eine ruhige, angemessen laute Stimme sind Indikatoren für Souveränität in jeder Lage.

Auch das weite Feld der Emotionen stellt eine Herausforderung dar, wenn Sie im Umgang mit Farben einen Meistergrad erreichen wollen. Es liegen nur Nuancen dazwischen, ob Sie mit einer kräftig roten Krawatte oder Bluse einen selbstbewussten Eindruck hinterlassen oder beim Gegenüber eine Gegenwehr auslösen. Wertvolle Soft Skills wie Intuition und Einfühlungsvermögen etwa lassen sich durch erdnahe Farben und fließende Konturen vermitteln. Dies erleichtert den Zugang zu introvertierten oder schüchternen Mitarbeitern, deren Potenzial nur durch Förderung zu Geltung kommen wird.

Sicher wird erkennbar: Worum es im Einzelnen auch geht, immer ist das Zusammenspiel aller nach außen gerichteten Signale wichtig. Um eine stimmige Botschaft zu transportieren, sollten diese Signale in ihrer Aussage übereinstimmen. Achten Sie aber unbedingt auf die richtige Dosis. Denn wenn zu einer kraftvollen Farbe auch noch eine bedrohlich nach vorn gerichtete Gebärde, eine dazu passende Mimik und laute Worte eingesetzt werden, kommt das einem persönlichen Angriff nahe.

Training 8: Den eigenen Stil analysieren ⏲ 30 Min.

1. Schritt: Beschreiben Sie zunächst Ihren Kleidungsstil mit charakterisierenden Adjektiven. Beispiele: klassisch, konservativ, linientreu, experimentell, jugendlich, kreativ, elegant, sportlich, avantgardistisch, bescheiden, modisch, cool, sexy, extravagant.

2. Schritt: Betrachten Sie nun Ihre gesamte Erscheinung und listen Sie die Merkmale auf, an denen Sie Ihre Ausstrahlung festmachen. Sortieren Sie nach den Rubriken Kleidung, Frisur, gegebenenfalls Make-up, Schmuck und Brille, Typ, Körpersignale und Kommunikationsverhalten.

Lösung 8: Wie Sie Ihren Stil überprüfen und verfeinern

Wie Sie Ihren Kleidungsstil gestalten und welcher nun zu Ihnen passt, hängt sowohl von Ihrem Typ und Charakter als auch von der Entscheidung ab, welches Image Sie verkörpern möchten und welches Ziel Sie verfolgen. Einen eigenen Stil entwickeln Sie dadurch, dass Sie diese Aspekte stimmig miteinander verbinden, damit eine Kontinuität erkennbar wird. Optimal ist das Image dann gestaltet, wenn es sich nicht um eine Fassade handelt, sondern das wahre Wesen einer Person widergespiegelt wird. Natürlich soll Ihr Äußeres nicht alle Höhen und Tiefen Ihres Seelenlebens und Ihr Stärken-Schwächen-Profil aufzeigen. Aber wenn es wichtige Maßstäbe und Werte in Ihrem Leben gibt, zum Beispiel eine besondere Karriereorientierung, Loyalität oder Lebensphilosophie, dann können Sie diese Themen durch Ihre Haltung und Ihr Äußeres transportieren.

Expertentipp: Vermeiden Sie, dass ein Zerrbild entsteht

Ein aufgesetztes Image hingegen erzeugt ein verzerrtes Bild, dem Sie bei genauerem Hinsehen nicht standhalten. Dies führt unweigerlich dazu, dass Sie Ihre Glaubwürdigkeit verlieren.

Denken Sie auch daran, dass ein kreiertes Image nicht mit der Ausstrahlung einer Person gleichzusetzen ist. Eine charismatische Ausstrahlung basiert auf innerer Harmonie und starken Charaktereigenschaften. Daher kann die Arbeit an der eigenen Erscheinung nur dazu dienen, unsere vorhandene Ausstrahlung zu unterstützen – nicht sie zu ersetzen.

Berufliche Zielorientierung als Maßstab

Sicherlich haben Sie Ihre Ziele bereits bestimmt und verfügen auch über die entsprechende Qualifikation, um diese zu erreichen. Wenn Sie sich Ihren beruflichen Werdegang als eine vor Ihnen liegende Wegstrecke vorstellen – mit einem aktuellen Ausgangspunkt, einer definierten, teilweise variablen Strecke, einer beliebigen Landschaft drum herum und einem angestrebten Endpunkt –, dann sollten Sie in Ihre Planung auch einbeziehen, welche Ausrüstung Sie sonst noch brauchen.

Wenn Sie eine lange Reise planen, richten Sie sich auf verschiedene Klimazonen ein, indem Sie entsprechende Kleidung mitnehmen. Betrachten Sie Ihre berufliche Umgebung ähnlich. Auf Ihrem Weg werden Sie auf alle möglichen Umstände treffen, in denen bestimmte Erwartungen an Ihre äußere Erscheinung gestellt werden. Wenn Sie wissen, wohin die Reise geht, wissen Sie in etwa, welche Temperaturen und Niederschläge Sie erwarten. Für die sollten Sie von Kopf bis Fuß gerüstet sein. Nicht der Gewittersturm ist das Problem, sondern dass Sie von ihm überrascht werden. Im Rahmen der Business-Etikette reden wir hier von der passenden Kleidung für jeden Anlass.

Welche Menschen werden Sie auf Ihrem Weg treffen und wie wollen Sie von ihnen wahrgenommen werden? Denn danach richten sich Ihre Gebärden und Ihre Art zu sprechen. Sind Sie bedrohlich oder eher Opfer? Kennen Sie die lokalen Gepflogenheiten, um sich angemessen und zuvorkommend zu verhalten? Dann wird man Ihnen gern Unterstützung anbieten, damit Sie auf Ihrem Weg die nächste Station erreichen. Oder fürchtet man sich vor Ihnen und ist froh, wenn Sie weiterziehen? Mit Ihren charakteristischen Verhaltensweisen erzeugen Sie ein Image. Die Business-Etikette nennt dies Umgangsformen.

Expertentipp: Entwickeln Sie Ihren eigenen Stil

Wie stilvoll Sie Ihren Weg beschreiten, hängt davon ab, wie gut Sie sich in Ihrer Umgebung zurechtfinden. Dazu gehört sowohl die Anpassung als auch das Auffallen durch Außergewöhnliches. Es ist ratsam, manchmal einem Gemeinsamkeitsgefühl nachzugeben und sich dann aber wieder gut dosiert von der Masse positiv abzuheben, um überhaupt wahrgenommen zu werden.

Eine gesunde Portion Intuition kann Ihnen helfen zu entscheiden, wann und in welcher Form Sie diese beiden Gegensätze strategisch am besten einsetzen. Doch auch eine konkrete Karriereplanung, bei der Sie die einzelnen Schritte nachvollziehen, kann Ihnen dazu eine hilfreiche Orientierung geben.

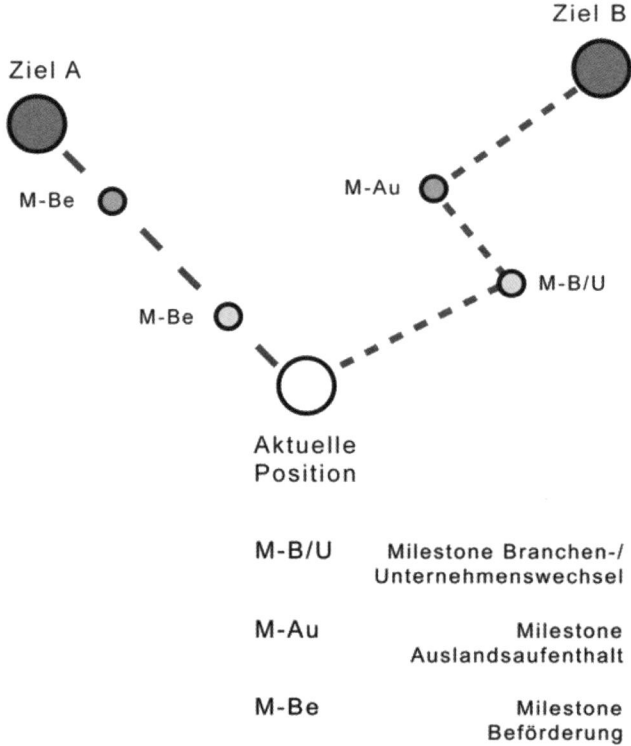

M-B/U	Milestone Branchen-/ Unternehmenswechsel
M-Au	Milestone Auslandsaufenthalt
M-Be	Milestone Beförderung

Training 9: Skizzieren Sie Ihren Karriereweg ⏱ 30 Min.

Lokalisieren Sie Ihre Umgebung genau:

Mit welchen Menschen haben Sie es zu tun und wie stehen Sie zu diesen? (Hierarchieebenen, Funktionen, Herkunft, Charaktere etc.). In welche typischen beruflichen Situationen kommen Sie derzeit regelmäßig? (Kundenkontakt, Präsentationen, Verhandlungen etc.)

In welche typischen beruflichen Situationen kommen Sie derzeit regelmäßig? (Kundenkontakt, Präsentationen, Verhandlungen etc.)

Entwerfen Sie einen Zeitstrahl, der Ihren Karriereweg dokumentiert (siehe Abbildung oben). Legen Sie darauf die Schritte oder Stufen Ihrer Karriereleiter und einen voraussichtlichen Zielpunkt fest.

Skizzieren Sie jeweils die Umgebung der eingezeichneten Milestones (Meilensteine):

1. Mit welchen Menschen werden Sie es zu tun haben?

2. Welche typischen beruflichen Situationen werden Sie vorfinden? (Pressekontakt, Fachöffentlichkeit, Management-Board-Meetings, Vorstandssitzungen etc.)

Lösung 9: Entwerfen Sie ein klares Bild Ihres Karrierewegs

Der Ausgangspunkt Ihrer Überlegung ist Ihre jetzige Position im Unternehmen. Die Zielmarkierung orientiert sich an Ihrem persönlichen Berufsziel, also der obersten Stufe Ihrer Karriereleiter. In diesem Bild entsprechen die Branche und das geschäftlichen Umfeld, in dem Sie sich bewegen, der Landschaft.

Aktuell empfiehlt es sich, dass Sie sich kleiden und verhalten, wie es Ihrem Status entspricht, allerdings sollten Sie dabei eine erkennbare Tendenz in die Richtung zeigen, in die Sie streben. Wenn Sie die Stationen Ihrer Karriere in Form von Milestones zeitlich markieren, können Sie das Tempo Ihrer Stilentwicklung anpassen und sichtbar dokumentieren.

Unmittelbar vor einem geplanten Karrieresprung zum Beispiel benötigen Sie einen zusätzlichen Indikator, um Aufmerksamkeit zu erzeugen, damit Sie im Unternehmen positiv wahrgenommen und bei Beförderungen berücksichtigt werden. Das Signal dafür sollten natürlich konsequent herausragende Leistungen sein, aber es darf sich ebenfalls in einer Steigerung bei Ihrem Outfit ausdrücken.

Sind Sie als Hochschulabsolvent(in) in einem großen Unternehmen, bedeutet dies, dass Sie zwar nicht in edle Luxusartikel gewandet sein müssen, aber durchaus im Anzug mit Hemd und Krawatte bzw. Bluse zur Arbeit erscheinen, um die angehende Führungskraft erkennen zu lassen. Sobald Sie die nächste Stufe erklommen haben, müssen Sie sich dort erst einmal etablieren. Jetzt könnte eine Phase der subtilen Anpassung zur Integration ratsam sein. Sie vermitteln damit eine gewisse Gelassenheit. Unterstützen Sie diese Wirkung durch Kleidung und Verhalten, indem Sie nicht um jeden Preis auffallen, sondern eine Zeit lang dezente Zurückhaltung üben. Die notwendige Anerkennung, um weiterhin voranzukommen, erringen Sie durch überdurchschnittliche Leistungen und Einsatzbereitschaft.

Sofern Sie bereits im mittleren Management positioniert sind, bedenken Sie, aus welchen Perspektiven und mit welchen Erwartungshaltungen Sie wahrgenommen werden und was Sie jeweils darstellen wollen.

Beispiel: Die unterschiedlichen Rollen einer Führungskraft

Als Führungskraft fungieren Sie als Vorbild für Ihre Mitarbeiter. Gleichzeitig werden Sie von Ihren Vorgesetzten als potenzieller Anwärter auf eine höhere Position wahrgenommen, für die Sie sich aber erst noch empfehlen müssen. Im Kreis Ihrer Kollegen oder Kooperationspartner sind Sie der Teamplayer, der sich einerseits durchsetzen, andererseits aber auch mit anderen gemeinsam arbeiten kann. Für Kunden und Medienpartner wiederum sind Sie der diplomatische und kompetente Repräsentant des Unternehmens. Und Konkurrenten sehen Sie vielleicht als den gefürchteten Gegner.

Zur Verfeinerung Ihres Kleidungsstils können Sie sich an erfolgreichen Vorbildern innerhalb Ihres Wirkungsbereichs orientieren, damit Sie eventuell unausgesprochenen Werten und Maßstäben gerecht werden. Denn eine teure Uhr oder eine edle Designer-Tasche kann in manchen Kreisen als wichtiges Statussymbol gelten und zu höherem Ansehen führen – oder aus einer anderen Perspektive betrachtet für Verschwendung und Prunk stehen.

Ebenso können Menschen, die sich modisch kleiden, als kreativ und visionär wahrgenommen werden, mit einem guten Gespür für Trends und Innovationen – oder man unterstellt ihnen zu wenig Bodenhaftung und Linientreue, weil sie sich mit unwesentlichen Dingen beschäftigen.

Der konservative, klassische Typ wirkt zwar vertrauenswürdig und angepasst, doch aus Sicht eines fortschrittlichen Unternehmens fehlt ihm möglicherweise der Funken Durchsetzungsstärke und Progressivität, um eindeutige Entscheidungen herbeizuführen und wichtige Prozesse voranzutreiben.

Aus welcher Sicht die verschiedenen Stilausprägungen in den jeweiligen Branchen betrachtet und bewertet werden, lässt sich nicht pauschal bestimmen. Doch offensichtlich unterscheiden sich die Dresscodes ganz erheblich voneinander. Dies spürt vor allem derjenige, der auf seinem beruflichen Weg einen Spartenwechsel vollzieht und sich plötzlich auf völlig neuem Terrain wiederfindet.

Beispiel: Zwei Welten treffen aufeinander

Vor große Herausforderungen wurden zum Beispiel Banker oder Juristen gestellt, die sich zu Zeiten der „New Economy" aus einer gediegenen Bank- oder Kanzleiatmosphäre verabschiedeten, um mitten in einem frisch der Universität entsprungenen Team einen Vorstandsposten zu besetzen. Dort traf der feine dunkelblaue Zwirn samt seidener Krawatte und edel lederner Dokumententasche auf Jeans, Sneakers und Kurierfahrer-Bag.

Die Fusion dieser beiden Welten hat sich durch gegenseitige Annäherung vollzogen und fast ein neues Genre geschaffen. Die Anzüge der gestandenen Geschäftsleute wurden jünger und modischer, neues Schuhwerk wurde ausprobiert. Die jungen, dynamischen Unternehmer saßen elegant gewandet mit hochmodernem Streifendessin in der Krawatte vor potenziellen Geldgebern.

Falls Sie sich für einen Berufswechsel oder einen Quereinstieg entscheiden, ist es wichtig, dass Sie sich nicht nur über die damit verbundenen fachlich-inhaltlichen Veränderungen Gedanken machen, sondern auch ausdrücklich über die neue Klimazone. Informieren Sie sich und bereiten Sie sich gut vor.

Eine andere häufig vorkommende Situation, in der zwei Sphären aufeinander stoßen, besteht, wenn ein externer Unternehmensberater in ein mittelständisches, ländliches Industrieunternehmen kommt, um dort Veränderungsprozesse einzuleiten. Für solch einen Fall kann es ratsam sein, wenn sich der smarte und welterfahrene Berater in Sachen Kleidung ein wenig zurücknimmt, um mit Technikern und Ingenieuren eine bessere Ebene der Verständigung zu erreichen. Die Zielsetzung sollte dann nicht sein, sich über das äußere Erscheinungsbild zu profilieren – das funktioniert nur unter Gleichgesinnten –, sondern dem Gegenüber auf gleicher Augenhöhe zu begegnen und die Barrieren, die dem Projekt- oder Arbeitsergebnis im Wege stehen könnten, möglichst niedrig zu halten.

Falls Sie bereits mehrere berufliche Stationen durchlaufen haben – vielleicht als Praktikantin oder Diplomand in verschiedenen Branchen und unterschiedlich großen Unternehmen – kennen Sie schon einige typische Befindlichkeiten, die im täglichen Umgang eine Rolle spielen können. Je genauer Sie sich im Vorfeld damit befassen, desto besser können Sie sich auch in für Sie neuen Situationen zurechtfinden. Mit der folgenden Checkliste können Sie sich auf unterschiedliche Business-Situationen vorbereiten.

Checkliste: Die wichtigsten Faktoren in Business-Situationen

Beschreibung der Situation

Beteiligte Personen/Hierarchien

Ist Ihre Position auf gleicher Augenhöhe, übergeordnet oder untergeordnet?

Welches ist Ihre Funktion in dieser Zusammenkunft? (Moderator, Referent, Sitzungsteilnehmer, Verhandlungspartner etc.)

Gibt es besondere Charakteristika/Befindlichkeiten zu beachten?

Ihr erklärtes Ziel für die Situation

Passendes Outfit/unterstützende Farben

Finden Sie die für Sie passende Stilrichtung

Welche Stilrichtung für Sie angemessen ist, hängt von mehreren Faktoren ab, die Sie unterschiedlich stark verändern und beeinflussen können.

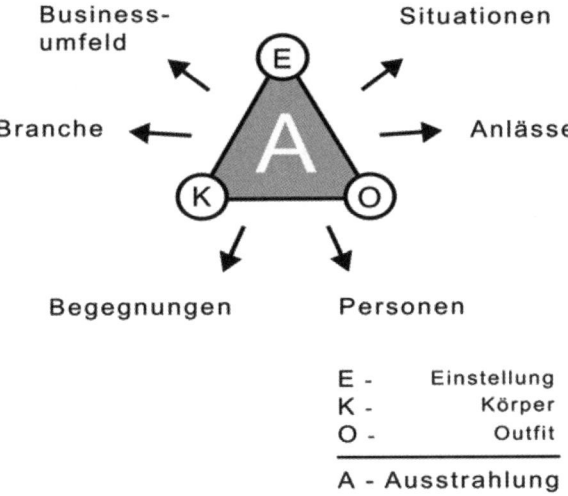

Von innen nach außen betrachtet sind zunächst einmal Ihre Einstellung und Ihre persönliche Zielsetzung relevant. Berücksichtigen Sie bei Ihren Überlegungen Ihre aktuelle Position im Unternehmen und schätzen Sie realistisch ein, wohin Sie zukünftig streben. Ihr Ziel kann zum Beispiel ein längerer Auslandseinsatz sein oder eine konkret definierte hierarchische Ebene, die Sie erreichen wollen. Diese Koordinaten dienen als Orientierung auf Ihrem beruflichen Weg, sind aber nachjustierbar, wenn sich Ihre Ziele und Wertvorstellungen verändern.

Eine nur bedingt veränderbare Komponente ist Ihre figürliche Erscheinung. Sie können mittelfristig Ihr Gewicht optimieren, doch Ihr Körperbau legt bestimmte Grenzen fest. Einen weitaus größeren Spielraum zur Modifizierung haben Sie, wenn es darum geht, dass Sie Ihren Typ kreieren und damit auch Ihrer gewünschten Ausstrahlung näher kommen. Denn Sie können zum Beispiel an Motorik, Mimik und Gestik (Körperhaltung und -sprache) arbeiten und diese zu Ihrem Vorteil entwickeln. Ein weiterer Punkt ist die Ausprägung Ihres Typs, die Sie durch Kleidung, Frisur und Make-up entscheidend beeinflussen können. Durch ein entsprechendes ganzheitliches Styling stellen Sie sich zum Beispiel sportlich, chic, elegant, schlicht, bescheiden, konservativ, bodenständig, mondän oder avantgardistisch dar.

Expertentipp: Was kommt auf Sie zu?

Maßgeblich für die optimale Stilrichtung sind die voraussichtlichen Situationen, mit denen Sie konfrontiert werden, und die geschäftlichen und gesellschaftlichen Anlässe, zu denen Sie eingeladen werden. Dabei sollten Sie berücksichtigen, welche Rolle Sie dabei innehaben und welchen Menschen Sie begegnen.

Wenn Sie bereits wissen oder ahnen, dass Sie häufiger überregional oder in anderen Ländern unterwegs sein werden, sollten Sie frühzeitig einen Stil entwickeln, der möglichst regional- und altersunabhängig ist. Eine bayerische Tracht gilt in nördlichen Gefilden nicht immer als akzeptabel, auch wenn sie daheim als schmuck anerkannt ist.

Ob Sie in Ihrer Branche beziehungsweise in Ihrem beruflichen Umfeld eher als Exot oder als „typisch" einzustufen sind, hat sich möglicherweise bereits während der Ausbildung oder des Studiums abgezeichnet. Abhängig von der Fachrichtung gibt es bekanntermaßen typische „Looks" – etwa den Maschinenbauer, die Betriebswirtschaftler und das Bild der Juristen oder der Geisteswissenschaftler.

Diese Schemata sind auch in der Wirtschaft zu finden – in Form von oft unausgesprochenen Kleidungs-, Kommunikations- und Verhaltens-Codes. Die jeweiligen Besonderheiten finden Sie am besten heraus, indem Sie ganz bewusst und genau beobachten. Manche Branchen pflegen einen eigenen Kleidungskult, der mit schlichtem Stil und dezenten Farben (Grau und Dunkelblau) Sachlichkeit ausstrahlen und Vertrauen erzeugen soll. Dies ist zum Beispiel im Sektor der Finanzdienstleistungen der Fall. Im Kreis der Werbeagenturen und Medienunternehmen sind hingegen ein bisschen mehr Avantgarde und Extravaganz gefragt – bevorzugt durch Kleidung in unnahbarem Schwarz, aber mit ausgefallenen Details bei Form, Schnitt und Material.

Expertentipp: Zum Kampf gegen Konventionen

Die Frage des Stils hat auch mit der Berufswahl zu tun. Denn für welche Branche Sie sich entscheiden bzw. entschieden haben, hängt nicht ausschließlich von Ihren Talenten und Interessen ab. Es geht zudem darum, ob Sie sich mit dem Menschentyp, dem Sie dort begegnen und der dort von den anderen auch erwartet wird, wenigstens teilweise identifizieren.

Natürlich steht es Ihnen frei, sich gegen Konventionen aufzulehnen, indem Sie diese einfach ignorieren. Aber dann sollten Sie sich bewusst machen, dass Sie bedeutend mehr Energie als Ihre Mitstreiter aufwenden müssen, um Erfolge zu erzielen.

Wenn Sie einen passenden Stil entwickeln wollen, müssen Sie all diese Faktoren in eine möglichst homogene Synergie bringen. Das geht nur, wenn Sie die gegenseitigen Wechselwirkungen berücksichtigen.

Zum Beispiel ist ein junger, aufstrebender Manager in einem kreativen und innovativen Umfeld in einem sportlich trainierten Körper mit aufrechter Haltung, dynamischen Bewegungen und modern gekleidet am besten aufgehoben. So strahlt er Tatkraft, Motivation und Willensstärke aus.

Bei einem Seniorberater, der in Sachen betriebswirtschaftliches Controlling langjährige Praxiserfahrung hinter sich hat, erwartet man hingegen einen Ausdruck der gediegenen Überlegenheit. Dieser wird nicht nur durch das Alter hervorgerufen, sondern auch durch seine Statur und gesetztere Bewegungsabläufe. Zudem unterstützt natürlich die Kleidung mit schlichten Formen und klassischen, gedeckten Farben diesen Eindruck.

Die hier beschriebenen „Prototypen" dienen nur als Beispiel, es gibt sie kaum in Reinform. Genauso wenig garantiert die Kombination der einzelnen Versatzstücke allein stilvolles Auftreten. Denn das smarte Erscheinungsbild ohne eine ordentliche Portion Intelligenz und Cleverness bringt niemanden in eine Spitzenposition. Auf der anderen Seite scheitern oder stocken Spezialisten mit großen Fachkenntnissen oder besonderen Fähigkeiten oft auf ihrem Weg nach oben, weil sie die Regeln der Business-Etikette nicht beherrschen und Widerstände erzeugen, indem sie an entscheidenden Stellen anecken.

Die (Weiter-)Entwicklung Ihres persönlichen Stils beginnt damit, dass Sie sich Ihre bereits ausgeprägten Merkmale bewusst machen und überlegen, welche davon Sie aktiv verändern und verbessern können und wollen.

Übung: Definieren Sie Ihre Ziele

1. Machen Sie sich bewusst, in welchem Zustand aktuell all Ihre Image-Elemente sind, und entscheiden Sie, an welchen Sie eine Entwicklung vornehmen wollen.

2. Formulieren Sie für jedes Kriterium eine genaue Zieldefinition.

3. Erstellen Sie dazu einen realistischen Zeitplan mit messbaren Meilensteinen, damit Sie auch den Erfolg Ihrer Entwicklungsschritte nachvollziehen können.

4. Führen Sie in regelmäßigen Abständen Kontrollen durch, bei denen Sie Ihre ursprüngliche Zielsetzung mit dem tatsächlich Erreichten vergleichen. Beziehen Sie dabei auch veränderte Rah-

menbedingungen ein, zum Beispiel einen Wechsel der Stellung oder des Wohnorts. Ihre private Situation ist ebenfalls wichtig, denn die Geburt eines Kindes zum Beispiel kann sowohl die Figur als auch den Lebensrhythmus und das bisherige Wertesystem umgestalten.

Um Ihren derzeitigen Typ zu bestimmen, nehmen Sie zuerst einmal eine möglichst realistische und ehrliche Selbsteinschätzung vor.

Test zur Wahrnehmung des eigenen Körpers

Die folgenden Aussagen zur jeweiligen Wirkung eines Kriteriums sind nur als mögliche Interpretation – nicht als unumstößliche Weisheiten – zu verstehen. Es geht hierbei nur darum, wie üblicherweise bestimmte Körperaspekte auf andere wirken und welche Schlüsse sie daraus ziehen. Es muss sich daraus nicht automatisch eine Übereinstimmung dieser Einschätzungen mit Ihren charakterlichen Wesenszügen ergeben.

Test – Wahrnehmung des eigenen Körpers	
I. Wie ist Ihre Statur?	
Körperbau	
a) Groß und stämmig	☐
b) Klein und drahtig	☐
c) Untersetzt	☐
d) Normal gebaut	☐
e) Muskulös	☐
f) Schlank	☐
g) Dünn	☐
h) Groß und schlaksig	☐
i) Zierlich und feingliedrig	☐
II. Wie sind Ihre Motorik und Gestik?	
1. Körperhaltung	
a) Aufrecht, gerader Rücken	☐
b) Nach vorn geneigt, runder Rücken	☐
c) Hängende Schultern	☐
2. Kopfhaltung	
a) Kopf gerade, Augenhöhe waagerecht zum Zielpunkt	☐
b) Kopf leicht nach unten geneigt, die Augen nach oben gerichtet	☐
c) Kopf angehoben, Blick von oben herab	☐

Test – Wahrnehmung des eigenen Körpers	
3. Körpersprache und Gestik	
a) Lebhafte Bewegungen	☐
b) Hektische Bewegungen	☐
c) Weiche, fließende Bewegungen	☐
d) Langsame, ruhige Bewegungen	☐
e) Pointierte, abrupte Bewegungen	☐
f) Keine Arm- oder Handbewegung beim Reden	☐
g) Ausladender Bewegungsradius	☐
h) Filigraner Finger- und Handeinsatz	☐
i) Nach vorn gerichtete Bewegungen	☐
j) Armbewegungen nah bei sich selbst, kleiner Radius	☐
III. Gang und Stand	
1. Schrittgröße	
a) Groß	☐
b) Maßvoll	☐
c) Klein	☐
2. Schritttakt	
a) Stechschritt	☐
b) Normalgang	☐
c) Schleichgang	☐
3. Fußstellung	
a) Spitze geradeaus	☐
b) Spitze (leicht) nach innen gestellt	☐
c) Spitze (leicht) nach außen gerichtet	☐
4. Gangart	
a) Federnder Gang mit Auf- und Abbewegungen	☐
b) Schnurgerader, kontrollierter Gang	☐
c) Schaukelnde Hüftbewegung	☐
5. Stand	
a) Beine hüftbreit	☐
b) Füße nah beieinander	☐
c) Beine breit gestellt	☐
d) Ein-Bein-Stand (Hüfte eingeknickt, es gibt Stand- und Spielbein)	☐

Auflösung

I. Statur
1. Körperbau
a) Beeindruckend, unumstößlich, einschüchternd
b) Energisch, bissig, durchsetzungsstark, rastlos
c) Gemütlich, behäbig, souverän, gelassen, unbeweglich
d) Unauffällig, durchschnittlich, menschlich, sympathisch
e) Sportlich, ausdauernd, vital, leistungsstark
f) Gesund, körperbewusst, diszipliniert, in der Balance
g) Asketisch, labil, empfindlich, dünnhäutig, angreifbar
h) Unbeholfen, ungefährlich, locker, unkompliziert
i) Verletzlich, feinfühlig, einfühlsam, intuitiv, hilfsbedürftig

II. Motorik und Gestik
1. Haltung
a) Selbstbewusst, leistungsfähig, motiviert, erfolgreich, gutes Standing
b) Ausgelaugt, angepasst, unausgeglichen
c) Wenig durchsetzungsstark, pessimistisch
2. Kopfhaltung
a) Gesunde, selbstbewusste Ausstrahlung
b) Devote Ausstrahlung
c) Überhebliche Ausstrahlung
3. Körpersprache und Gestik
a) Dynamisch, visionär, begeisternd, mitreißend, überschwänglich, emotional
b) Unsicher, unstet, auf der Flucht
c) Warmherzig, sensitiv, einfühlsam, verständnisvoll
d) Vermitteln Gelassenheit, Souveränität, können auf Dauer ermüdend wirken
e) Erzeugen Aufmerksamkeit, können erschrecken
f) In der Wirkung zurückgenommen, schüchtern, unbeweglich, wenig kreativ
g) Von sich eingenommen, Aufmerksamkeit suchend, wenig Taktgefühl (Ausnahme: Redner vor einem großen Auditorium)
h) Verletzlich, detailverliebt, verspielt, pingelig, korrekt
i) Provokativ, angriffslustig, progressiv, antreibend, rücksichtslos, einschüchternd, dominant, Teamleader
j) Schüchtern, ängstlich, zart besaitet, kaum Selbstvertrauen, wenig impulsiv und begeisterungsfähig, mag nicht im Rampenlicht stehen, keine Frontperson

III. Gang und Stand
1. Schrittgröße
   a) Auf der Überholspur, progressiv, energetisch, rücksichtslos
   b) Angemessen, angepasst, durchschnittlich, unproblematisch, berechenbar
   c) Zurückhaltend, gebremst, wenig zielstrebig, unsicher
2. Schritttakt
   a) Durchsetzungsstark, fortschrittlich, gehetzt, skrupellos, wenig einfühlsam, Angreifer
   b) Dynamisch, zielstrebig, klar orientiert, in der Balance zwischen Tempo und Gelassenheit
   c) Unauffällig, defensiv, energielos, langsam, Mitläufer
3. Fußstellung
   a) Fokus nach vorn gerichtet, sachlich, gut aufgestellt, zielsicher
   b) Introvertiert, wenig selbstbewusst, mädchenhaft
   c) Männlich, dominant, selbstbewusst, manchmal ein wenig rücksichtslos, unbedacht
4. Gangart
   a) Dynamisch, locker, unkonventionell, leicht verspielt, lebenslustig
   b) Geradlinig, sachlich, konzentriert, vorwärts strebend, fokussiert
   c) Feminin, emotional, sensitiv, lasziv, raffiniert
5. Stand
   a) Standfest, ausbalanciert, klar positioniert
   b) Leicht aus dem Gleichgewicht zu bringen, in der Persönlichkeit zurückgenommen, leicht zu verunsichern
   c) Großspurig, dominant, auf Anerkennung bedacht, von sich selbst überzeugt
   d) Schüchtern, unsicher, weich, wenig standhaft, devot

Anhand dieser Eckpunkte lässt sich eine tendenzielle Aussage über Ihre Wirkung treffen und Sie können selbst bestimmen, woran Sie arbeiten wollen, um Ihren Typ positiv zu verändern.

Schwebt es Ihnen vor, energetisch, dynamisch und aufstrebend Ihren Karriereweg zu beschreiten? Dann erzeugen Sie durch die entsprechende Körperhaltung, -sprache und Gangart in Ihrem Umfeld einen solchen Eindruck und schüren eine entsprechende Erwartungshaltung in Bezug auf Ihre Taten und Ergebnisse. Dazu passt ein modisch orientierter, etwas sportiver Kleidungsstil ohne viel Schnickschnack und trotzdem abwechslungsreich. Achten Sie darauf, nicht überkandidelt aufzutreten, aber unterscheiden Sie sich vom Durchschnittlichen, indem Sie wohl dosierte Akzente und Highlights setzen – ab und zu ein ausgefallenes Krawattendessin oder eine frech gemusterte Bluse zur eleganten Restgarderobe.

Oder ist es in Ihrer Branche und Stellung wichtiger, als bodenständig und Vertrauen erweckend wahrgenommen zu werden, um erfolgreich zu sein? Dann vermeiden Sie Auffälligkeiten und gestalten Sie Ihr Äußeres klassisch, konservativ mit dezenten Farben, konventionellen Schnitten und setzen Sie auch Ihre Motorik moderat ein. Darüber hinaus sollten Sie nicht zu häufig mit offensichtlich neuen Garderobeteilen aufwarten, da Sie als verschwenderisch und unstet eingeschätzt werden könnten.

Expertentipp: Was ist bei einer Stiländerung zu beachten?

Falls Sie sich bereits ein bestimmtes Image geschaffen haben und nun eine Veränderung anstreben, tun Sie dies mit der notwendigen Konsequenz, aber in aller Ruhe. Plötzliche Kehrtwendungen sind für Ihre Mitmenschen verwirrend und können Ihr Portemonnaie übermäßig strapazieren, wenn Sie Ihre Garderobe auf einen Schlag komplett umstellen wollen. Nehmen Sie lieber ein zielgerichtetes Feintuning vor, das erst nach und nach seine Wirkung zeigt. Um sicherer entscheiden zu können, wo Sie sich zwischen Anpassung und Provokation positionieren, orientieren Sie sich an gestandenen Vorbildern, ohne diese zu imitieren.

Gesucht – gefunden: gute Einkaufquellen

Wer richtig einkauft, gibt kein Geld aus, sondern legt es an. Unter dieser Betrachtungsweise macht Shopping nicht nur Spaß, sondern lässt sich sogar argumentativ rechtfertigen. Suchen Sie sich die passenden Einkaufsmöglichkeiten nach Ihren Ansprüchen aus. Bei größeren Anschaffungen wie Anzügen, Kostümen, Abendbekleidung oder Mänteln ist es sinnvoll, in hochwertige Qualität zu investieren. Denn so bereiten sie Ihnen langfristig Freude.

Variantenreiche Sortimente finden Sie in den Häusern renommierter Designer, aber auch beim lokalen (Herren-)Ausstatter. Selbst im Angebot nur eines Designers finden Sie meist verschiedene Designlinien vor, die mehrere Generationen und Geschmacksausprägungen bedienen.

Übrigens: Wenn in diesem Zusammenhang von Designermode gesprochen wird, sind durchgängig die Verkaufskollektionen gemeint – nicht etwa Image-Kollektionen oder Haute-Couture. Letztere dienen dazu, ein bestimmtes Prestige aufzubauen, und eignen sich für Presse und Prominenz, aber nicht für die gehobene Geschäftskultur.

Bei gut sortierten Ausstattern werden Designer unterschiedlicher Genres nebeneinander ausgestellt, sodass Sie direkt vergleichen können. Ihre Auswahl sollte sich sowohl nach Ihrem Geschmack als auch nach Ihrem Budget richten.

Expertentipp: Outlet-Stores

Eine sehr interessante Alternative, um gute Markenmode günstig einzukaufen, bieten Outlet-Stores oder der (manchmal temporäre) Fabrikverkauf einzelner Hersteller. Dort finden Sie Auslaufmodelle der Saison, Überhangproduktionen oder manchmal Artikel zweiter Wahl.

Bei kleineren Kleidungsstücken, die Sie in größerer Anzahl benötigen und nach aktuellen Trends auch öfter einmal wechseln wollen, können Sie durchaus auf Artikel aus dem mittleren Preissegment zurückgreifen. Anspruchsvolle Bekleidungs- und Modehäuser oder elegante Boutiquen, mit diversen Oberteilen und Accessoires, finden Sie in jeder größeren Stadt.

Wenn Sie Anregungen brauchen, um möglichst gelungene Kombinationen zusammenzustellen, nehmen Sie entweder die hauseigenen Prospekte zu Hilfe oder Sie lassen sich vom Fachpersonal professionell beraten.

Eine weitere, mittlerweile gängige Form der Einkaufsberatung bieten Image-Berater an. Diese setzen sich mit Ihrem Typ, Ihren persönlichen Zielen und Ihrer Persönlichkeit auseinander, inspizieren auf Wunsch Ihren Kleiderschrank auf Brauchbares und zu entsorgendes Material, um dann mit Ihnen gemeinsam einzukaufen, was nötig ist.

Expertentipp: Achten Sie auf die richtige Beratung

Falls Sie eine solche Unterstützung in Anspruch nehmen möchten, achten Sie darauf, dass Sie nicht nur eine Farb- oder Typberatung durchführen lassen, nach der Sie mit einem Farbfächer und zum Beispiel einem „Sie sind ein Sommertyp" einfach wieder losgeschickt werden. Wenn Sie Pech haben, finden Sie die für Sie persönlich ausgewählten Farben nämlich nicht in den Sortimenten wieder – und sind genauso schlau wie vorher.

Bei den bekannten Textilketten im allergünstigsten Preisniveau einzukaufen ist für den privaten und Freizeitbereich selbstverständlich völlig in Ordnung. Aber für das gehobene geschäftliche Umfeld empfiehlt sich dies nicht, da die Qualitätsunterschiede in Material und Verarbeitung auch weniger versierten Personen auffallen und womöglich dazu führen, dass negative Rückschlüsse gezogen werden.

Im Zeitalter des Internets hat sich noch eine weitere Bezugsquelle aufgetan. Da Ihnen beim Einkauf im World Wide Web die Komponente des Anprobierens fehlt – achten Sie auf eine kulante Umtausch-/Rücknahmegarantie –, eignet sich diese Vorgehensweise am ehesten für Standardartikel, bei denen Sie sich bezüglich Größe und Schnitt auf keine Experimente einlassen müssen. Gemeint sind einfache Artikel wie (Unterzieh-)T-Shirts oder Pullover in klassischen Schnitten. Eine weitere sicher Möglichkeit: Sie bestellen Markenartikel (Hemden, Hosen etc.), die Sie bereits im Kleiderschrank haben, sodass Ihnen die korrekte Größe schon bekannt ist.

Auf die namentliche Nennung von Modehäusern wird an dieser Stelle verzichtet, da diese regional unterschiedlich sind. Stattdessen finden Sie hier einige Links ins Internet, unter denen Sie qualitativ gute Angebote zu fairen Preisen finden:

Links im Internet

- www.herrenausstatter.de
- www.anzugwelt.de
  (Oder: www.herrenmodewelt.de/anzugshop.asp)
- www.wilvorst.de
  (für Braut/Bräutigam und andere Festanlässe)
- www.q-bs.de
- www.mcgentleman.com
  (nicht nur für den Herrn)
- www.eties.it
  (Italienische Krawatten)
- www.luca-rosati.de
- www.taifun.de

Kommunikationskultur

Die Aussage, dass wir alle stets und ständig kommunizieren, ist Ihnen sicherlich genauso geläufig wie mir. Deswegen geht es hier auch nicht um Kommunikation im Allgemeinen, sondern um Kommunikationskultur. Der Unterschied liegt also in dem Begriff „Kultur". Wie aber bringen wir Kommunikation in eine kultivierte Form und bei welchen Gelegenheiten stellen wir unsere kommunikative Kultiviertheit unter Beweis?

Zunächst einmal geht es um alle Situationen, bei denen es zu einer persönlichen Begegnung kommt. Wann immer wir im geschäftlichen Umfeld auf Menschen stoßen, treten wir in eine Konversation. Ob es die flüchtige Begrüßung eines Kollegen auf dem Flur ist, das Perspektivegespräch mit dem Vorgesetzten oder eine Verhandlung mit Kunden – Sie tauschen sich aus. Dabei haben Sie nicht nur die Möglichkeit, Informationen weiterzugeben oder zu empfangen, sondern vor allen Dingen, Sympathie zu erzeugen. Damit dies nicht als oberflächlich oder anbiedernd wahrgenommen wird, sollte es niveauvoll geschehen. Ein „Mahlzeit!" – selbst wenn es freundlich lächelnd gerufen wird – hat einfach keinen Stil. Natürlich kann es eine Situation erfordern, dass man sich kurzzeitig den Gepflogenheiten anpasst. Wenn zum Beispiel der Ingenieur zur Mittagszeit durch die Werkhallen geht, sollte er nicht arrogant sein und die übliche Grußformel verweigern. Aber spätestens in der Verwaltung oder gar im Management Board findet sich sicherlich ein anderer Ausdruck, um sich zu begrüßen. Ein freundliches „Guten Tag, Frau Reimers" klingt hier einfach angemessener.

Expertentipp: Nennen Sie die Menschen beim Namen
Der erste kleine Hinweis auf kultivierten Umgang miteinander: Nennen Sie die Menschen, die Sie kennen, beim Namen. Das bewirkt eine positive Verbindlichkeit und zeugt von Respekt.

Stil zeigt sich aber nicht nur darin, was Sie sagen, sondern mehr noch darin, wie Sie eine Botschaft vermitteln. Wer im richtigen Moment ein Lächeln einsetzt, bewirkt oft mehr als einer, der viele Worte macht, um zu überzeugen.

Verschenken Sie Ihr Lächeln! Es kostet Sie nichts. Experten in Sachen Business-Knigge sind sich darüber einig, dass gerade in Deutschland viel zu wenig gelächelt wird. Im internationalen Umgang wird ein dauerhaft ernstes Gesicht sogar als unhöflich empfunden. Zwei weitere wichtige Faktoren, die über Sympathie und Antipathie entscheidet, sind die Tonalität und die Lautstärke Ihrer Stimme.

Übung: Hören Sie auf Ihre Stimme

Um den Klang und die Wirkung Ihrer Stimme besser einschätzen zu können, nehmen Sie sich auf, während Sie sprechen:

- Lesen Sie einen kurzen Zeitungsartikel vor.
- Rezitieren Sie einen Auszug aus einem Liebesgedicht (oder Liebesbrief) Ihrer Wahl.
- Erzählen Sie frei und aus dem Gedächtnis kurz Ihren heutigen Tagesablauf.
- Was fällt Ihnen auf, wenn Sie die drei Aufnahmen abspielen? Erkennen Sie Ihre Stimme in einer davon am ehesten wieder? Gibt es eine Version, mit der Sie sich nicht oder kaum identifizieren? Oder klingen alle drei Passagen gleich?

Machen Sie sich mit Ihrer Stimme vertraut, denn sie gehört zu Ihnen und ist ein Erkennungsmerkmal. Je besser Sie Ihre Stimme kennen, desto mehr beherrschen Sie sie. Ihr Tonfall sollte sich unterscheiden, wenn Sie eine sachliche Miteilung vorlesen oder ein emotionales Thema vortragen, und wieder anders sein, wenn Sie frei über einfache Sachverhalte plaudern.

Ihre Stimme gibt Aufschluss über Ihre Konzentration und über Gefühle, die Sie bewegen. Sogar Ihre Einstellung zum gesprochenen Sachverhalt lässt sich über den Klang und die Lautstärke der Stimme transportieren.

- Eine Handlungsaufforderung bekommt mehr Nachdruck durch eine leicht angehobene Tonlage und etwas mehr Lautstärke.

- Ein Plauderton klingt unbeschwert und unterhaltsam.

- Eine Liebesbotschaft braucht Weichheit und Wärme im Tonfall.

- Festigkeit und Neutralität sind nötig, wenn es um eine umstrittene Botschaft geht.

Hören Sie sich noch einmal die Aufnahmen an, die Sie gemacht haben. Prüfen Sie sie daraufhin, ob Ihre Stimme diese Unterschiede spürbar bzw. hörbar macht. Hüten Sie sich vor Monotonie. Eine immer gleich klingende Stimme langweilt die Zuhörer und lässt den inhaltlich vielleicht wichtigen Beitrag schneller in Vergessenheit geraten.

Zur Kommunikation auf dem Business-Parkett gehört natürlich auch die stilvolle schriftliche Variante. Im Folgenden finden Sie ausführliche Hinweise dazu, welche Komponenten bei der inhaltlichen und optischen Gestaltung eine Rolle spielen. Außerdem erfahren Sie, wie Sie mit diesen Mitteln umzugehen haben, wenn Sie eine gehobene Kommunikationskultur pflegen wollen.

Kompetenter Ausdruck hinterlässt kompetenten Eindruck

Widmen wir uns jetzt einmal der Sprache, die Sie benutzen, um sich auszudrücken. Es ist ein weit verbreiteter Irrtum zu glauben, dass man durch die Verwendung von

Fach- und Fremdausdrücken gehörig Eindruck schinden kann. Für einen kurzen Moment mag das stimmen.

Aber wahrhaft beeindruckend sind doch eher Menschen, die es schaffen, selbst komplexe Sachverhalte oder hochgradig schwierige Inhalte auf den Punkt zu bringen. Die es schaffen, so zu formulieren, dass man selbst als Außenstehender eine Erkenntnis gewinnt oder ein bisher fremdes Thema nahe gebracht bekommt. Auf diese Weise wird man in die Lage versetzt, nun selbst über dieses Thema reden zu können. Die Voraussetzung dafür ist allerdings, dass man etwas versteht.

Die Frage nach der Kompetenz einer Person beantwortet sich also nicht dadurch, was sie weiß, sondern was sie dem Gesprächspartner verständlich vermitteln kann.

Beispiel: Mit wem spreche ich?

Als ein Auswahlverfahren stattfand, mit dem junge Menschen in einen Pool von High Potentials aufgenommen wurden, kam es zu folgender Begebenheit: Die Teilnehmer eines Assessment Centers hatten unter anderem die Aufgabe, zehn Euro aufzutreiben, indem sie Passanten ansprechen. Dies sollte allerdings auf eine kreative Art und Weise geschehen, aber auf keinen Fall in Form von Betteln. Ein gepflegter junger Student näherte sich dabei einer alten Dame mit den Worten: „Entschuldigen Sie bitte, meine Dame. Im Rahmen eines Assessment Centers haben wir die folgende Aufgabe zu erfüllen ..."

Selbstverständlich hat er trotz der ausgesprochen höflichen Anrede sein Ziel nicht erreicht, weil er keine zielgruppengerechte Ansprache gefunden hat und einfach nicht verstanden wurde. „Assessment Center" ist im Sprachgebrauch der älteren Generation nun mal kein geläufiger Begriff.

Vor allem im Umgang mit Menschen unterschiedlicher Hierarchiestufen ist es unter Umständen von großem Vorteil, wenn Sie es schaffen, ein respektvolles Klima zu erzeugen. Schon eine kleine Überheblichkeit gegenüber dem Pförtner, dem Hausmeister oder dem EDV-Techniker kann dazu führen, dass Sie in einer Notlage – zum Beispiel beim klassischen PC-Absturz kurz vor Fertigstellung einer Präsentation, die in einer halben Stunde benötigt wird – hilflos dastehen, wenn Sie eigentlich dringend auf Unterstützung angewiesen sind.

Expertentipp: Nutzen Sie das Angebot

Sie vermuten, dass in Ihnen durchaus noch Entwicklungspotenzial für stilvolle Kommunikation schlummert? Dann informieren Sie sich über das vielfältige Angebot an Managementtrainings, in denen sowohl Ihre kommunikativen Fähigkeiten geschult als auch Ihre Wahrnehmung im Umgang mit Menschen sensibilisiert werden.

Andersherum gibt es selbstverständlich auch Momente, in denen Sie gerade durch Verwendung des branchenüblichen Jargons Ihre fachliche Kompetenz glaubwürdig zum Ausdruck bringen können. Bei einer Präsentation vor Marketing- oder IT-Profis zum Beispiel stellt man Zugehörigkeit und Erfahrungspotenzial zusätzlich über diesen Kanal unter Beweis.

In der Konsequenz bedeutet das für Sie, dass Sie sich in jeder Situation vor Augen führen sollten, mit wem Sie es gerade zu tun haben, und Ihre Sprache entsprechend anpassen. Wer über ein solches Feingefühl verfügt, kann jede geschäftliche Situation durch seine kompetente Wirkung bewältigen.

Training 10: Simulieren Sie ein gemischtes Meeting ⏲ 20 Min.

Formulieren Sie eine These oder ein Anliegen, das Sie in einem Kreis von Kollegen verschiedener Fachbereiche und unterschiedlicher Hierarchieebenen vertreten wollen. Bauen Sie eine Argumentation dazu auf.

Lösung 10: So bereiten Sie das gemischte Meeting vor

Wie sind Sie bei der Sammlung Ihrer Argumente vorgegangen? Haben Sie gedanklich berücksichtigt, dass Vertreter aus verschiedenen Fachbereichen mit kontroversen Meinungen sowie aus Hierarchieebenen mit unterschiedlichem Wissenstand anwesend sind? Ein gutes Ergebnis können Sie erzielen, wenn Sie auch die Interessen der anderen Parteien in die Überlegungen mit einbinden und dafür sorgen, dass alle Anwesenden auf den gleichen Informationsstand gebracht werden – und zwar mit Worten, die sie verstehen.

Ihre tatsächlichen Fähigkeiten hängen also nicht nur von der Menge oder Tiefe Ihres Fachwissens ab, sondern auch davon, wie Sie Ihre soziale Kompetenz anwenden. Das setzt voraus, dass Sie sich in Ihr Gegenüber hineinversetzen. Sprechen Sie seine Sprache und berücksichtigen Sie seine Situation beziehungsweise sein Anliegen. Wenn Sie diese Spielregeln beherrschen, werden Sie auch Ihre eigenen Ziele erheblich besser erreichen.

Die korrekte Anrede

Viele Menschen legen Wert darauf, dass sie mit ihrem richtigen und vollständigen Namen angesprochen werden. Das bezieht sich auf den kompletten Namen samt aller Bestandteile. Damit sind sowohl akademische als auch Adelstitel gemeint, aber auch Namenszusätze wie zum Beispiel „von" (Herr/Frau von …). Es gibt allerdings einen wesentlichen Unterschied zwischen adeligen Namenszusätzen und akademischen Rängen – letztere sind kein Namensbestandteil. Das heißt, dass man theoretisch keinen Anspruch darauf erheben kann, mit seinem Titel angesprochen oder angeschrieben zu werden. Eine Hilfe für die richtige Anrede von Titel- und Würdenträgern finden Sie auf Seite 239.

Expertentipp: Benutzen Sie Doppelnamen in voller Länge

Wenn Sie eine Person mit Doppelnamen ansprechen, sollten Sie alle Bestandteile des Namens berücksichtigen, außer die betreffende Person verzichtet ausdrücklich auf einen Namensteil.

Doktor, Professor und Co.

Im gehobenen geschäftlichen Umgang ist die Anerkennung akademischer Grade selbstverständlich und das sollte auch bei häufigen Begegnungen und Namensnennungen nicht aus Bequemlichkeit vernachlässigt werden. Diese traditionelle Regel gilt nur für Professoren- und Doktortitel und ist nicht anzuwenden bei akademischen Berufsbezeichnungen wie Diplom-Ingenieur oder Diplom-Volkswirt etc.

Die jüngeren Generationen gehen mit ihren Titeln in den meisten Fällen lockerer um und bieten von sich aus an, bei der Anrede darauf zu verzichten. In dem Fall, dass jemand ausdrücklich auf die Nennung des Titels verzichtet, wäre eine weitere „Doktorei" zu viel des Guten und könnte als Anbiederung interpretiert werden. Achten Sie auch darauf, dass Sie bei der persönlichen Anrede den Titel nur so häufig verwenden, wie Sie den Namen der Person nennen. Denn der Titel wird immer zusammen mit dem Namen ausgesprochen. Korrekt ist: „Guten Tag, Herr/Frau Doktor Huber." Ein dienstbeflissenes „Guten Tag, Herr Doktor. Aber sicher, Herr Doktor. Wie Sie wünschen, Herr Doktor …" erinnert an Filme aus vergangenen Zeiten, in denen Heinz Rühmann leutselig und untertänigst zu Diensten stand. Der Nachname wird bei dieser Anrede nur in der Beziehung zwischen Arzt und Patient weggelassen. Und auch die Damenwelt trägt „männliche" Titel. Eine Frau ist in der Anrede „Frau Doktor" oder „Frau Professor" – und nicht etwa „Frau Doktorin" oder „Frau Professorin"!

Expertentipp: Achtung Fettnapf!

Ein Titelträger stellt sich selbst niemals mit seinem Doktoren- oder Professorentitel vor. Das mag an der Eitelkeit kratzen, besonders, wenn in mancher Situation der Titel bedeutsam ist – aber diese Peinlichkeit wäre kaum zu steigern. Insbesondere Doktoren untereinander verzichten auf den schmückenden Titel und sprechen sich nur mit Namen an.

Bei einer Titelserie verfahren Sie so, dass Sie nur den höchsten akademischen Grad nennen, alle niedrigeren fallen in der Anrede einfach weg. So wird aus: „Schön, Sie zu sehen, Herr Professor Dr. Ing. von Griesheim-Wiesenthal" ein einfacheres: „Schön, Sie zu sehen, Herr Professor". Beim Professorentitel kann mitunter auf die Namensnennung verzichtet werden.

Adelsgeschlechter

Wie bereits erwähnt sind Adelstitel und adelige Namenszusätze („von" oder „zu") ein regulärer Bestandteil des Namens. Selbst wenn uns heutzutage kaum ein Adeliger begegnet, ist es doch sicherlich von Vorteil, wenn man sich souverän zu verhalten weiß, falls es doch einmal dazu kommt. Besinnen wir uns also auf die herrschaftlichen Konventionen.

Einen Grafen spricht man auch als Grafen an. In der persönlichen Anrede können Sie wählen zwischen „Graf/Gräfin (von) Irgendwas" und „Herrn Graf/Frau Gräfin (von) Irgendwas". Ein abgekürztes „Herr/Frau von Irgendwas" ist nicht angemessen. Die Anrede „Herr Graf/Frau Gräfin" (ohne Namensnennung) stammt noch aus der Zeit der Leibeigenschaft und war den Bediensteten vorbehalten.

Etwas anders sieht es beim restlichen Adel aus. Beim Baron können Sie wählen zwischen „Herr Baron/Frau Baronin …" und „Herr/Frau von …". Und obwohl Freiherr und Baron ein und dasselbe sind [Baron ist die französische Übersetzung für Freiherr], wird der Freiherr immer mit „Herr von …" angesprochen. Nur in der Briefanrede muss der Titel „Freiherr" unbedingt erscheinen. Übrigens – die Frau des Freiherrn tituliert man als Freifrau und seine Tochter ist die Freiin. Hätten Sie das gewusst?

Expertentipp: Bleiben Sie im Zweifelsfall bei der formellen Anrede

In unserer modernen Welt ist es durchaus üblich, die Adelstitel ungenannt zu lassen – insbesondere bei den jüngeren, locker eingestellten Generationen. Wenn Sie sich aber nicht sicher sind, wie Ihr Gegenüber dazu steht, bleiben Sie zunächst bei der formellen Anrede, bis Sie unmissverständlich davon entbunden werden.

Übersicht: Anredeformen bei Titel- und Würdenträgern

Es wird in der Tabelle aus Gründen der Übersichtlichkeit nur die männliche Variante der Anreden gelistet. Diese Entscheidung entbehrt nicht den Respekt weiblicher Titelträgerinnen.

Titel	Persönliche Anrede	Schriftliche Anrede	Briefanschrift
Wirtschaft			
Vorstands-vorsitzender/-Vorstands-mitglied	Herr ...	Sehr geehrter Herr ...	An den Vorstandsvor-sitzenden/Vorstand der/des [Firmenname und Rechtsform] Herrn ...
Geschäftsführer	Herr ...	Sehr geehrter Herr ...	An den Geschäfts-führer der [Firmenna-me und Rechtsform] Herrn ...
Präses (der Industrie- und Handels-kammer)	Herr Präses	Sehr geehrter Herr Präses ... oder Sehr geehrter Herr ...	Dem Präses der Industrie- und Handelskammer Herrn ...
Präsident (z. B. einer Bank oder eines Wirt-schaftsverbands)	Herr Präsident	Sehr geehrter Herr Präsident oder Sehr geehrter Herr ...	Dem Präsidenten der/ des [Name der Bank oder des Verbands] Herrn ...
Öffentliche Ämter und Funktionen			
Bundespräsident	Herr Bundespräsident	Sehr geehrter Herr Bundespräsident oder Hochverehrter Herr Bundespräsident	An den Präsidenten der Bundesrepublik Deutschland
Bundeskanzler	Herr Bundeskanzler	Sehr geehrter Herr Bundeskanzler	Herr Bundeskanzler
Präsident des Deutschen Bundestags/ Bundesrats/ Landtags	Herr Bundestags-präsident etc. oder Herr Präsident	Sehr geehrter Herr Bundestagspräsident etc. oder Hochverehrter Herr Bundestagspräsident	An den Präsidenten des Deutschen Bundestags
Mitglied des Bundestags/ Landtags	Herr Bundestags-abgeordneter etc.	Sehr geehrter Herr ... oder Sehr geehrter Herr Bundestagsabgeordne-ter etc.	An den Abgeordneten des Deutschen Bundestags Herrn ...

Titel	Persönliche Anrede	Schriftliche Anrede	Briefanschrift
Ministerpräsident	Herr Ministerpräsident	Sehr geehrter Herr Ministerpräsident oder Hochverehrter Herr Ministerpräsident	An den Ministerpräsidenten des Landes ... Herrn ...
Bundes-/ Landesminister	Herr Bundesminister oder Herr Minister	Sehr geehrter Herr Minister	Dem (Bundes-)Minister des [Amtsbereich] Herrn ...
Senator	Herr Senator	Sehr geehrter Herr Senator	An den Senator für [Amtsbereich] Herrn ...
Staatssekretär	Herr Staatssekretär	Sehr geehrter Herr Staatssekretär	An den Herrn Staatssekretär Herrn ...
(Ober-)Bürgermeister	Herr (Ober-) Bürgermeister	Sehr geehrter Herr (Ober-)Bürgermeister	An den (Ober-) Bürgermeister der Stadt ... Herrn ... oder Dem (Ober-) Bürgermeister der Stadt ... Herrn ...
Landrat	Herr Landrat	Sehr geehrter Herr Landrat	An den Landrat des Kreises ... Herrn ...
Diplomatisches Corps Deutschland			
Botschafter	Herr Botschafter	Sehr geehrter Herr Botschafter	An den Botschafter der Bundesrepublik Deutschland in ... Herrn ...
(General-)Konsul	Herr (General-)Konsul	Sehr geehrter Herr (General-) Konsul	An Herrn (General-) Konsul bei der Botschaft (beim Konsulat) der Bundesrepublik Deutschland
Internationales Protokoll			
Botschafter/ Gesandter	Exzellenz	Euere Exzellenz	Seiner Exzellenz dem Botschafter (Gesandten) der/des [Staatsbezeichnung] Herrn ...

Namen vergessen – was nun?

Ohne Frage, eine peinliche Situation. Aber tun Sie sich selbst einen Gefallen und machen Sie die Lage nicht schlimmer, als sie ist. Statt krampfhaft zu versuchen, die Namensnennung zu vermeiden, dämmen Sie lieber gleich zu Beginn den Schaden ein. Fragen Sie lieber direkt nach, das können Sie ja mit einer gemeinsamen Erinnerung verbinden: „Ich kann mich gut an unsere nette Begegnung auf dem Fachkongress in Frankfurt erinnern, aber leider ist mir Ihr Name im Augenblick nicht mehr präsent."

Du? Sie? Ihr?

Es gilt in Deutschland und in Geschäftskreisen keineswegs als „cosmopolite", wenn man das konkret ausgesprochene Angebot zum „Du" überspringt, nur weil man sich in manchen Ländern schnell beim Vornamen nennt und ein einheitliches „You" in der Anrede ohnehin keine Unterscheidung zulässt.

Die Entscheidung, ob es angebracht ist, jemandem das informelle „Du" anzubieten, hängt von verschiedenen Umständen ab und sollte im Vorfeld gut durchdacht sein. Machen Sie sich dazu den Grad der Vertrautheit mit der anderen Person bewusst und stellen Sie sich die Frage nach beidseitig vorhandener Sympathie.

Denken Sie daran, es ist ein absolutes Tabu, ein einmal angebotenes „Du" wieder zurückzunehmen. Deshalb sollte dieses Angebot nur in solchen Fällen ausgesprochen werden, in denen wirklich nichts dagegen spricht. Beide Seiten sollten immer die gleiche Anrede benutzen. Auch ein Vorgesetzter hat nicht das Recht, einen Mitarbeiter zu duzen – unabhängig vom Rangunterschied, der zwischen beiden besteht.

Expertentipp: Bei Unsicherheit lieber formell bleiben

Wenn Sie nur ein bisschen unsicher sind, ob das „Du" oder lieber doch ein „Sie" angebracht wäre, entscheiden Sie sich für die formelle Form und bleiben Sie konsequent dabei.

Ziehen Sie keine voreiligen Schlüsse aus einer scheinbar lockeren Büroatmosphäre, in der jeder jeden duzt. Das Konfliktpotenzial ist dadurch nicht geringer als in einem steiferen Klima.

Wer bietet aber nun eigentlich wem das „Du" an? Generell gilt, dass dieser Vorgang immer von „oben" nach „unten" abläuft. Das heißt:

- der Ranghöhere bietet es dem Rangniederen und
- der Ältere dem Jüngeren an.

Stehen sich Mann und Frau gegenüber, sollte die Initiative von der Frau ausgehen. Mit welcher Priorität diese Faktoren untereinander gelten, darüber gibt es verschiedene Ansichten. Wir beziehen uns hier auf das Business-Parkett und werten deshalb die hierarchische Rangordnung am stärksten. Also, der Ranghöhere bietet das „Du" dem Gegenüber an, auch wenn dieser eine Frau und/oder der/die Ältere ist.

Expertentipp: Niemals dem Chef das Du anbieten

Als größtmöglicher Lapsus in der Geschäftswelt gilt es, wenn ein Mitarbeiter von sich aus seinem Vorgesetzten das „Du" als Anredeform anbietet.

Natürlich gibt es scheinbar vertrauliche Momente, in denen einem spontan das freundschaftliche Du angeboten wird, zum Beispiel im Rahmen eines feuchtfröhlichen Betriebsausflugs. Doch kaum ist man wieder in der Normalität des Büroalltags angelangt, fühlen sich beide Beteiligten mit der neuen Anrede sichtlich unwohl. In solch heiklen Situationen kann es ratsam sein, ohne weitere Erklärung doch wieder auf das vertraute Sie zurückzugreifen – und ohne Gesichtsverlust die Ordnung wiederherzustellen.

Wer das angebotene Du ablehnt, begeht einen schweren Affront. Unter gleichgestellten Kollegen kann die Folge ein unangenehmes Arbeitsklima sein. Doch weit schwer wiegender könnte das Verhältnis zu einem Vorgesetzten dadurch belastet werden. Bevor Sie also unbedacht oder aus einer kleinen Eitelkeit heraus eine solche verbale Ohrfeige austeilen, überlegen Sie, ob Sie sich nicht doch mit einem vielleicht halbherzigen Du arrangieren können.

Expertentipp: Formulieren Sie Ihre Absage vorsichtig

Wenn Ihnen die vertraute Anrede aber ganz unmöglich erscheint, dann formulieren Sie Ihre Zurückweisung bitte so, dass Ihr Gegenüber sein Gesicht wahren kann. Bedanken Sie sich zum Beispiel für das Vertrauen, das er Ihnen entgegenbringt, und berufen Sie sich auf Ihre altmodische und vielleicht zurückhaltende Art. Oder bitten Sie ihn um ein wenig Zeit, sich an die neue Anredeform zu gewöhnen.

Falls in Ihrem neuen Umfeld das Du hierarchieübergreifend absolut gängig ist, sollten Sie sich auf keinen Fall dagegen sperren, damit Sie nicht als Außenseiter abgestempelt werden. In jedem Fall warten Sie aber ab, dass die anderen diesbezüglich auf Sie zukommen.

Expertentipp: Benutzen Sie auch im Plural das Sie

Noch ein kurzer Ausflug in die deutsche Grammatik: „Ihr" ist nicht der Plural des formellen Sie. Leider wird es oft fälschlicherweise so angewendet, was den Eindruck erzeugt, dass es akzeptabel wäre. Stilvolle Umgangsformen erlauben aber nicht dieses „Hopping" zwischen Duzen und Siezen. Bleiben Sie besser einheitlich und verwenden Sie konsequent das Sie – im Singular und im Plural.

Stilvolle Unterhaltung

Auf dem Business-Parkett ergeben sich unzählige Situationen, in denen Sie sich stilvoll unterhalten sollten, um in Ihrem Umfeld einen souveränen Eindruck zu hinterlassen. Die Alternativen sind für einen karriereorientierten Menschen inakzeptabel. Sich in Gesellschaft nicht zu unterhalten, führt dazu, dass man nicht – und erst recht nicht positiv – wahrgenommen wird. Im entgegengesetzten Fall bewegen Sie sich von einem Fettnapf zum nächsten, weil Sie an verkehrter Stelle, im ungünstigen Moment, der falschen Person oder in ungeschickter Weise etwas gesagt haben.

Je nachdem bei welchem Anlass und mit welcher Zielsetzung Sie einen Beitrag liefern möchten oder sollen, bedarf es entweder einer perfekten Vorbereitung oder einer guten Intuition, um sich ganz auf die jeweiligen Rahmenbedingungen einlassen zu können. Meistens läuft eine solche Situation darauf hinaus, dass Sie andere Personen von etwas überzeugen und mit ins Boot holen wollen oder – anders herum – von etwas überzeugt werden sollen.

Ein wesentlicher Unterschied in der Art und Weise liegt darin, ob ein Gespräch in Form eines Monologs oder Dialogs geführt wird und welcher Zeitrahmen zur Verfügung steht. Die Variante Monolog erlaubt normalerweise eine intensive Vorbereitung und lässt während des Vortrags keine oder kaum Gegenargumente zu.

Hingegen beim Dialog stehen wir mitten in einer Auseinandersetzung und müssen augenblicklich reagieren. Hier ist eine ganz andere Form der strategischen Kompetenz gefragt. Denn in verzwickten Situationen kann es einem langfristigen und übergeordneten Ziel dienen, einen Kompromiss einzugehen und diplomatisch zu sein, obwohl man die stärkeren Argumente hat. Virtuosen, die diese Kommunikationskünste beherrschen, finden fast immer ihren Weg nach oben.

Überzeugend argumentieren

Für viele ist eine Verhandlung wie ein Kampf, aus dem der Stärkere der Beteiligten als Sieger hervorgeht. Dieses Kapitel heißt absichtlich „überzeugend argumentieren" und ist bitte nicht zu verwechseln mit „erfolgreich überreden". Denn nicht die Kapitulation Ihres Gegenübers ist das Ziel. Vielmehr geht es darum, dass Sie Ihre Argumente logisch aufgebaut, verständlich vorgetragen und bei Ihrem Verhandlungspartner Einsicht erreicht haben.

Wenn jemand aus Überzeugung eine Entscheidung trifft, ist es sehr wahrscheinlich, dass er auch die Konsequenzen mitträgt. Anders wenn er „platt gemacht" wurde – dann kommt häufig nur eine Schuldzuweisung heraus. Wenn Sie beispielsweise einen Projektverlauf wesentlich steuern, indem Sie im Team am lautesten argumentieren oder in der Position sind, Druck auf andere Teammitglieder auszuüben, kann es sein, dass das Team nicht hinter Ihnen steht, wenn es schwierig wird, und Sie allein den Kopf für Zeit- und Geldverluste hinhalten müssen.

Training 11: Wie überzeugend argumentieren Sie? ⏱ 15 Min.

Nennen Sie drei Faktoren oder Instrumente, die Sie zum Einsatz bringen, wenn Sie jemanden von Ihrem Standpunkt überzeugen wollen.

Lösung 11: So argumentieren Sie überzeugend

Eine Verhandlung birgt natürlich immer das Risiko, dass Sie mit Ihren Vorstellungen nicht durchkommen. Deshalb ist es wichtig, sich in verschiedenen Ebenen auf eine Auseinandersetzung einzulassen und entsprechend darauf vorzubereiten.

1. Emotionale Ebene: Der Weg zum Erfolg führt darüber, beim Gegenüber eine Begeisterung und Identifikation zu wecken, die Sie gemeinsam gute Ergebnisse feiern und bei Schwierigkeiten zusammenhalten lässt.

2. Argumentative Ebene: Je besser Sie Ihr Ziel oder Ihre Idee mit überzeugenden Argumenten unterfüttern, desto größer sind Ihre Chancen. Dazu ist eine sorgfältige inhaltliche Vorbereitung nötig. So können Sie sich bereits im Vorfeld mit möglichen Gegenargumenten auseinander setzen.

3. Persönliche Ebene: Mindestens ebenso stark wird aber Ihre Darbietung ins Gewicht fallen. Mit welcher Vehemenz stellen Sie Ihre Meinung dar oder wickeln Sie charmant alle Gegner um den Finger? Ein Großteil der Wirkung liegt in Ihrer Persönlichkeit begründet – aber einiges lässt sich auch erlernen oder im Feinschliff verbessern.

Übung: Eröffnen Sie einen Debattierclub

Versammeln Sie acht bis zwölf Personen aus Ihrem Umfeld zu einem geselligen Abend mit bestimmtem Ziel. Im Debating-Club geht es darum, sich rhetorisch zu erproben und sprachliche Fähigkeiten zu verbessern. Dies geschieht in einem unterhaltsamen Rahmen und die Debatte sollte durch eine Portion Humor entschärft werden. Beispielthemen für solche Abende: Debatte zur Familienpolitik: Sollte es einen Elternführerschein geben? Oder zur Verkehrspolitik: Sollten Ampelkreuzungen durch Vorfahrt- und Kreisverkehrregeln ersetzt werden? Oder Debatte zum Gesundheitswesen: Sollten übergewichtige Kinder zu einem speziellen Sportprogramm verpflichtet werden?

Ablauf: Sammeln Sie vorab Themenvorschläge ein und lassen Sie dann darüber abstimmen, über welches davon debattiert wird. Bilden Sie zwei Zweierteams, denen per Losverfahren die Position „Pro" oder „Contra" zugewiesen wird. Jedes Team hat zehn Minuten Zeit, seine Argumentation vorzubereiten.

Bevor Team „Pro" beginnt, schreiben alle Anwesenden, auch die Aktiven, ihre aktuelle und tatsächliche Überzeugung zum Thema auf, ohne ihren Namen anzugeben. (Ein Akteur des Teams

„Pro" kann durchaus selbst eine andere Meinung haben als diejenige, die er gezwungenermaßen vertritt.)

Ein Zeitminister überwacht die Redebeiträge: Der erste Redner aus Team „Pro" hat zwei Minuten Zeit für ein Eröffnungsstatement. Der erste Redner aus Team „Contra" hält zwei Minuten lang dagegen. Nun hat der zweite Redner aus Team „Pro" zwei Minuten, um die Gegenargumente zu entkräften. Den Abschluss bildet das „Zwei-Minuten-Plädoyer" des zweiten Redners aus Team „Contra".

Auswertung: Fragen Sie vor allem die Beteiligten danach, wer seine ursprüngliche Ansicht geändert hat und wodurch er überzeugt wurde. Aus den Beobachtungen und Feedbacks lassen sich für alle Beteiligten Schlüsse ziehen, mit welchen Mitteln gearbeitet wurde (schlüssige, sachliche Argumente, Sympathie, Körpersprache, Charme, Humor, Wortgewandtheit, Niedermachen der Gegenseite, Vorwürfe etc.) und welche besonders wirksam sind. In regelmäßigen Abständen durchgeführt verbessert diese Übung spürbar Ihre Rhetorik bei Argumentationen.

Professionell präsentieren

In den meisten Fällen zielt einer Präsentation im geschäftlichen Rahmen darauf ab, die Zuhörer von etwas Neuem – einer Idee, einem Konzept oder einem Produkt – zu überzeugen und eine Entscheidung auf deren Seite herbeizuführen.

Training 12: Worin liegen Ihre Stärken und Schwächen bei Präsentationen? ⏱ 20 Min.

Denken Sie über Ihre Art zu präsentieren nach. Unterteilen Sie bei Ihrer Betrachtung in folgende Einzelkomponenten: Konzeptionelle Struktur und Aufbau eines Spannungsbogens, professionelle und geschmackvolle Chart-Gestaltung, Vortragsweise (persönliches Standing, treffende Formulierung und sicherer Umgang mit der Technik) und die Fähigkeit, bei den Zuhörern Begeisterung zu wecken.

Lösung 12: So gelingt Ihnen eine „starke" Präsentation

Eine sehr bewährte Vorgehensweise, um eine logische Struktur sowie einen gelungenen Spannungsbogen bei einer Präsentation aufzubauen, besteht darin, dass Sie dabei das Fünf-Stufen-Prinzip anwenden:

Schritt 1: Wecken Sie das Interesse Ihrer Zuhörer, indem Sie diese genau dort abholen, wo sie gerade im Moment stehen – zum Beispiel vor einem gemeinsamen Problem oder einer ungeklärten Fragestellung.

Schritt 2: Geben Sie neue Informationen an die Anwesenden.

Schritt 3: Stellen Sie Ihren Lösungsansatz vor und zeigen Sie dessen Nutzen auf, um Zustimmung zu erhalten.

Schritt 4: In einer kritischen Auseinandersetzung überzeugen Sie durch Argumente.

Schritt 5: Bei Akzeptanz und Übereinstimmung führen Sie eine Entscheidung herbei.

Auf diese Art und Weise beziehen Sie sämtliche Anwesenden von Anfang an in Ihre Präsentation mit ein und führen Sie durch Informationen subtil in eine Richtung zu den möglichen Entscheidungsoptionen.

Learning by doing

Eine gute Vorstellung abzugeben, wenn man vor der versammelten Mannschaft steht, erfordert zwar eine sehr gute Vorbereitung, aber mindestens genauso wichtig ist die tatsächliche Performance. Wie flüssig Sie reden, wie lebhaft Ihre Körpersprache und Ihre Mimik sind, welche rhetorischen Mittel Sie einsetzen und vor allem, wie natürlich und ungezwungen das alles wirkt. Das alles ist eine Frage des Talents – und natürlich auch der ständigen praktischen Übung. Selbst Lampenfieber und Präsentationsangst lassen sich durch regelmäßiges Probieren überwinden.

Um ein gutes Ergebnis bei einer Präsentation zu erzielen, sollten Sie darüber hinaus die wichtigsten Erfolgsfaktoren für eine gelungene Präsentation kennen und selbstverständlich auch einsetzen können: Die Qualität einer Präsentation wird garantiert durch

- einen strukturierten Aufbau,
- die logische inhaltliche Argumentation,
- eine ansprechende Darbietung und
- den Emotionsfaktor Begeisterung in der geanu richtigen Dosis.

Expertentipp: Probieren Sie sich aus

Je nachdem, wo Sie selbst Ihre Schwächen sehen, könnte Ihnen eventuell eines der zahlreichen Angebote auf dem Markt der Managementtrainings helfen, gezielt Ihre Präsentationsfähigkeiten zu verfeinern. Und für den Fall, dass das Präsentieren bisher nicht Ihr liebstes Experimentierfeld war, Sie aber künftig öfter in diese Situation kommen, suchen Sie möglichst viele Gelegenheiten, um sich einmal auszuprobieren.

Das Auge isst mit

Einen entscheidenden Beitrag zu einer gelungenen Präsentation liefert die professionelle Visualisierung. Durch gekonnten Medieneinsatz, das bedeutet durch eine ansprechend gestaltete Chart-Präsentation mit dem Beamer können Sie Ihr gesprochenes Wort bildhaft veranschaulichen.

Verwenden Sie dazu ab und zu grafische Elemente wie ein Diagramm oder eine Matrix und manchmal kurze, prägnante Statements in Form von plakativen Headlines. So lassen sich komplexe Zusammenhänge, zu deren Erläuterung Sie sonst viele Wörter brauchen, transparent darstellen.

Außerdem bedienen Sie auf diese Art und Weise einen zusätzlichen Sinneskanal, was sich positiv auf die Konzentration der Zuhörer auswirkt. In manchen Branchen gehören Leporellos, Storyboards oder Collagen zu den gängigen Präsentations-Tools, um einem Publikum kreative Entwürfe oder Kampagnen vorzustellen.

Eine Rede halten

Für den einen ist die Vorstellung, eine Rede oder einen Vortrag zu halten, ein Horrorszenario. Ein anderer hingegen freut sich auf die Situation, in der alle Aufmerksamkeit auf ihn gerichtet ist und er sich ausführlich zu einem Thema äußern kann – wissend, dass das Publikum gebannt an seinen Lippen hängt, und hoffend, dass es seinen Vortrag mit Applaus belohnt. Wie auch immer Ihr Bauchgefühl dazu aussieht – es ist schon etwas Besonderes, vor einer Menschenmenge zu stehen und zu reden, während alle anderen schweigen.

Was unterscheidet aber eine gute Rede von einer schlechten? Ein guter Vortrag zeichnet sich vor allem dadurch aus, dass nicht einfach nur fachlich versiert über ein Thema referiert, sondern gleichzeitig zu und mit den Menschen gesprochen wird. Die Stilmittel, die Sie dabei einsetzen, sind:

- Interessante Themeninhalte: Aktuelle/neuartige Informationen, Schlussfolgerungen oder Standpunkte

- Aufbau der Rede: Logik und Übergänge

- Verbale Sprache: flüssige Formulierung und Rhetorik

- Körpersprache: Mimik und Gestik

- Stimme: Klangfarbe, Betonung und Lautstärke

- Visualisierung: Medieneinsatz und Gestaltung von Charts oder Bildern

Wie gut Sie diese Komponenten aufeinander abstimmen, entscheidet darüber, wie gelungen eine Rede ist und ob sie bei den Zuhörern tatsächlich Begeisterung weckt.

Expertentipp: Halten Sie sich an Zeitvorgaben

Bedenken Sie Folgendes, wenn Sie eine Rede oder einen Vortrag halten wollen: Selbst die fesselndste Rede kann die Zuhörer ermüden, wenn sie deutlich länger dauert, als es vorab angekündigt war. Deshalb geben Sie sich Mühe, die Zeitvorgaben strikt einzuhalten.

Die Kunst liegt vor allem darin, nicht alles zu einem Thema sagen zu wollen, was es dazu zu sagen gibt, sondern sich auf das Wesentliche zu beschränken und alles andere wegzulassen. Geübte Redner entscheiden darüber sogar spontan während des Vortrags, auf welche Ausführungen sie verzichten, weil sie spüren, ab wann das Publikum gesättigt ist.

Expertentipp: Sprechen Sie direkt ins Mikrofon

Mikrofone funktionieren am besten, wenn Sie direkt hineinsprechen. Wenden Sie sich nicht ab und variieren Sie den Abstand nicht so häufig, um die Lautstärke in etwa konstant zu halten.

Training 13: Was macht für Sie eine gute Rede und einen guten Redner aus?

🕐 15 Min.

1. Rufen Sie sich eine beeindruckende Rede ins Gedächtnis, bei der Sie als Zuhörer fasziniert waren. Was waren Ihrer Meinung nach die Gründe dafür?

2. Erinnern Sie sich an einen vorbildlichen Redner. Was von dem, was Sie wahrgenommen haben, hat Ihnen gut gefallen?

Lösung 13: So halten Sie gute Reden

Im Normalfall ist eine Rede monologisch aufgebaut, dabei sind keine Zwischenfragen vorgesehen. Gegebenenfalls kann das Publikum im Anschluss an den Vortrag Fragen stellen. Damit die Zuhörer während Ihrer Redezeit aber nicht gedanklich abschweifen, gibt es rhetorische und nonverbale Mittel, mit denen Sie sie in Ihren Bann ziehen können. Einerseits ist ein Spannungsbogen notwendig, dem das Publikum folgen kann. Andererseits stellen Sie mit Ihrer persönlichen Erscheinung den direkten Kontakt zu den Zuhörern her.

Wenden Sie sich immer dem Auditorium zu. Stehen Sie nicht seitlich und erst recht nicht mit dem Rücken zum Publikum, weil Sie es wichtiger finden, Ihre eigenen Projektionen von der Wand hinter Ihnen abzulesen. Lassen Sie den Blick schweifen und ab und zu auf jemandem ruhen. Damit Sie das tun können, müssen Sie möglichst frei sprechen und sich von Ihrem Skript lösen. Wenn Sie sich sicher genug fühlen, schreiben Sie sich nur Stichwörter auf und formulieren in freier Rede. Dies lässt Sie natürlich und authentisch wirken. Bei ausformulierten Sätzen besteht die Gefahr, dass Sie aus Nervosität ablesen, was zu einer Verzerrung des Tonfalls führt. Das Publikum spürt diese Unsicherheit und schweift mit den Gedanken leicht ab.

Stellen Sie sicher, dass Ihre Stimme laut genug ist, um bis zur letzten Reihe gehört zu werden. Fragen Sie ruhig nach, denn das ist souveräner, als wenn es Zwischenrufe aus den hinteren Rängen gibt, die Sie möglicherweise aus dem Konzept bringen.

Sie können Ihre Zuhörer ansprechen und Fragen formulieren, die zum Mitdenken anregen: „Vielleicht haben Sie sich auch schon mal gefragt, ob ein einheitliches Tempolimit auf unseren Autobahnen die Unfallquote drastisch senken kann?" Oder Sie fordern sie auf, sich mit einem Sachverhalt assoziativ auseinander zu setzen: „Stellen Sie sich den Verwaltungsaufwand vor, wenn alle Kinderwagen in Deutschland zur behördlichen Erfassung mit einem Nummernschild ausgerüstet werden müssten!" Zu fast jedem, noch so trocken erscheinenden Sachgebiet lassen sich sprachliche Bilder finden, die den Zuhörer zur Teilnahme animieren und ein gedankliches Abtauchen verhindern.

Ihre Aussagen unterstützen Sie durch eine lebendige Körpersprache, die zum Beispiel das Ausmaß eines Gedankens andeutet oder eine Emotion transportiert. Ihre Mimik sollte Aufschluss über Ihre eigene Gefühlswelt geben. Wenn Sie von einer These überzeugt und begeistert sind, zeigen Sie das durch strahlende Augen, ein Lächeln und eine leicht erhobene Stimme.

Generell hängt Ihre Überzeugungskraft davon ab, wie Sie das Gesagte betonen. Selbst die Verkündung der ersten Mondlandung wäre nicht als Sensation wahrgenommen worden, wenn der Sprecher monoton wissenschaftliche Daten verlesen hätte, statt euphorisch seine Gefühle kundzutun.

Gönnen Sie sich und den Zuhörern ab und zu eine kleine Pause, um das Gesagte/Gehörte zu durchdenken. Und sprechen Sie unbedingt eine Sprache, die das Publikum versteht. Fachjargon ist nur unter Ihresgleichen erlaubt. Sie beeindrucken andere Menschen nicht dadurch, dass Sie Fremdwörter benutzen, sondern dass Sie etwas Interessantes mitzuteilen haben und verstanden werden. Gliedern Sie daher Ihre Argumente sinnvoll und nachvollziehbar.

Smalltalk – der „Door opener"

Sie glauben, dass Smalltalk nur Zeitverschwendung ist? Damit liegen Sie falsch, denn es handelt sich vielmehr um die Kunst des „kleinen" Gesprächs mit verschiedenen Zielsetzungen.

Training 14: Wie sieht Ihr Smalltalk-Repertoire aus? 🕐 30 Min.

1. Sammeln Sie Themen, zu denen Ihnen spontan immer etwas einfallen würde und die Sie für geeignet halten.

2. Listen Sie Situationen aus Ihrem geschäftlichen und gesellschaftlichen Leben auf, in denen Sie hin und wieder Smalltalk führen.

3. Überlegen Sie sich Einstiegs- und Ausstiegsszenarien.

Lösung 14: Ihr Smalltalk-Repertoire

Es folgen nun einige Beispiele für unverfängliche Themen, die sich für den Smalltalk eignen:

1. Bekunden Sie Interesse an Ihrem Gegenüber. Dies ist mit einem dezenten Kompliment zum Redebeitrag im Meeting möglich. Greifen Sie auf Ihnen bekannte Tatsachen zurück, ohne indiskret zu werden, zum Beispiel auf das, was Sie aus einer Pressemeldung über sein Unternehmen, Projekt, Hobby oder das letzte Urlaubsziel wissen.

2. Alternativ können Sie sich auf die aktuelle Situation beziehen, indem Sie eine kleine Anekdote darüber erzählen, was sich bei der Anfahrt ereignet hat, oder sich positiv zum Büfett oder zur Einrichtung des Raums äußern, in dem Sie sich gerade befinden. Vielleicht loben Sie auch die interessante Besetzung des Podiums und einzelne Wortbeiträge oder geben ein nettes Statement zur Themenauswahl ab.

3. Zudem gibt es das weite Feld der allgemeinen Themen: Kultur, Sport, Reisen, Hobbys (Filme, Bücher, Garten, Tiere), sofern Ihr Redebeitrag unbedenklich ist und nicht zu kontroversen Diskussionen führt. Bevor Sie sich aber leidenschaftlich in Ihr Lieblingsthema (zum Beispiel Fliegenfischen) vertiefen, überprüfen Sie das Interesse Ihres Gesprächspartners daran. Suchen Sie nach einem gemeinsamen Thema, um sich tatsächlich zu unterhalten. Ungeeignete Themen sind: Politik, die schwierige Wirtschaftslage, Religions- und Rassenfragen, Klatsch und Tratsch, Krankheit, Tod, Gehalt und Finanzen.

Zum Einstieg bieten sich folgende Möglichkeiten an:

- Eine offene Frage: „Wie hat Ihnen der Fachvortrag von Dr. Hasselmann gefallen?"

- Eine unverfängliche Tatsache/Feststellung, zum Beispiel Lob des außergewöhnlich guten Büfetts

- Die eigene Vorstellung und anschließende Überreichung Ihrer Visitenkarte

- Ein dezentes Kompliment

- Die Bitte um einen kleinen Gefallen

- Hilfe anbieten (zum Beispiel Tür aufhalten)

Expertentipps: Vorsicht Falle

- Hüten Sie sich davor, Monologe zu halten.
- Entscheiden Sie nicht einfach für Ihr eigenes – vielleicht ganz spezielles – Lieblingsthema, sondern überprüfen Sie immer vorher, ob Ihr Gesprächspartner auch daran interessiert ist.
- Vorsicht bei intimen Bekenntnissen!
- Nötigen Sie Ihr Gegenüber nicht zu einer Stellungnahme, wenn Sie Widerstand spüren.
- Vermeiden Sie kontroverse Themen und Fragestellungen.

Wenn es um das Ende eines Smalltalks geht, sollten Sie Folgendes berücksichtigen:

- Beobachten Sie Ihren Gesprächspartner, um zu erkennen, ob er das Gespräch weiter fortsetzen möchte. Wendet er sich körperlich ab oder meidet er den Blickkontakt mit Ihnen, sucht er nach einem Ausweg. Initiieren Sie dann so schnell wie möglich das Ende.

- Falls Sie derjenige sind, der das Gespräch beenden möchte, dann wählen Sie einen diplomatischen Ausstieg. Verweisen Sie darauf, dass Sie noch eine weitere Verabredung haben, einen guten Bekannten begrüßen wollen oder sich gern etwas vom Büfett holen möchten.

Smalltalk können Sie dann einsetzen, wenn Ihnen zum Beispiel einfach daran gelegen ist, sich die Zeit angenehm zu vertreiben, während Sie im Flugzeug sitzen oder irgendwo warten. Dann ist er das Mittel, um sich durch ein gegenseitiges Abtasten unverbindlich anzunähern.

Das Gleiche gilt bei Networking-Veranstaltungen wie zum Beispiel After-Work-Partys. Und auch im Rahmen geselliger oder feierlicher Anlässe braucht es eine ungezwungene Konversation außerhalb der geschäftlichen Themen, etwa bei Vernissagen, Premieren im Theater oder in der Oper.

Genau so gut kann der Smalltalk das Warm-up für eine strategisch wichtige Besprechung sein, denn mit ihm wird eine positive Atmosphäre erzeugt. Auch in Pausen bei Meetings, Konferenzen, Kongressen oder Seminaren stehen sich die Anwesenden normalerweise nicht schweigend gegenüber, sondern überbrücken diese Zeit mit gekonnter Unterhaltung.

Unabhängig von der Situation geht es darum, thematisch so breit aufgestellt zu sein, dass Sie mit unterschiedlichen Menschen bei jeder erforderlichen Gelegenheit den passenden Gesprächsstoff finden. Führen Sie sich vor Augen, dass es sich möglichst um etwas Erfreuliches, Positives, Unverbindliches und Unkompliziertes handeln sollte.

Schlagfertigkeit – spontan und authentisch die richtigen Worte finden

Manche Menschen scheinen einfach mit einer extremen Schlagfertigkeit ausgestattet zu sein, denn sie finden in jeder erdenklichen Situation die richtigen Worte und manövrieren sich sogar noch sympathisch aus Fettnäpfchen und Sackgassen heraus. Wie machen die das bloß? Indem sie locker bleiben, selbst wenn gerade nicht alles für sie zum Besten steht, und bereit sind, ihre Fehlbarkeit mit Humor zu tragen.

Die Frage, ob man dies erlernen kann, lässt sich nur mit „jein" erwidern. Wenn es Ihnen in der Vergangenheit schon öfter passiert ist, dass Sie nach einem Wortgefecht oder einer prekären Situation gute Einfälle hatten, die Ihnen nur nicht im richtigen Moment einfielen, dann können Sie lernen, künftig schlagfertig zu sein.

Expertentipp: Wie lässt sich Schlagfertigkeit lernen?

Arbeiten Sie dazu aktiv an Ihrer Einstellung, die bisher verhindert hat, dass Sie in solchen Momenten locker und entspannt sein konnten. Und merken Sie sich Ihre guten Ideen, auch wenn Sie Ihnen erst im Nachhinein eingefallen sind. Vielleicht ergibt sich wieder einmal eine ähnliche Gelegenheit, bei der sie dann zum Einsatz kommen. Natürlich dürfen Sie sich auch die guten Kommentare anderer merken, wenn diese zu Ihnen passen.

Es kann aber ebenso gut sein, dass Ihnen diese Ader der Schlagfertigkeit schlicht und ergreifend fehlt – dann sollten Sie es auch nicht erzwingen. Wenn Sie sich gegen Ihre Natur verhalten, führt dies vermutlich eher zu peinlichen Situationen, aus denen Sie nicht souverän hinauskommen und die auch für die anderen Beteiligten unangenehm sind.

Training 15: Verfassen Sie spontan Ihren eigenen Nachruf

⏱ 5 Min.

Stellen Sie sich einfach hin und reden Sie spontan und ohne jegliche Notizen fünf Minuten lang über die Wesenszüge Ihrer Person und über die Ziele und Highlights Ihres Lebens. Sie können das aus jetziger Sicht tun oder aus der Zukunftsperspektive, als ob Sie bereits ein langes Leben hinter sich hätten.

Lösung 15: So trainieren Sie Ihre Schlagfertigkeit

Reden Sie gut über sich – mit einer Prise Selbstironie. Haben Sie es geschafft, in selbstkritischer Weise und liebevollem Umgang mit sich selbst über Ihre Person und Ihr Leben zu reflektieren? Wenn dies der Fall ist, Sie sich selbst also nicht allzu ernst nehmen, haben Sie einen guten Weg zur Schlagfertigkeit gefunden. Dann haben Sie genügend emotionale Distanz, um die Ideen und Erinnerungen einfach fließen zu lassen, wobei die Worte sich wie von selbst formen.

Zeitgemäße Konventionen im Schriftverkehr

Wir benutzen heutzutage sehr unterschiedliche Mittel in der schriftlichen Kommunikation mit Kunden, Vorgesetzten, Kollegen und anderen Geschäftspartnern. Es gibt den klassischen Brief, die Postkarte, die Kurzmitteilung, das Fax, die E-Mail und die unkonventionelle Form der SMS (Short Message Service) per Handy. Daher gilt es zuerst einmal, das richtige Medium auszuwählen – und dieses dann stilvoll zu gestalten. Die Definition von Stil beruht auch hier auf mehreren Faktoren. Es handelt sich um die Kombination folgender Elemente:

- Wahl der Worte
- Inhaltlicher Aufbau
- Optische Gestaltung

Der stilvolle Brief

Wie schön wäre es, wenn Briefe immer übersichtlich und klar verständlich wären, zudem noch erfrischend formuliert und von bedeutungsvollem Inhalt. Stattdessen erleben wir oft, dass ein Brief zwar an unseren Namen adressiert, nicht aber wirklich an unsere Person gerichtet ist. Das führt dann dazu, dass sich nach dem Lesen ein Fragezeichen im Gesicht des Empfängers abzeichnet, weil er mit dem Brief nichts Rechtes anzufangen weiß. Oder das, was mit „Amtsschimmel" umschrieben wird, dringt so deutlich aus dem Geschriebenen hervor, dass sich nur Hartgesottene überhaupt bis zum Ende des Briefs durchbeißen. Aber wie kann man es besser machen? Und was macht einen stilvollen Brief überhaupt aus?

Schreibstil und Formulierung

Vielleicht kapitulieren Sie gerade innerlich, weil Sie nicht der Meister im Formulieren sind. Nicht nötig, denn die Wortwahl allein macht einen Brief noch nicht zu einem gelungenen Werk. Vor allen Dingen führt die innere Verkrampfung, sich besonders gewählt ausdrücken zu wollen, zu einer steifen Ausdrucksweise, die jegliche Authentizität verhindert.

Natürlich ist es ratsam, in Geschäftsbriefen einen höflichen und bedachten Ton anzuwenden – das tun Sie hoffentlich auch im persönlichen Umgang. Es spricht aber nichts gegen eine persönliche Note und angenehme Frische im Schreibstil. Das höchste Ziel Ihrer Briefe sollte eindeutig sein, verstanden zu werden. Versuchen Sie daher nicht mit zahlreichen Fach- und Fremdwörtern oder Insider-Abkürzungen Eindruck zu schinden. Im Zweifelsfall wird der Empfänger dadurch in Verlegenheit gebracht, was meist nicht von Vorteil für Sie ist.

Wenn Ihr Brief interessant und informativ ist, können Sie zunächst einmal davon ausgehen, dass er vollständig gelesen und Ihr Anliegen verstanden wird.

- Unangemessen und devot klingen Superlative wie „höflichst", „verbindlichst" und „baldigst". Streichen Sie diese am besten ersatzlos.

- Viele ungeübte Schreiber glauben, dass sie sich durch Substantivierungen gewählt und gebildet ausdrücken. Tatsächlich klingt die Aneinanderreihung von Substantiven aber gestelzt und unnatürlich. Statt „eine Veränderung vorzunehmen", „verändern" Sie bitte. Weitere vermeidbare Beispiele: Aufbereitung, Instandsetzung, Bereitstellung etc.

- Benutzen Sie kurze Sätze (Hauptsätze statt Nebensätze) und einfach verständliche Wörter. Bevorzugen Sie Verben statt Substantive.

- Leiten Sie einen Brief immer mit einem positiven Aspekt ein, zum Beispiel mit einem dezenten Kompliment, einem Dank oder Ähnlichem.

- Schreiben Sie bildhaft, nennen Sie Beispiele und erzeugen Sie Assoziationen.

- Stellen Sie Fragen.

- Konjunktive vermitteln einen verbalen Rückzug. Vermeiden Sie Formulierungen wie:

  - „Wäre es für Sie vorstellbar, dass …"

  - „Dürfte ich Sie bitten, …"

  - „Käme dies für Sie infrage?"

  - „Würden Sie unter Umständen …"

- Was immer Sie wirklich wollen, sagen Sie es – und zwar nicht nur eventuell, sondern höflich, konkret und direkt. Formulierungen im Konjunktiv implizieren geradezu, dass etwas nicht stimmt, und lösen beim Leser Unsicherheit aus. Die Antwort „nein" liegt dann auf der Hand.

- „Ich", „wir" „man" oder „Sie": Sätze in Briefen dürfen mit „Ich" anfangen. In Schulzeiten hat man uns eingeimpft, das sei nicht schicklich. Heutzutage kann diese Variante aber hin und wieder benutzt werden. Sofern Sie nicht als Team einen Brief schreiben, sollte Ihnen ein „Ich" als Verfasser ausreichen, zumal diese Formulierung zugleich die persönlichste ist. Ein vorgeschobenes „Wir" stellt keinen persönlichen Bezug zum Leser her und macht ihn kleiner als den Absender. „Ich freue mich auf unser Meeting nächsten Mittwoch …" ist ein direkter Ausdruck des eigenen Gefühls und richtet sich unmittelbar an den Adressaten. Völlig am Leser vorbei geht hingegen dieser Satz: „Man könnte sich bei nächster Gelegenheit über die relevanten Komponenten unterhalten." Die konkrete Anrede des Lesers ist seit einiger Zeit sehr gängig: „Sie können sich sicherlich vorstellen, dass …" Vereinzelt eingesetzt ist sie vertretbar, aber wenn sie sich häuft, wirkt der Brief eher wie ein Verkaufsmailing.

- Verzichten Sie auf Abkürzungen (m. E., u. U., zzt.), denn sie lassen Zeitnot oder Faulheit vermuten. Der Empfänger Ihres Schreibens darf aber durchaus voraussetzen, dass Sie sich die nötige Zeit für ihn nehmen.

Expertentipp: So überprüfen Sie Ihren Schreibstil

Wenn Sie Ihr Schreibergebnis prüfen wollen, lesen Sie sich den Brief selbst laut vor. Stellen Sie sich dabei den Empfänger vor und überlegen Sie, ob Sie in dieser Form auch mit ihm reden würden. Je näher Ihr Brief an Ihre übliche Umgangsform herankommt, desto gelungener ist er.

Ein Brief, der vor sehr häufig anzutreffenden Satzfragmenten oder Floskeln nur so wimmelt, langweilt beim Lesen. Die eigentlich wichtigen Inhalte treten in den Hintergrund und dem Leser bleiben nur die abgenutzten Sprüche in Erinnerung. Das wirkt bei ihm so, als ob der gelesene Text keine Neuigkeiten vermittelt hat. In der folgenden Tabelle finden Sie Phrasen, auf die Sie in einer stilvollen Business-Kommunikation lieber verzichten sollten, um diesen Eindruck zu vermeiden. Die zweite Spalte führt Formulierungsalternativen auf.

Besser nicht ...	Lieber so ...
„Bezugnehmend auf Ihr Schreiben vom ..."	„Vielen Dank für Ihr Schreiben vom ..."
„Unter Hinzuziehung ..."	„Bezüglich" oder „Ich beziehe mich auf ..."
„Ich erlaube mir ..." oder „Bitte gestatten Sie, dass ..."	„Ich wende mich an Sie mit der Bitte/dem Anliegen ..."

Besser nicht ...	Lieber so ...
„Anhängend/Beiliegend erhalten Sie ..."	„Zur Vervollständigung Ihrer Unterlagen schicke ich Ihnen ..."
„...haben wir dankend erhalten."	„Vielen Dank für ..."
„In der Hoffnung auf Klärung ..."	„Wir sollten versuchen zu klären, wie es dazu kam."
„In Beantwortung Ihres Schreibens vom ... müssen wir Ihnen leider mitteilen, dass ..."	„Vielen Dank für Ihr Interesse an ... Zurzeit planen wir leider nicht, ..."
„...diesbezüglich hier im Hause Rücksprache halten ..."	„Wir werden nach einer Lösung suchen ..."
„... darüber in Kenntnis setzen ..."	„Ich möchte Sie informieren ..."
„Ihr Verständnis voraussetzend ..."	„Bitte haben Sie Verständnis für ..."

Übung: Trainieren Sie Ihren Schreibstil

Modernisieren Sie den folgenden Briefentwurf.

Sehr geehrter Herr Maier,

mit großem Bedauern müssen wir Ihnen Bezug nehmend auf Ihre Anfrage vom 13.12. mitteilen, dass wegen unserer Lagerkapazitäten eine Sofort-lieferung der von Ihnen gewünschten Artikelmenge nicht machbar ist.

Selbstverständlich liegt uns Ihre vollste Zufriedenheit am Herzen und deshalb wird sich unser Herr Meier sofort bei Ihnen melden, wenn die von Ihnen gewünschte Menge ab Lager verfügbar ist. Wir bitten höflichst, diese Verzögerung zu entschuldigen, und sehen einer weiteren Zusammenarbeit erwartungsvoll entgegen.

Wir verbleiben mit freundlichen Grüßen

Schulze

Lösung

Sehr geehrter Herr Maier,

vor einigen Tagen haben Sie die Menge X des Artikels Y bei mir für eine Sofortlieferung angefragt. Gerade erfahre ich, dass wir wegen eines Lagerengpasses nicht die gewünschte Menge kurzfristig liefern können.

Sind Sie mit einem späteren Lieferzeitpunkt in circa drei Wochen einverstanden? Herr Meier, der Lagermeister unseres Hauptlagers, wird sich spätestens übermorgen mit Ihnen in Verbindung setzen, um Ihnen einen konkreten Liefertermin zu nennen.

Ich hoffe, Ihnen damit eine akzeptable Lösung anbieten zu können, und freue mich auf unsere weitere Zusammenarbeit.

Freundliche Grüße nach Bad Homburg

Friedrich Schulze

Aufbau des Textes

Wie die Gliederung eines Textes aussehen sollte, kann in aller Kürze dargestellt werden: (Begrüßung) – Einleitung, Hauptteil, Abschluss – (Grußformel).

Mit der Einleitung gönnen Sie dem Leser eine kurze Einstimmung in Form von einem bis maximal zwei Sätzen, die ein bisschen allgemein gehalten sein dürfen, bevor Sie Ihr tatsächliches Anliegen vorbringen. Danach folgt der Hauptteil, aus dem das Thema oder das Anliegen präzise hervorgehen sollte. Er benötigt einen logischen Aufbau, einen „roten Faden". Sorgen Sie dafür, dass die Inhalte sinnvoll aufeinander aufbauen oder miteinander verknüpft sind. Wenn Sie etwas – ein Produkt, eine Leistung oder eine Idee – „verkaufen" wollen, ist es natürlich sinnvoll, dies nicht als Ziel zu formulieren, sondern den Nutzen aufzuzeigen oder inhaltlich zu argumentieren. Begründen Sie Ihren Standpunkt, Ihre Meinung oder Ihre Entscheidung in angemessenem Umfang. Lassen Sie Überflüssiges weg.

Beachten Sie dabei, dass eine übersichtliche Gliederung das Lesen stark vereinfacht. Das heißt: Bilden Sie pro zusammenhängendem Gedanken einen Absatz und trennen Sie diese optisch mit einer Leerzeile voneinander.

Expertentipp: Ein guter Betreff macht neugierig

Eine knackige Betreffzeile in der Art einer Zeitungsheadline animiert den Leser und weckt die Neugier. Auf die veraltete Beschriftung „Betreff" können Sie getrost verzichten.

Am Ende des Briefs formulieren Sie einen sanften Ausstieg. Dazu stehen mehrere Möglichkeiten offen: Sie können zum Beispiel mit einer höflichen Handlungsaufforderung oder einem Verbleib enden. In jedem Fall sollte der letzte Satz einen angenehmen Nachgeschmack erzeugen. Eine Prise Humor oder Emotion ist erlaubt.

Korrekte und vollständige Anschrift

Schon durch große Sorgfalt beim Adressieren kann man Respekt erkennen lassen, was wesentlich zu einem gehobenen Stil beiträgt. Bei einer formellen Einladung mit namhaften Ehrengästen etwa zeigt sich die gewisse Feinheit in kleinen Details zum Beispiel darin, dass Vornamen (falls bekannt) im Adressfeld stehen und das Wort „Straße" ausgeschrieben und nicht als „Str." abgekürzt wird. Wie selbstverständlich sollten Sie auch den Titel inklusive der Spezifizierung – zum Beispiel Doktor med. oder Doktor jur. – des Empfängers voranstellen.

Expertentipp: Fragen Sie bei Unsicherheiten nach

Falls Sie sich über derartige Details nicht ganz sicher sind, rufen Sie die betreffende Person an und fragen Sie nach. Das wirkt sicher souveräner, als wenn Sie eine fehlerhafte oder unvollständige Anschrift auf den Umschlag schreiben.

Schriftliche Anrede

Ein anonymes „Sehr geehrte Damen und Herren" zeugt von wenig Interesse an der Person, an die Sie sich mit Ihrem Anliegen eigentlich wenden wollen. Denn es wirft die Frage auf, warum Sie vorab nicht recherchiert haben, wie der zuständige Ansprechpartner heißt. Wenn Sie den Namen wissen oder in Erfahrung gebracht haben, sind folgende Regeln zu beachten.

In einem klassischen und sachlichen Brief ohne persönliche Beziehung ist die traditionelle Anrede „Sehr geehrte Frau ..." auf jeden Fall angemessen. Durchaus akzeptabel sind heutzutage auch weichere Grußformeln wie „Liebe Frau ..." oder „Guten Tag, Herr ...". Deren Anwendung setzt aber ein gut ausgeprägtes Feingefühl voraus, ab wann und bei welcher Art Brief man sie einsetzen darf.

Richtet sich der Brief an mehrere Empfänger, wird der hierarchisch Höchste an erster Stelle genannt. Bei gleichen Ebenen wird gegebenenfalls die Dame zuerst angesprochen.

Die Bezeichnung „Firma" lässt man nach aktuellen Standards weg; es reichen der Firmenname und die Rechtsform, zum Beispiel: Gebrüder Schrader GmbH und Co. KG.

Gut ausgebildete (Chef-)Sekretärinnen wissen, dass ein Brief, der direkt an eine Person im Unternehmen gerichtet ist, auch nur von dieser zu öffnen ist. Wenn Sie also einer Person direkt schreiben wollen, sieht das Adressfeld folgendermaßen aus:

Beispiel: Adressfeld
> Herrn Peter Neumann
> Firmenname
> Straße
> PLZ Ort

Der vorangestellte Firmenname hingegen deutet auf das Unternehmen als Empfänger hin, der Brief wird dann an die darunter genannte Person weitergeleitet. Doch in vielen Unternehmen hat sich diese Gepflogenheit nicht bis zum Postempfang herumgesprochen. Daher kann es passieren, dass ein persönlich adressierter Brief im Sekretariat geöffnet wird. Dagegen hilft der Vermerk „Persönlich" auf dem Umschlag. Denken Sie daran, wenn Sie wollen, dass vertrauliche Mitteilungen oder Dokumente ungeöffnet bis zum gewünschten Empfänger gelangen.

Schlussformeln

Die Standardformel „Mit freundlichen Grüßen" ist zwar nicht verkehrt, aber auch nicht besonders einfallsreich. Schon durch leichte Abwandlungen wird er individueller und persönlicher, zum Beispiel: „Beste Grüße nach München", „Freundliche Grüße aus Idar-Oberstein" oder auch „Herbstliche Grüße aus Hamburg".
Ausdrücke wie „Hochachtungsvoll" sind im täglichen Business überholt und unangebracht. Auch mit der Verwendung von „Ihr/Ihre" sollten Sie behutsam umgehen, denn damit erzeugen Sie den Eindruck einer persönlichen Beziehung oder von Untergebenheit. Sofern das nicht Ihr ausdrücklicher Wunsch ist oder den Tatsachen entspricht, verzichten Sie darauf.

Unterhalb Ihres gedruckten Vor- und Nachnamens vermerken Sie Funktions- oder Positionsbezeichnung.

Beispiel:

| Lisa Dodenhoff | oder | Frank Baumann |
| Bezirksleitung Nord | | Geschäftsführer |

Die persönliche Unterschrift sollte immer handschriftlich ausgeführt werden und sich unter der Abschiedsgrußformel und über dem gedruckten Namen befinden.

Expertentipp: Vermeiden Sie Abkürzungen bei den Schlussformeln

Abkürzungen wie „MfG" (Mit freundlichen Grüßen) oder „LG" (Liebe Grüße) sind im Briefverkehr ein Ausdruck mangelnden Respekts. Sie sollten höchstens am Ende einer SMS stehen, die unter Bekannten ausgetauscht wird.

Optische Gestaltung

In einem seriösen Unternehmen ist es selbstverständlich, dass alle nach außen gerichteten Briefe auf das professionell gestaltete, hauseigene Briefpapier mit Logo und Briefkopf ausgedruckt werden. Aber auch für die interne Korrespondenz sollten Sie nicht auf jegliche Etikette verzichten. Falls es keine entsprechenden Vordrucke gibt, gestalten Sie sich am PC selbst eine Brief- oder Mitteilungsmaske, die zumindest einen gepflegten Eindruck macht und bei regelmäßiger Anwendung zu einem positiven Wiedererkennungseffekt führt. Wie informell der Anlass auch ist – ein abgerissener Schmierzettel passt niemals zu einer geschäftlichen Mitteilung.

Der erste Eindruck beim Empfänger entsteht durch den Umschlag eines Briefs, er sollte frei von Flecken und anderen Verschleißspuren sein. Ob Sie einen Fensterumschlag verwenden oder nicht, liegt daran, wie persönlich der Briefinhalt ist. Wenn er über das rein Geschäftliche hinausgeht, sind Sie mit einem geschlossenen Umschlag besser beraten. Die Adresse kann entweder direkt auf den Umschlag gedruckt werden oder Sie verwenden einen Adressaufkleber. Bei besonderen persönlichen Anliegen gilt die Beschriftung von Hand als Zeichen von Respekt und Stil, zum Beispiel bei Kondolenzbriefen, Glückwünschen und offiziellen Einladungen.

Die DIN-Normung bestimmter Parameter dient dazu, das Erstellen der Schriftstücke zu vereinfachen, um unnötige Fehldrucke zu vermeiden. So ist zum Beispiel das Adressfeld immer in einer vorgegebenen Höhe einzurichten, damit die Angaben bei Fensterumschlägen vollständig lesbar sind. Versuche, sich durch allzu außergewöhnliche Gestaltung von der Masse abzuheben, werden im geschäftlichen Umgang eher belächelt, als dass sie Respekt auslösen.

Die Standardschriftgrößen für den Schriftverkehr liegen je nach Schriftart bei elf oder zwölf Punkt. In Anschreiben ist aktuell der linksbündige Flattersatz die gängige Form, während für mehrseitige Konzepte der beidseitig bündige Blocksatz eingerichtet werden darf.

Auch die Datumsangabe unterliegt einer formalen Regel. Im Zuge der Internationalisierung im Geschäftsverkehr gilt folgende international genormte Schreibweise: 20XX-03-17 (Jahr-Monat-Tag). Unsere herkömmliche deutsche Datumsangabe (17.03.20XX) führt in anderen Ländern zu Missverständnissen. In Fließtexten sieht eine Datumsangabe laut DIN so aus: 17. März 20XX – und nicht: 17.3.20XX.

Prüfen Sie Ihre Briefe vor dem Versand am besten mit der folgenden Checkliste daraufhin, ob Sie an alles gedacht haben.

Entspricht mein Brief den Kriterien eines guten Stils in der Kommunikation?	ja	nein
Ist die Anschrift des Empfängers vollständig und korrekt?	☐	☐
Lädt die Betreffzeile zum Weiterlesen ein und gibt sie Aufschluss über das Thema/den Inhalt des Briefs?	☐	☐
Passt die im Brief gewählte Anrede zur Art der Geschäftsbeziehung?	☐	☐
Ist der Einleitungssatz positiv formuliert? Gibt es einen aufschlussreichen Aufhänger zur Einstimmung ins Thema/Anliegen?	☐	☐
Ist das Anliegen des Briefs konkret benannt? Bin ich mir über die Zielsetzung im Klaren? Kommt dieses Ziel verständlich rüber?	☐	☐
Sind die Argumente schlüssig und logisch aufeinander aufgebaut? Sind die wesentlichen Informationen vollständig und korrekt?	☐	☐
Kann ich einen Nutzen/Vorteil bieten und ist dieser nachvollziehbar aufgezeigt?	☐	☐
Sind alle Formulierungen verständlich? Keine unnötigen Fremdwörter, unvermeidbare Fachausdrücke erklärt, keine Schachtelsätze?	☐	☐
Habe ich Ich-Botschaften eingebaut, die Sympathien erzeugen und eine persönliche Verbindung ausdrücken?	☐	☐
Ist ab und zu die persönliche Ansprache („Sie", „Ihnen") verwendet?	☐	☐
Sind positive Begriffe, die im Zusammenhang eine Rolle spielen, wirksam eingesetzt?	☐	☐
Wie sieht es in Bezug auf Reizwörter und Phrasen aus? Wurden diese vermieden oder ersatzlos gestrichen?	☐	☐
Gibt es einen atmosphärischen Abschluss/Ausstieg/Verbleib?	☐	☐
Habe ich an die handschriftliche Unterschrift gedacht?	☐	☐
Macht der Brief optisch einen gut gestalteten Eindruck?	☐	☐
Ist er auf Rechtschreibung geprüft?	☐	☐
Sind gedankliche Absätze durch eine Leerzeile voneinander getrennt?	☐	☐
Passt der Umschlag zum Briefpapier? Ist er sauber und tadellos beschriftet? Und ausreichend frankiert?	☐	☐
Ist die Anschrift des Empfängers vollständig und korrekt?	☐	☐

Fax: Anwendungsmöglichkeiten und Tabus

Ein Fax darf ebenfalls ansprechend gestaltet werden und ist für manche Zwecke hervorragend geeignet, zum Beispiel, um fix auf eine telefonische Anfrage mit einem Angebot zu reagieren. Auch hierbei sollten Sie ein paar Kleinigkeiten beachten, damit das Ansehen eines Unternehmens oder Ihrer Person nicht aufgrund von Flüchtigkeitsfehlern leidet.

Seien Sie vor allem bei der Adressierung sorgfältig, denn sehr wahrscheinlich kommt Ihr Fax an einem Gerät an, das von einer ganzen Abteilung benutzt wird. Der Adressat sollte also schnell und eindeutig zu ermitteln sein, damit das Fax ohne Verzögerung an ihn weiter geleitet werden kann.

Trotz des Briefgeheimnisses können Sie keineswegs davon ausgehen, dass niemand sonst den Inhalt eines Fax-Schreibens liest. Deshalb eignet sich dieses Medium nicht, um vertrauliche Botschaften zu übermitteln. Auch bei formellen Anlässen wie Todesfällen oder Geburtstagen wählt man nicht das Fax, sondern bleibt dem traditionellen Brief oder der Grußkarte (mit Umschlag) treu.

Expertentipp: Achten Sie auf eine ausreichende Schriftgröße

Bei der Datenübertragung per Fax ergibt sich manchmal eine gewisse Unschärfe. Aus diesem Grund empfiehlt es sich, eine gut lesbare Schriftgröße (14 Punkt) zu verwenden.

E-Mail: klassische Regeln für die papierlose Post

Wie sind wir in der Vergangenheit nur ohne dieses rasante Medium ausgekommen? Schnell hat man in Stichwörtern seine Gedanken runtergeschrieben und, ehe man sich versieht, auch schon den Sendeknopf angeklickt. Und schwupp – ist das Ding beim Empfänger! Und manchmal wenige Sekunden später bereits von ihm beantwortet.

Beispiel: Lieber Empfänger, alles klar?

„hi uli,
hab grade kurz luft und wollte ma sehen, wann wir uns dieser tage zusammensetzen können, um die umsatzplanung fürs nä quartal zu besprechen...wie schauts bei dir aus?
see u,
jan"

Eine solche E-Mail finden Sie unvorstellbar? Das ist sie keineswegs, in der Praxis sind solche Schreiben gang und gäbe. Diese Form des geschäftlichen Kommunizierens grenzt allerdings an Kulturverlust. Die enthaltenen hieroglyphenartigen Abkürzungen führen nicht dazu, dass die E-Mail schneller gelesen werden kann, sondern versetzen den Leser in eine ungemütliche Hektik. Wie eine geschäftliche E-Mail aussehen und formuliert werden sollte, ist schnell gesagt: genauso niveauvoll wie ein Brief. Sie brauchen dabei zwar nicht ganz so sehr auf ein vorgegebenes Standardformat achten, aber wesentlich sind die gleichen Aspekte. Die Unterschiede liegen in kleinen Details:

- Die E-Mail-Adresse reicht als Anschrift aus.
- Auch eine E-Mail beginnt mit einer Begrüßung und der Nennung des Namens.

- Die Zeit für eine kurze Einleitung sollten Sie sich ruhig nehmen: „Vielen Dank für Ihre E-Mail ...“

- Der Übersichtlichkeit wegen bilden Sie Absätze, die Themen/Gedanken voneinander trennen.

- Eine charmante Grußformel beendet die Mail.

- Unter Ihrem Namen stehen Ihre kompletten Kontaktdaten (Name des Unternehmens, Abteilung, Postanschrift, Telefonnummer, Fax, E-Mail-Adresse).

- Die Betreffzeile sollte exakt formuliert sein, um bei späteren Suchaktionen die Trefferquote zu erhöhen.

Expertentipp: Gegen die E-Mail-Flut

Überlegen Sie bei jeder einzelnen E-Mail, ob alle, die im Verteiler aufgeführt sind, wirklich angeschrieben werden müssen. Über eine Nachrichtenflut freut sich niemand.

Telefon – der heiße Draht

Grundsätzlich ist das Telefon ein unkompliziertes Kommunikationsmittel. Doch warum schieben wir manche Telefonate ewig vor uns her? Weil sich manche Themen eben doch nicht so einfach auf diesem Weg regeln lassen. Schließlich sind wir beim Telefonieren sehr eingeschränkt. Wir können die Stimmung unseres Gegenübers nicht an seiner Mimik ablesen und eine belastende Botschaft lässt sich nicht durch ein Lächeln entschärfen. Und wir müssen spontan reagieren, ohne heikle Antworten sorgfältig vorformulieren zu können.

Diese Nachteile können Sie zumindest zum Teil mit durchdachter Planung entkräften. Eine gute Möglichkeit dazu bietet ein Stichwortzettel: Notieren Sie sich das Ziel des Telefonats. Fertigen Sie dann eine Liste Ihrer Argumente oder Informationen an. Sammeln Sie vorab auch schon Fragen, die Sie beantwortet haben möchten. Legen Sie sich einen leeren Notizzettel zurecht, damit Sie während des Gesprächs mitschreiben können.

Es ist wichtig, gleich zu Beginn des Telefonats für ein angenehmes Klima zu sorgen. Ihre Instrumente dafür sind die Begrüßung und Ihre Stimme. Wenn Sie anrufen, begrüßen Sie zuerst Ihren Gesprächspartner und stellen sich dann mit Ihrem Namen vor. „Guten Tag, Herr Maler. Mein Name ist Barbara Blume – Pause – Union Transport.“ Oder, wenn Sie sich bereits kennen: „Guten Tag, Herr Maler. Hier ist Barbara Blume von Union Transport.“ Nach moderner Sitte nennen Sie Vor- und Nachnamen. Geben Sie in den ersten Sekunden keine wichtigen Informationen weiter, da Sie noch nicht die volle Aufmerksamkeit des anderen haben.

Training 16: Der 20-Sekunden-Einstieg   ⏱ 10 Min.

Formulieren Sie zu einem Thema Ihrer Wahl einen derart prägnanten Einstieg für ein Telefonat, dass Sie innerhalb von 20 Sekunden Ihr Anliegen vorgetragen haben. Der Gesprächsteilnehmer am anderen Ende der Leitung sollte verstehen, worum es geht, und das Gespräch mit Ihnen fortsetzen wollen.

Lösung 16: So formulieren Sie den 20-Sekunden-Einstieg

Nach einer freundlichen Begrüßung bringen Sie möglichst direkt und ohne Umwege Ihr Anliegen vor. Stellen Sie gleich zu Anfang klar, worum es geht, welchen Nutzen der andere möglicherweise haben wird oder warum das Gespräch für Sie wichtig ist und wie lange dieses Telefonat voraussichtlich dauert. Damit kann der Angerufene sofort entscheiden, ob er in diesem Moment mit Ihnen sprechen möchte oder eventuell erst später. Fragen Sie ihn danach, denn vor allem wenn Sie etwas von ihm möchten, wäre es ungünstig, wenn er auf heißen Kohlen sitzt und sich nicht auf das Gespräch konzentrieren kann.

Denken Sie daran, dass der Einstieg besonders wichtig ist, da Sie damit die Atmosphäre prägen. Hier ein paar praktische Tipps:

- Lächeln, Sie während Sie reden, denn die Freundlichkeit ist in Ihrer Stimme hörbar.
- Nehmen Sie eine aufrechte und auch bequeme Haltung ein und atmen Sie gleichmäßig.
- Achten Sie auf eine angemessene Lautstärke Ihrer Stimme.
- Sprechen Sie langsam und deutlich.
- Die Klangmelodie endet bei der Begrüßung mit einer Aufwärtsbewegung.

Wenn Sie angerufen werden, nennen Sie erst den Namen Ihres Unternehmens – Pause – dann Ihren Vor- und Nachnamen und danach folgt die Begrüßung. Nicht zeitgemäß sind folgende Ansagen:

- „Firma Schneider, Brockmann"
- „Firma Schneider GmbH und Co. KG"
- „Schneider, Brockmann am Apparat"
- „Brockmann von der Firma Schneider"

Diese Beispiele wirken nicht nur verstaubt, sondern sind teilweise auch als unhöflich einzustufen, weil die Person am anderen Ende der Leitung den Namen des

Angerufenen nicht identifizieren kann. Das Wort „Firma" ist veraltet und die Angabe der Rechtsform erzeugt eine deutliche Distanz, was eher Fronten aufbaut als Kooperation und Verständigung auslöst. Dies wird ganz erheblich verstärkt, wenn Sie Ihren eigenen Namen gar nicht nennen.

Expertentipp: Zum Umgang mit Namen am Telefon

Falls Sie Schwierigkeiten haben, sich Namen zu merken, schreiben Sie den Namen Ihres Gesprächspartners auf, um ihn ab und zu benutzen zu können. Falls Sie den Namen nicht verstanden haben oder sich nicht sofort merken konnten, fragen Sie gleich zu Anfang nach: „Könnten Sie bitte Ihren Namen noch einmal wiederholen? Ich habe ihn nicht richtig verstanden." Vermeiden Sie das altbekannte: „Wie war doch gleich Ihr Name?" Diese Formulierung – insbesondere am Ende eines Telefonats – ist wie ein Schlag unter die Gürtellinie. Die Frage in der Vergangenheitsform klingt wie ein Nachruf, so als ob diese Geschäftsbeziehung für Sie bereits tot ist.

Während des Gesprächs signalisieren Sie volle Konzentration, indem Sie aktiv zuhören. Das bedeutet, dass Sie den anderen ausreden lassen und ab und zu ein bestätigendes „Ja", „Mhm" oder Ähnliches anbringen. Letzteres, da Ihnen am Telefon die Möglichkeit fehlt, Ihre Aufmerksamkeit durch Blickkontakt und Kopfnicken zu zeigen. Hier müssen Sie diese Botschaft durch passende Geräusche vermitteln, damit der Gesprächspartner weiß, dass Sie noch zuhören.

Denken Sie daran, dass jede Nebenbeschäftigung (E-Mails checken, Rauchen, Einkaufsliste verfassen, Gestikulieren mit dem Kollegen) ablenkt. Das ist durchs Telefon zu spüren. Zu guten Umgangsformen passt eine solche Respektlosigkeit nicht.

Auch Nebengeräusche wirken sich auf die Konzentration sehr negativ aus. Klar, wenn Sie in einem Großraumbüro arbeiten, können Sie nicht alle Kollegen zu minutenlangem Schweigen verdonnern. Aber vielleicht ist es möglich, ihnen zu signalisieren, dass Sie ein wichtiges Gespräch führen, damit kein schallendes Gelächter ertönt, das Ihrem Gesprächspartner das Gefühl gibt, Sie seien abgelenkt und nicht bei der Sache. Auch Radiomusik ist ein Störfaktor, weil sie zeitgleich denselben Sinneskanal fordert, den Sie zum Telefonieren brauchen.

Nach einer unumgänglichen Unterbrechung, in der Sie den Hörer beiseite legen mussten, um zum Beispiel etwas zu holen, ist der korrekte Wiedereinstieg: „Hören Sie bitte?" und nicht etwa ein: „Hallo, da bin ich wieder…".

Wer häufig telefoniert, weiß, dass es manchmal schwierig ist, sich später an wichtige Einzelheiten zu erinnern. Damit Ihnen keine Details verloren gehen oder Sie unnötig lange in Ihrem Gedächtnis graben müssen, empfiehlt es sich, schon während des Telefonats Wesentliches mitzunotieren. Ein weiterer bedeutsamer Aspekt bei der Nachbereitung eines Telefonats sind Anschlusshandlungen und Wiedervorlagen. Die sicherste Methode ist – wenn möglich – alles sofort zu erledigen. Denn in manchen Fällen können Sie nicht nur durch die Qualität Ihrer Arbeit, sondern zusätzlich durch überraschende Geschwindigkeit punkten.

Wenn Sie für sich nachprüfen wollen, ob ein schwieriges Telefonat zielgerichtet verlaufen ist, benutzen Sie die folgende Checkliste.

Checkliste: Wie ist das Telefonat verlaufen?	ja	nein
Haben Sie Ihre Argumente verständlich vorbringen können?	☐	☐
Waren sowohl Ihr Tonfall als auch Ihre Lautstärke angemessen?	☐	☐
Hätte es anders/besser laufen können? Wenn ja, wie?	☐	☐
Hätten Sie sich kürzer fassen können?	☐	☐
Hätten Sie etwas besser machen können? Wenn ja, was?	☐	☐

Aus Ihren Erkenntnissen können Sie Verbesserungsmöglichkeiten ableiten und damit gezielt an Schwächen arbeiten.

Die Handy-Manie

Der Umgang mit dem immer und überall präsenten Handy hat einen besonderen Stellenwert, weil wir – zumal in Zeiten des Smartphones – zu jeder Zeit und bei jeder Gelegenheit erreichbar sind. Es ist nicht selbstverständlich, dass wir uns am Schreibtisch befinden, wo eben normalerweise geschäftliche Dinge besprochen werden, wenn uns jemand anruft. Um aus diesem beliebten Kommunikationsmittel keinen Störfaktor zu machen, beachten Sie einige Hinweise zum souveränen und stilvollen Umgang mit Mobiltelefonen.

- Suchen Sie sich einen unaufdringlichen Klingelton aus. Drosseln Sie die Lautstärke in geschlossenen Räumen oder besser noch, schalten Sie auf stumm und Vibrationsalarm.

- Lassen Sie Ihr Handy niemals auf Ihrem Schreibtisch liegen, wenn Sie sich entfernen. Endloses Klingeln nervt Ihre Mitmenschen.

- Wenn Sie in einer belebten Umgebung ein Gespräch annehmen, entfernen Sie sich von den anderen Menschen, um niemanden zu stören – oder bieten Sie einen Rückruf zu einem passenderen Zeitpunkt an.

- Während eines Meetings oder Gesprächs ist das Handy ausgeschaltet, es sei denn, es gibt einen zwingenden Grund. Dann sagen Sie Ihrem Gegenüber vorab, warum Sie das Telefon nicht ausschalten können. Stecken Sie es trotzdem in Ihre (Jacken-)Tasche, damit es nicht wie ein Mahnmal zwischen Ihnen auf dem Tisch liegt.

- Wenn Sie Ihr Handy ausschalten, sind Sie nicht unerreichbar. Eine freundliche und persönliche Ansage auf Ihrer Mailbox begrüßt den Anrufer an Ihrer Stelle und lädt ihn ein, seine Nachricht zu hinterlassen. Der Hinweis auf einen zügigen

Rückruf weckt eine Erwartung, die Sie tatsächlich erfüllen sollten. Die Höflichkeit gebietet, dass Sie sich tatsächlich bei nächster Gelegenheit melden.

- Wenn Sie jemanden mobil anrufen, fragen Sie direkt nach der Begrüßung, ob Ihr Anruf jetzt gelegen kommt – eben weil Sie nicht wissen können, wo sich der Angerufene gerade befindet. Wenn Sie sofort mit Ihrem Anliegen herausplatzen und der Angerufene Sie nicht bremsen kann oder mag, bedrängen Sie ihn.

Die geschäftliche Esskultur

Sich bei Tisch gut benehmen zu können scheint ein wichtiges Anliegen zu sein, denn hier erlauben wir tiefe Einblicke in unsere Kinderstube. Das behaupten nicht nur die Anbieter von Benimm-Seminaren, auch die Wirtschaftspresse weist verstärkt darauf hin, welch entscheidenden Einfluss unsere Tischsitten auf den Erfolg bei der Karriere haben. Dass Führungskräfte mit Gästen und Geschäftspartnern des Öfteren gemeinsam zu Tisch sitzen, ist kein Geheimnis. Und so ist es aus Sicht der Unternehmen nachvollziehbar, dass sie großen Wert auf adäquates Verhalten ihrer Repräsentanten legen.

Doch wer weiß schon so genau, wann die Serviette wo ihren Platz hat und wie sie korrekt benutzt wird? Und in welcher Reihenfolge betritt eine Gruppe eigentlich ein Restaurant? Wie häufig hat man schon so absonderliche Dinge wie Austern und Hummer in der Öffentlichkeit gegessen und deren Fleisch elegant und geschickt aus der Schale gelöst?

Ankunft im Restaurant

Das Geschäftsessen im gehobenen Restaurant ist sicherlich eine der gängigsten Situationen, die Sie in Ihrem Arbeitsalltag erleben. Man verlässt in der Gruppe das Unternehmen, macht sich auf den Weg ins Lokal der Wahl und speist zusammen im Kreis wichtiger Geschäftspartner. Doch schon bei der Ankunft stellt sich die Frage, wer eigentlich vorausgeht und das Restaurant als Erstes betritt.

Training 17: Der korrekte Ablauf im Restaurant ⏱ 10 Min.

Beschreiben Sie den Ablauf im Restaurant und berücksichtigen Sie dabei Hierarchien und Geschlechter der Anwesenden: Wer tritt als Erster ein? Wer hilft wem an der Garderobe? Wer sucht den Tisch aus? Wer setzt sich zuerst?

Lösung 17: Der korrekte Ablauf im Restaurant

Nach den modernen Umgangsformen betritt der Gastgeber als Erster das Restaurant – auch wenn „er" eine Frau ist. Der männliche Gastgeber kann seinem Gast sehr wohl an der Garderobe behilflich sein. Wenn er mit mehreren Personen essen geht, hilft er nur einem – vorzugsweise einer Dame. Die restlichen Personen versorgen sich selbst oder dürfen sich auch vom Personal unterstützen lassen.

In besseren Restaurants wird Ihnen vom Kellner ein Tisch zugewiesen. Das heißt, Sie gehen niemals auf eigene Faust los und suchen sich einen Tisch aus. Der Kellner geht voraus, dann folgt Ihr Gast und Sie gehen hinterher. Am Tisch angekommen, warten Sie, bis sich Ihre Gäste gesetzt haben – Sie können dies durch eine entsprechende, höflich auffordernde Handbewegung einleiten –, und nehmen erst danach Platz. Wenn es angemessen erscheint, können Sie hilfreiche Hinweise zur Sitzordnung geben, zum Beispiel wenn sich die Anwesenden untereinander noch nicht kennen.

Die hier genannte Reihenfolge unterscheidet sich von der bei privaten und gesellschaftlichen Anlässen. Wird zum Beispiel der Geburtstag eines Familienoberhaupts gefeiert, dann nimmt natürlich zuerst die geehrte Person Platz und die Gäste setzen sich danach.

Auf komplizierte Menüs einfach verzichten zu wollen, um dadurch Fettnäpfchen zu umgehen, mag man damit entschuldigen, dass tatsächlich die Wenigsten über Tischsitten und das richtige Verhalten beim Essen Bescheid wissen. Mit einem resoluten „Hauptsache, es schmeckt!" katapultieren Sie sich allerdings ins gesellschaftliche Abseits. Und ebenso mit der Vorstellung, dass die Serviette doch im Kragen am sinnvollsten aufgehoben wäre und sich ein Glas am Kelch viel leichter anfassen lässt. Gerade weil menschliche Logik nicht jede Frage hinreichend beantwortet, wie man mit Besteck, Menüfolgen und ähnliche Themen umgeht, erhalten Sie im folgenden Kapitel Tipps, wie Sie den typischen Stolperfallen bei Tisch entgehen können, damit Sie in Zukunft auch auf diesem Terrain sicher und souverän auftreten können.

Bestellung aufgeben

Auch bei der Bestellung haben die Gäste den Vorrang. Als Gastgeber können Sie Empfehlungen aussprechen – „Die Lachscremesuppe ist hier ausgezeichnet" –, um den Gästen bei der Auswahl in Sachen Umfang und Preislage dezent den akzeptablen Rahmen anzudeuten. Sollten Sie Gast sein und der Gastgeber gibt keine Auskunft, dann bewegen Sie sich in der Speisenauswahl in der mittleren Preislage. Wenn Sie in ein Restaurant eingeladen sind und der Gastgeber ein Menü aus der preisgünstigen Mittagskarte wählt, wäre es ausgesprochen unhöflich, wenn Sie „à la carte" bestellen.

Gut geschulte Kellner reichen die Menükarten dem Gastgeber, der sie seinerseits an die Gäste weitergibt. Als Gast richten Sie Ihren Wunsch an den Gastgeber – nicht an den Kellner – und reichen zum Abschluss die Speisen- und Getränkekarten an den Gastgeber zurück, der sie dem Kellner gibt. Diese letzte Regel gilt nur für überschaubare Gruppengrößen bei vier bis sechs Personen. In größeren Runden werden die Menükarten von den Kellnern ausgeteilt und eingesammelt.

Tischsitten

Vielleicht stammen Sie aus einer Familie, in der automatisch das männliche Familienoberhaupt bei Tisch Regie geführt hat. Dann haben Sie sich vermutlich nie aktiv mit folgenden Fragen auseinander gesetzt.

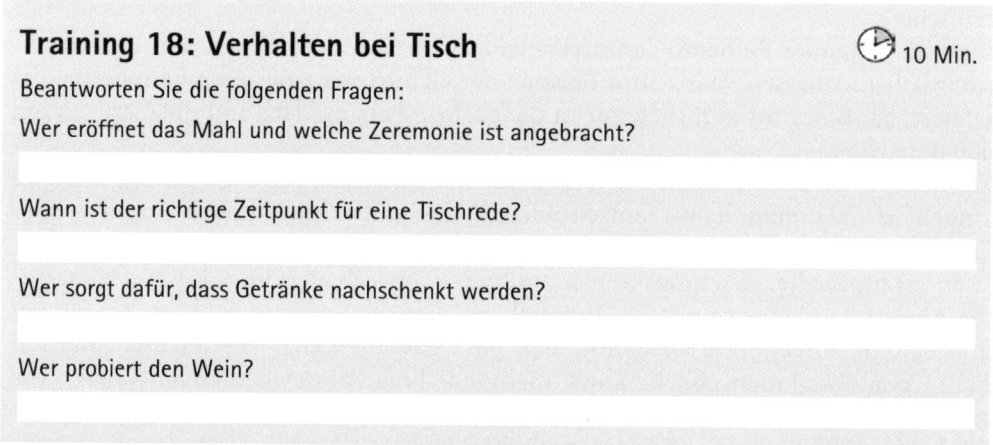

Training 18: Verhalten bei Tisch   🕐 10 Min.

Beantworten Sie die folgenden Fragen:

Wer eröffnet das Mahl und welche Zeremonie ist angebracht?

Wann ist der richtige Zeitpunkt für eine Tischrede?

Wer sorgt dafür, dass Getränke nachschenkt werden?

Wer probiert den Wein?

Lösung 18: So verhalten Sie sich richtig

Sobald alle Speisen aufgetragen sind, liegt es bei Ihnen als Gastgeber, durch eine kleine Geste – zum Beispiel ein Kopfnicken – das Essen einzuleiten.

Wird von Ihnen erwartet, dass Sie zu Beginn etwas sagen, dann fassen Sie sich kurz, damit die Speisen nicht kalt und die hungrigen Gäste nicht ungeduldig werden. Wenn eine Tischrede angebracht erscheint, ist der Zeitpunkt dafür nach dem Hauptgang gekommen.

Der Kellner wird grundsätzlich nur vom Gastgeber durch ein Handzeichen an den Tisch gebeten. Der Eingeladene hat abzuwarten, bis entweder der Ober von sich aus nachschenkt oder bis der Gastgeber das leere Glas bemerkt und den Kellner darum bittet, etwas nachzugießen. Beim Nachschenken halten Sie dem Kellner nicht etwa Ihr Glas entgegen, sondern lehnen sich ein wenig nach links, damit dieser ungehindert an das Glas herankommt.

Die Weinprobe findet durch den Gastgeber statt – auch wenn es sich um eine Frau handelt. Die verkrustete Regel der Benimmstatuten, in denen es als unschicklich galt, dass die Dame zuerst den Wein probiert, wurde in den modernen Zeiten der Gleichberechtigung angepasst.

Das Eigenleben der Serviette bei Tisch
Kommen wir nun zu einem schwierigen Thema: Während des gesamten Essens ruht die Serviette auf Ihrem Schoß – einmal quer gefaltet und mit der offenen Seite Ihnen zugewandt.

Expertentipp: Vor dem Trinken tupfen
Vor jedem Trinken tupfen (niemals: wischen!) Sie mit der Innenseite der Serviette Ihren Mund ab, um zu verhindern, dass sich Fettspuren am Glasrand bilden.

Wenn Sie die Mahlzeit unterbrechen, um beispielsweise zur Toilette zu gehen, oder die Folge aller Gänge beendet ist, legen Sie die Serviette zu einem Rechteck locker gefaltet links neben Ihren Teller.

Besteck und Gedeck
Auch wenn ein sogenanntes großes Festtagsgedeck auf den ersten Blick verwirrend aussieht und Unsicherheit auslöst, erklärt sich die Verwendung der meisten Besteckteile nahezu von selbst. Die bekannte Regel „von außen nach innen" hilft Ihnen bei der Orientierung. Eine größere Anzahl von Gläsern sollte Sie nicht beunruhigen, denn das Einschenken und Entfernen nicht benötigter Gläser übernimmt der geschulte Kellner. Damit kann es gar nicht dazu kommen, dass Sie peinliche Fehlentscheidungen treffen. Das weitaus größte Fehlerpotenzial liegt beim Umgang mit dem Besteck.

Training 19: Welche Bestecksünden sind Ihnen bekannt 🕐 15 Min.

Denken Sie über unterschiedliche Situationen in einem Restaurant während des Essens nach. Beschreiben Sie dann, was man im Lauf des Menüs mit den einzelnen Besteckteilen wohl alles verkehrt machen könnte.

Lösung 19: Die Bestecksünden

Fehler Nummer 1: Die Griff-Sünde

Halten Sie das Besteck möglichst weit oben an den Griffen, denn je weiter Sie mit den Fingern herunterrutschen, desto mehr sieht es danach aus, als ob Sie sägten, wenn Sie zum Beispiel das Fleisch schneiden.

Fehler Nummer 2: Die Gestikulier-Sünde

Das Besteck ist kein Zeigestock. Wilde Gesten bei Tisch sind sowieso schon unangebracht, aber mit dem Messer in der Hand wirkt eine impulsive Bewegung leicht bedrohlich.

Fehler Nummer 3: Die Ablege-Sünde

Die Besteckteile werden während einer Essenspause oft schräg an den Tellerrand gelegt, die Griffe liegen auf dem Tischtuch auf. Das kann nicht nur dazu führen, dass Messer oder Gabel abrutschen, sondern ist einfach nicht schicklich. Bei einer Unterbrechung bleibt das Besteck auf dem Teller, durch die Lage der Einzelteile geben Sie ein Signal: Zum Zeichen einer Pause legen Sie Ihr Besteck leicht gekreuzt auf dem Teller ab.

Den Wunsch nach einem Nachschlag drücken Sie dadurch aus, dass Sie die Gabel mit nach unten gerichteten Zinken auf den linken unteren Tellerrand und das Messer mit der Schneide nach links auf den rechten unteren Tellerrand legen, ohne dass sich die beiden Teile berühren.

Wenn Sie Ihre Mahlzeit beendet haben. legen Sie beide Besteckteile parallel auf den rechten unteren Tellerrand.

Signal „Pause"   Signal „Nachschlag"   Signal „Ende"

Bei Gedecken mit Unterteller (Suppentasse oder Dessertschale) wird das Besteck immer auf dem Unterteller abgelegt – niemals in der Tasse oder Schale.

Fehler Nummer 4: Die Abputz-Sünde

Die Messerklinge am abgeschnittenen Stück Fleisch oder an der Gabel abzustreifen wird zwar oft praktiziert, gehört aber keineswegs zur gehobenen Esskultur.

Expertentipp: Zum Wohl, aber wie?

Ein höfliches Zuprosten findet in der Form statt, dass man reihum das Glas erhebt, sich mit einem „Zum Wohl" zunickt und einen kleinen Schluck nimmt. Vor dem Absetzen des Glases halten Sie kurz inne und nicken noch einmal in die Runde. Gläser, die einen Stiel haben, werden auch an diesem angefasst.

Haltung bei Tisch

Was nach Großmutters Zeiten klingt, hat auch heute noch Bestand: Bei Tisch sitzt man aufrecht, behält die Ellenbogen nah am Körper und stützt sich nicht ab. Und das Essen führt man zum Mund – nicht umgekehrt.

Anstandshappen oder blanker Teller?

Ob Sie Ihren Teller ganz leer essen oder etwas übrig lassen, liegt ganz bei Ihnen. Der Anstandshappen ist veraltet, die Erziehungsmethode, bis zum letzten Bissen aufzuessen, ebenfalls.

Rauchen und (Nach-)Schminken zwischen den Gängen

Auch auf die Gefahr hin, dass es die Raucher nicht gern hören – zwischen den Gängen gilt ein Rauch-Tabu. Und selbst nach dem Dessert fragen Sie zunächst höflich in die Runde, ob es Einwände gibt, bevor Sie sich eine Zigarette anstecken.

Zigarren und Pfeifen gehören ausschließlich in den Rauchersalon und haben in Räumen, in denen Speisen verzehrt werden, generell nichts zu suchen. Der eindringliche Geruch kann selbst für entfernt sitzende Tischnachbarn den Genuss des Essens sehr beeinträchtigen.

Die Dame von Welt verbindet notwendige Restaurierungsarbeiten (das Auftragen von Puder oder Lippenstift) mit einem Gang zur Toilette. Beim Aufstehen sagen Sie: „Bitte entschuldigen Sie mich." Niemals werden Handgriffe fürs Make-up bei Tisch vollzogen.

Die Rechnung, bitte!

Der Gastgeber gibt durch ein Handzeichen zu verstehen, dass der Kellner die Rechnung bringen soll. In Nobelrestaurants wird sie Ihnen auf einem Teller in einer Mappe oder Stoffserviette präsentiert, die Sie diskret kurz öffnen, um einen Blick darauf zu werfen. Entweder Sie legen dann den Betrag in bar oder Ihre Kreditkarte hinein.

Wenn der Beleg zur Unterschrift zurückkommt, können Sie entweder von Hand auf dem Beleg eintragen, wie viel Trinkgeld Sie geben wollen, oder Sie legen es bar dazu. In Deutschland gelten fünf bis zehn Prozent des Rechnungsbetrags als „Tip" angemessen.

Alkohol oder Abstinenz?

Viele Menschen können nicht nachvollziehen, dass jemand gar keinen Alkohol trinkt – manchmal löst das sogar Argwohn aus. Selbst einige Etikette-Experten stufen es als Schnitzer ein, wenn man Alkohol rigoros ablehnt. Doch wenn für Sie der Konsum alkoholischer Getränke nicht infrage kommt – aus welchen Gründen auch immer –, ist es allein Ihre Entscheidung, ob Sie sich konsequent verhalten.

Um nicht als stillos zu gelten, haben Sie die Möglichkeit, Ihre Entscheidung diplomatisch zu verpacken. Sicherlich zeugt es nicht von feinem Taktgefühl, sich vehement gegen Alkohol im Allgemeinen zu positionieren und damit die anderen Anwesenden gewissermaßen anzuklagen. Genauso wenig müssen Sie sich ausführlich rechtfertigen.

Expertentipp: Wählen Sie eine harmlose Ausrede

Eine harmlose Ausrede – „Ich muss noch Auto fahren" – oder ein „Mir ist heute nicht nach Wein" sollte ausreichen, um Grundsatzdiskussionen zu verhindern, die bei Tisch nichts zu suchen haben.

Ausnahmezustand – Hummer und Co.

Schwierige Gerichte können einem schnell den Schweiß auf die Stirn treiben. Vor allem, wenn man sich vor die Frage gestellt sieht, welche Instrumente zu benutzen sind und wie man diese überhaupt richtig anwendet. Die entsprechende Fingerfertigkeit entwickeln Sie nur durch Praxis: Bei entsprechenden Seminaren bekommen Sie nicht nur technische Hinweise, sondern auch kulinarischen Genuss geboten.

Wenn Sie sich selbst nicht unnötig unter Druck setzen wollen, können Sie natürlich schwierige Speisen meiden. Manchmal ist dies aber nicht möglich, dann nämlich, wenn die Menüfolge festgelegt ist. Im Folgenden finden Sie eine kleine Übersicht über bekannte und weniger bekannte Benimmfallen, wenn es um den Umgang mit verschiedenen Speisen geht.

Speise	So wird's gemacht	So nicht
(Baguette-) Brot	Mit dem kleinen Brotmesser bringen Sie eine Portion Butter auf den dafür vorgesehenen Brotteller. Brechen Sie von Hand eine Scheibe Brot in mundgerechte Happen und nehmen immer nur einen in die Hand, um ihn mit Butter zu bestreichen und zu essen.	Niemals bestreichen Sie die ganze Brotscheibe wie eine Stulle und beißen davon ab.

Speise	So wird's gemacht	So nicht
Spaghetti	Professionell sieht es aus, wenn die Spaghetti an der Kante eines tiefen Tellers geschickt auf die Gabel gewickelt werden und die Menge so dosiert wird, dass der Mund nicht sperrangelweit aufgerissen werden muss, um sie einzuführen. Das Hilfsmittel Löffel ist ebenfalls erlaubt, wird allenfalls von Italienern belächelt.	Schneiden Sie Spaghetti niemals mit dem Messer auf eine handhabbare Länge.
Blattsalat	Sie können das Salatblatt vornehm falten und auf die Gabel spießen oder einfach mit dem Messer klein schneiden.	Die Gabel mit einem großen Salatblatt in den Mund schieben und sich dabei die Lippen mit Dressing besudeln.
Fingerfood	Fingerfood heißt nicht umsonst so und darf sehr wohl mit der Hand gegessen werden; es wird meist mit einer Serviette oder kleinen Tellerchen bei Steh-Partys oder -Empfängen gereicht.	Sie verwenden niemals beide Hände zum Essen.
Fisch	Zum Filetieren entfernt man mit dem Fischmesser zuerst die Rücken-, Bauch- und Schwanzflossen. Nach einem Schnitt unterhalb der Kiemen lässt sich die Haut lösen. Essen Sie stückweise das obere Filetstück, entfernen Sie dann die Hauptgräte und widmen sich dann dem unteren Filetstück.	Einzelne Gräten ziehen Sie nicht mit den Fingern (aus dem Mund) heraus. Benutzen Sie die Gabel, um die Gräten auf dem Abfallteller zu deponieren.
Kartoffeln	Kartoffeln und Klöße dürfen heutzutage mit dem Messer geschnitten werden.	Die Kartoffel wie einen Schwamm zu benutzen und mit der Gabel über den Teller zu fahren, um möglichst viel Soße aufzutunken, gilt als grober Fauxpas.
Hähnchenschenkel	Essen Sie diese Speise bitte mit Messer und Gabel. Bei Volksfesten im Bierzelt oder in einem zünftigen Landgasthof darf das Hühnerbein auch in die Hand genommen werden.	Die Knochen abzunagen erweckt den Eindruck, Sie seien nicht satt geworden.

Speise	So wird's gemacht	So nicht
Suppe	Bei kleinen Suppentassen mit Henkel darf die Tasse schräg gestellt werden, um den Löffel einzutauchen.	Suppenteller werden nicht gekippt, um den letzten Rest herauszubekommen. Der Löffel schabt auch nicht über den Tellerboden, um möglichst viel Suppe zu erwischen.
Spargel	Spargel darf mittlerweile mit Messer und Gabel gegessen werden.	Saugen Sie den Spargel nicht der Länge nach auf, so wie man als Kind gern Spaghetti „geflutscht" hat. Denn dabei entstehen für die anderen amüsante Geräusche.
Austern	Austern werden mit Zitrone beträufelt oder mit Pfeffer gewürzt, mit der Austerngabel aus der Schale gelöst und entweder geschlürft oder mit der Gabel verzehrt.	Ein Tier lebendig zu verspeisen liegt nicht jedem. Anstatt beim Schlucken das Gesicht zu verziehen, lassen Sie es lieber gleich bleiben.
Hummer	In den meisten Fällen wird Ihnen Hummer so dargeboten, dass Sie das Fleisch nur noch aus der Schale lösen müssen. Die Scheren und Beine drehen Sie mit der Hand vom Körper ab und verwenden die schmale Hummergabel, um das Fleisch herauszuziehen, gegebenenfalls saugen Sie sie aus.	Benutzen Sie auf jeden Fall die bereitgestellte Schale zum Reinigen der Finger – nicht nur die Serviette.
Garnelen	Garnelen dürfen mit der Hand gegessen werden. Nehmen Sie die Garnele in eine Hand und drehen Sie mit der anderen den Kopf ab. Brechen Sie den Panzer von der Innenseite her mit den Fingern auf, um das Fleisch herauszulösen.	Abfallberge türmen sich nie auf Ihrem Speiseteller, sondern auf einem separaten Abfallteller.

Regeln fürs Büfett

Sie lieben die freie Auswahl an Speisen, die Ihnen ein Büfett bietet? Vorsicht, denn auch in dieser gelockerten Atmosphäre lauern tückische Stolperfallen. Die Menüfolge ist wie sonst auch: (kalte) Vorspeise, Suppe, Hauptgang, Käse, Dessert. Dadurch ergibt sich eine logische Laufrichtung entlang des Büfetts, an die Sie sich bitte auch halten. Und: Wie groß Ihr Appetit auch sein mag – am Büfett wird nicht genascht oder probiert und genauso wenig auf dem Weg zum Tisch.

Wer sich aus Bequemlichkeit den Teller voll füllt, damit er nicht mehrmals laufen muss, wirkt gierig. Normalerweise werden Büfetts immer wieder nachgefüllt, sodass man durchaus mehrmals Anlauf nehmen kann, um den gewünschten Nachschlag zu bekommen. Für jeden Menügang verwenden Sie einen neuen Teller und frisches Besteck. Damit Ihr benutztes Geschirr in der Zwischenzeit vom Servicepersonal abgeräumt werden kann, hinterlassen Sie es mit eindeutigem Bestecksignal.

Selbstverständlich überholen Sie niemals Ihren Vordermann, auch dann nicht, wenn dieser es extrem unbeholfen anstellt, die Speisen auf seinen Teller zu bringen.

Das Business-Terrain

Das Wissen über gutes und schlechtes Benehmen ist Theorie, doch die Königsdisziplin besteht darin, es auch während der vielfältigen Anlässe und Situationen im Business-Alltag praktisch anzuwenden. Es reicht nicht aus, das Wissen als Information abzuspeichern, natürliche Souveränität strahlen Sie nur aus, wenn Sie aufgrund Ihres adäquaten Verhaltens und der Sicherheit in Ihrem Auftreten wahrgenommen werden.

Expertentipp: Appell an Ihren gesunden Menschenverstand

Bei allen Regeln und Maßgaben, die Ihnen zur Orientierung dienen sollen, möchte ich jedoch nicht versäumen, an Ihren gesunden Menschenverstand zu appellieren. Unabhängig davon, was Sie tun und wie im Einzelnen Sie sich anderen Menschen gegenüber verhalten, Respekt und Rücksichtnahme sollten dabei die wichtigste Rolle spielen. Das gilt auch dann, wenn sich dadurch ein Widerspruch zu einer Benimmregel ergibt. In diesem Punkt sind sich alle Etikettekenner einig.

Um den Praxisbezug zwischen den bisher vermittelten Inhalten und dem Geschäftsalltag herzustellen, betrachten wir nun regelmäßig auftauchende Business-Situationen, die Ihnen zwar geläufig sind, in denen Sie aber vielleicht Ihr Potenzial noch nicht voll ausschöpfen. Die Beispiele dazu sollen Sie anregen, sich auf leicht veränderte Weise auszuprobieren. Oder sie dienen als Bestätigung, dass Sie mit Ihrem Verhalten goldrichtig liegen. Darüber hinaus erfahren Sie mehr über Situationen, in denen Sie sich noch nicht oder nicht oft befunden haben und denen Sie in Zukunft mit mehr Sicherheit begegnen wollen.

Begrüßung und formelle Vorstellung

Der Begrüßungsritus und die formvollendete Vorstellung waren schon bei Adolph Friedrich Ludwig Freiherr von Knigge anno 1790 ein ausgesprochen beliebtes Thema, als er sein allseits bekanntes Buch „Über den Umgang mit Menschen" verfasste. Seitdem darf dieses Kapitel in keinem Werk über Umgangsformen fehlen. Es gibt zweifellos zahlreiche Kombinationen von Begegnungen, die in dieser Hinsicht formale Anforderungen an Sie stellen, und auch wenn sich unser moderner Umgang deutlich liberaler gestaltet, stehen viele Fettnäpfchen bereit, in die man hineingeraten kann.

Wer grüßt eigentlich wen zuerst?

Gelockerte Umgangsformen lassen es zu, dass derjenige, der den anderen zuerst sieht, auch zuerst grüßt. Nach gesundem Menschenverstand und mit genügend

Feingefühl verwirklicht, ist diese Regel im normalen Business-Alltag jederzeit vertretbar. Sobald Sie sich aber in einer etwas disziplinierteren Umgebung befinden, verfahren Sie am besten klassisch:

- Der Rangniedere grüßt den Ranghöheren.
- Der Jüngere grüßt den Älteren.
- Der Herr grüßt die Dame.

Auch hier gilt im Business-Kontext wieder: Rang geht vor Alter und vor Geschlecht. Beispiel: Die 39-jährige Hauptabteilungsleiterin wird vom 57-jährigen Teamleiter begrüßt.
Die geschlechtspezifische Unterscheidung nimmt im geschäftlichen Umgang immer mehr ab. Konnte früher die Dame bei einer Begrüßung selbstverständlich sitzen bleiben, würde sie heute genauso selbstverständlich vom Konferenztisch aufstehen, wenn ein Kollege oder der Chef sie mit Handschlag begrüßt. Und auch eine Frau kann jederzeit eigeninitiativ andere Herren begrüßen.

Handschlag oder nicht?

Welche Form der Begrüßung angebracht ist, hängt ganz von der Situation ab. Manchmal genügt ein kleines Kopfnicken auf beiden Seiten, das verbunden mit einem leichten Lächeln übrigens gleich viel sympathischer wirkt. Die Begrüßung kann sogar völlig ohne Worte erfolgen oder aber mit einem freundlichen „Guten Tag, Herr/Frau Mirkes". Ob es zu einem Handschlag kommt, also zu mehr Nähe, entscheidet der Ranghöhere. Als Gastgeber reichen Sie immer zuerst die Hand, um Ihren Gast zu begrüßen. Dies gilt auch, wenn Sie in Ihrem Büro jemanden willkommen heißen und an der Tür begrüßen.

Expertentipp: Händeschütteln über den Schreibtisch hinweg?

Reichen Sie niemals über Ihren Schreibtisch hinweg jemandem die Hand, denn er wirkt wie eine unüberwindliche Barriere. Treten Sie erst neben Ihren Schreibtisch und schütteln Sie dann die Hand des Besuchers.

Richtig Hände schütteln

Dachten Sie, hier kann man nichts falsch machen? Ein Händedruck kann jede Menge über die Person und über die Beziehung der beiden Beteiligten aussagen. Wer die Hand des anderen fest wie in einem Schraubstock umfasst, der könnte sehr machthungrig sein, über wenig Feingefühl verfügen und dies auch demonstrieren. Sehr lasch entgegengestreckte Finger deuten hingegen auf geringe Durchsetzungsstärke und mangelndes Selbstwertgefühl hin. Bei einem gesunden und selbstbewussten Händedruck berühren sich beide Hände bis zur Daumenwurzel und beide spüren einen kurzen und festen Druck. Dies gilt für Damen und Herren gleichermaßen.

Expertentipp: Blickkontakt bei der Begrüßung

Zu einer gelungenen Begrüßung – ob mit oder ohne Körperkontakt – gehört immer auch ein klarer Blickkontakt. Dabei schauen beide ein bis zwei Sekunden lang in die Augen des anderen; kürzer wirkt flüchtig und länger aufdringlich.

Wer stellt wen vor?

Wenn Sie auf eine Person oder eine Gruppe von Personen stoßen, die Sie nicht kennen, ist es völlig zeitgemäß, dass Sie sich selbst vorstellen. Dies kann beispielsweise bei Kongressen, Fachtagungen oder Seminaren vorkommen, wenn Sie im Foyer oder in den Pausen mit Ihnen unbekannten Teilnehmern ins Gespräch kommen möchten. Vermeiden Sie es aber, in geschlossene Gruppen einzudringen, die offensichtlich in ein Gespräch vertieft sind.

Sofern Ihnen jemand in einer Gruppe bekannt ist, begrüßen Sie denjenigen zuerst und warten dann darauf, dass er Sie den anderen vorstellt. Ihr Blick geht dabei immer zu der Person, die Ihnen gerade vorgestellt wird. Natürlich sind Sie dabei nicht stumm, sondern sollten die passenden Worte finden.

Das Minimum ist ein zurückhaltendes: „Angenehm." Das ist zugegebenermaßen nicht sehr kreativ, aber besser als gar nichts zu sagen. Je nachdem, unter welchen Umständen die Begegnung zustande gekommen ist, können Sie auch so etwas sagen wie: „Schön, dass wir uns endlich persönlich kennenlernen." Oder: „Freut mich, Sie kennenzulernen." Und wenn selbst das zu viel ist, reicht ein unverbindliches: „Guten Tag."

Expertentipp: Vermeiden Sie abgedroschene Phrasen

Verzichten Sie auf die abgedroschene Phrase: „Ich habe schon viel von Ihnen gehört." Dies lässt fast nur die Erwiderung zu: „Hoffentlich nur Gutes." Das führt hauptsächlich zu Verlegenheit und Spekulationen.

Falls Ihr Bekannter Sie nicht vorstellt, übergehen Sie dies galant, indem Sie es selbst tun. Verweisen Sie dabei nicht auf die versäumte Pflicht, denn Sie kennen nicht die Gründe dafür und könnten Ihren Bekannten in eine prekäre Lage bringen, falls er zum Beispiel die Namen der Anwesenden vergessen hat.

Ist es an Ihnen, zwei oder mehrere Personen miteinander bekannt zu machen, beginnen Sie mit den Worten: „Ich möchte Ihnen gern Frau Brinkmann vorstellen." Falls es in der aktuellen Situation von Bedeutung ist, nennen Sie auch die Funktion der Person: „Sie ist Marketingleiterin bei EuroTech." Wenn Sie Menschen einander vorstellen, sorgen Sie immer dafür, dass die wichtigste Person zuerst alle Informationen erhält.

Visitenkarten im Tausch

Es ist egal, ob Sie an einem Konferenztisch oder bei einer Messe oder Visitenkartenparty dieses Ritual vollziehen – der Empfang einer Visitenkarte ist ein respektvoller Akt. Damit ist gemeint, dass eine angenommene Visitenkarte auch beachtet werden will. Selbst wenn die Übergabe mitten im Gespräch erfolgt, ruhen Ihre Augen ein paar Sekunden auf der Karte, um Ihr Interesse an dem Menschen zu signalisieren. Natürlich erhalten Sie auf diese Weise auch wertvolle Informationen über die Position und den korrekten Namen samt Titel, falls Sie etwas nicht verstanden haben. In manchen Fällen finden Sie durch die Visitenkarte auch einen sinnvollen Anknüpfungspunkt, um einen Smalltalk zu beginnen: „Ach, Sie kommen aus Bamberg? Da habe ich seinerzeit studiert ..." Während des Gesprächs halten Sie die Visitenkarte fest beziehungsweise lassen sie auf dem Tisch liegen. Notizen auf der Visitenkarte machen Sie erst später, wenn die Person, von der Sie die Karte erhalten haben, nicht mehr da ist.

Expertentipp: Notizen auf der Rückseite

Ein kleines Memo auf der Rückseite der Visitenkarte, wann oder bei welcher Gelegenheit Sie die betreffende Person kennengelernt haben und worüber gesprochen wurde, erleichtert Ihnen bei zukünftigen Begegnungen den Gesprächseinstieg.

Selbstverständlich haben Sie immer Visitenkarten in tadellosem Zustand dabei, denn keine oder nicht genügend Karten in einer Runde auszuteilen, ist an Peinlichkeit kaum zu übertreffen.

Training 20: Begegnungen der Sonderklasse  10 Min.

Bereiten Sie sich gedanklich auf eine überraschende Zusammenkunft mit dem „Big Boss" Ihres Unternehmens vor. Sie treffen eines Morgens im Treppenhaus mit ihm zusammen, während Sie auf den Fahrstuhl warten. Überlegen Sie: Wie begrüßen Sie den hohen Herrn? Wie überbrücken Sie die Wartezeit? Wer geht zuerst in den Fahrstuhl und wieder hinaus?

Lösung 20: Sicher und souverän im Umgang

Dass die Vogel-Strauß-Taktik hier nicht sinnvoll ist, haben Sie wahrscheinlich schon vermutet. Stattdessen wirkt ein Blickkontakt verbunden mit einem freundlichen „Guten Morgen, Herr Dr. Waldmann" höflich und selbstbewusst. Und dann? Lieber das Schweigen im Walde oder munter drauflos plaudern?

Es hängt wiederum von der Reaktion Ihres Gegenübers ab – und davon, wie lange Sie noch gemeinsam warten müssen –, ob Sie die einmal begonnene Konversation fortsetzen sollten. Falls der Vorstandsvorsitzende seinen Gruß mit einem fragenden Blick verbindet, können Sie sich kurz vorstellen, damit er weiß, mit wem er es zu tun hat: „Maria Frankenthal, ich bin Personalreferentin im Bereich Führungsnachwuchs."

Wenn Ihnen jetzt der Gesprächsstoff ausgeht, rufen Sie sich ein aktuelles Geschehnis rund ums Unternehmen ins Gedächtnis. Vielleicht wurde kürzlich eine Pressemitteilung veröffentlicht oder es hat eine Mitarbeiterversammlung stattgefunden, bei der eine Aussage Ihres obersten Chefs besonderen Eindruck hinterlassen hat. Oder die Neugestaltung der Konferenzräume/der Kantine etc. ist Ihnen positiv aufgefallen. Vielleicht wurde auch eine neue strategische Marktausrichtung beschlossen und durchgeführt oder es gab eine Marketingkampagne, deren Wirkung Sie beeindruckend fanden.

Ihnen stehen viele Möglichkeiten offen, unverfänglich über das Unternehmen zu kommunizieren, sich interessiert oder informiert zu zeigen – ohne Anbiederung!

Expertentipp: Wichtig bei der Themenwahl

Eine wichtige Regel, die Sie beachten sollten: Suchen Sie immer einen positiven und geschäftlichen Aufhänger, der einen schnellen Ein- und Ausstieg zulässt. Vorsicht bei zu banalen oder persönlichen Aussagen – weder das Wetter noch die unglaublich geschmackvolle Krawatte Ihres Chefs sind als Thema geeignet.

Und natürlich gewähren Sie – auch als Frau – dem Ranghöchsten den Vortritt. Dies gilt vor einer Treppe, einer Tür oder dem Fahrstuhl.

Meetings und Konferenzen

Ganz gleich, um welche Art Meeting es sich handelt, betrachten Sie diese Form der Zusammenkunft immer als eine Möglichkeit, sich zu profilieren. In den meisten Fällen treffen Personen aus unterschiedlichen Abteilungen und/oder Hierarchieebenen aufeinander, um Informationen und Ideen auszutauschen, Strategien zu entwickeln und Entscheidungen zu fällen.

Rein theoretisch geht es stets um sachliche Auseinandersetzungen, bei denen verschiedene Aspekte gesammelt und überprüft werden, bis sich ein Konsens unter den Beteiligten abzeichnet. Doch hinter der Fassade einer schlichten Agenda können Grabenkämpfe stattfinden und Karrierechancen verborgen sein.

Manchmal kann schon eine Einladung von Bedeutung sein, wenn zum Beispiel eine Nachwuchskraft zur monatlichen Sitzung des mittleren Managements Zutritt bekommt. Oder sind Sie überraschenderweise derjenige aus einem Projektteam, der der Chefetage den Status quo präsentieren darf?

Training 21: Können Sie eine Sitzung leiten?   ⏱ 20 Min.

Beschreiben Sie in Stichworten, welche Punkte Ihrer Meinung nach bei der Planung, Organisation und Durchführung eines Meetings zu beachten sind.

Lösung 21: So leiten Sie ein Meeting richtig

Vorbereitung

- Verschicken Sie rechtzeitig die Einladung mit den vorläufigen Tagesordnungspunkten an alle Teilnehmer.
- Fordern Sie die Teilnehmer höflich auf, eigene Vorschläge für weitere Tagesordnungspunkte bis zu einer festen Deadline einzureichen.
- Bitten Sie um Zu- oder Absagen der Teilnehmer bis zu einem bestimmten Zeitpunkt.
- Reservieren Sie einen passenden Raum mit der notwendigen technischen Ausstattung und sorgen Sie für Getränke.
- Leiten Sie die tatsächliche Tagesordnung einige Tage vor der Sitzung an alle Teilnehmer weiter.

Durchführung

- Machen Sie einen Technik-Check vor dem Meeting, um nötigenfalls noch Ersatz besorgen zu können.
- Sorgen Sie für den pünktlichen Beginn des Meetings.
- Begrüßen Sie die Teilnehmer und stellen Sie eventuelle Neuzugänge den anderen Anwesenden vor.
- Erkundigen Sie sich, ob es zum Protokoll der vorherigen Sitzung noch Fragen oder Ergänzungen gibt.
- Ernennen Sie einen Protokollführer für diese Sitzung.
- Die Tagesordnungspunkte sollten zügig abgearbeitet werden und die Diskussion sollte recht konzentriert verlaufen.
- Fassen Sie nach jedem relevanten Punkt der Agenda die Ergebnisse kurz fürs Protokoll zusammen.
- Sorgen Sie für gute Klimatisierung oder Belüftung des Raums, um die Konzentration zu erhalten.
- Bei längeren Meetings sind regelmäßig kurze Pausen nötig.
- Beenden Sie die Sitzung mit einem Verbleib hinsichtlich des nächsten Treffens.
- Zum Abschied bedanken Sie sich bei allen Teilnehmern für ihre Diskussionsbeiträge

Nachbereitung

Überprüfen Sie, ob das Protokoll innerhalb einer kurzen Frist allen Teilnehmern zugänglich gemacht wurde.

Wann immer Sie die Chance haben, vor einer hochkarätigen Besetzung einen sinnvollen Beitrag zu leisten, liegt darin eine wertvolle Karrierechance. Sie können sich abheben und positiv wahrgenommen werden.
Die folgende Tabelle bietet Ihnen eine Übersicht über die Dos und Don'ts bei Sitzungen.

Dos	Don'ts
• Seien Sie pünktlich!	• Störungen durch ein klingelndes Handy oder Getuschel mit dem Nachbarn.
• Suchen Sie sich einen Platz, von dem aus Sie gut sehen und gesehen werden. Beachten Sie eine eventuelle Sitzordnung.	• Wiederholungen von bereits Gesagtem, um sich einer Meinung anzuschließen.
• Bereiten Sie sich auf das Meeting vor! Informieren Sie sich durch die Agenda im Voraus über Themen, Teilnehmer und die Zielsetzungen des Meetings. Sammeln Sie alle Details, die Ihnen helfen, Ihren Standpunkt zu vertreten.	• Irrelevante Fragen stellen, nur um auch einmal etwas gesagt zu haben.
	• Das Anbringen von Schuldzuweisungen oder anderer persönliche Attacken jeglicher Art
• Diskutieren Sie fair und sachlich. Bleiben Sie bei den Fakten, auch wenn hitzig diskutiert wird.	• Sich aus der Ruhe und aus dem Konzept bringen lassen, wenn man Ihnen das Wort abschneidet. Holen Sie kurz Luft und nehmen Sie den Faden wieder auf.
• Lassen Sie die anderenausreden.	• Über Dritte bzw. Nichtanwesende sprechen.
• Justieren Sie Ihren Lautstärkeregler und Ihre Redezeit: Reden Sie so laut, dass man Sie gut hört, und so lange, wie man Ihnen zuhören mag. Fassen Sie sich kurz, aber bringen Sie alle wesentlichen Argumente. (Das Ein-Satz-Statement geht meist in lebhaften Diskussionen unter.)	• Gar nichts sagen.

Vorstellungsgespräch

Die Bewerbungssituation ist fast immer von Anspannung geprägt, denn sie hat Ähnlichkeit mit einer Prüfung. Und auch hier kann Ihnen eine sorgfältige Vorbereitung einen Großteil des Drucks nehmen, weil Sie dann nicht so leicht zu überraschen sind. Dabei geht es einerseits um die Inhalte, um möglichst auf jede Frage die passende Antwort zu wissen. In der entsprechenden Fachliteratur können Sie nachlesen, welche Fragen üblicherweise in einem Vorstellungsgespräch gestellt werden, worauf sie abzielen und wie Sie am besten darauf reagieren. Andererseits geht es um Ihre Erscheinung und Ihre Wirkung. Im Rahmen der Business-Etikette richten wir unser Augemerk daher auf die Rahmenbedingungen rund um das Vorstellungsgespräch.

Expertentipp: Warum ist das richtige Outfit wichtig?

Mit dem richtigen Outfit fühlen Sie sich sichtbar wohler in Ihrer Haut, und sofern Sie sich angemessen zu verhalten wissen, wirken Sie gelassener und können sich auf die wesentlichen Inhalte des Gesprächs konzentrieren.

Suchen Sie Ihre Kleidung mit Bedacht aus, Sie zeigen damit Respekt und demonstrieren offenkundig, dass Sie sich in die künftige Rolle gut hineinfinden können. Ihr Outfit sollte natürlich zu Ihrem Typ passen, aber ganz besonders auch zu der angestrebten Position in dem Unternehmen, bei dem Sie sich beworben haben.

Expertentipp: Informieren Sie sich über den Standard

Sammeln Sie – wenn möglich – Informationen darüber, welcher Kleidungsstil in Ihrem Zielunternehmen vorherrscht. Passen Sie Ihr Outfit daran an, doch gestalten Sie es ein wenig formeller, als es dem täglichen Standard entspricht.

Von einer Führungskraft erwartet man ganz einfach einen gepflegten Business-Anzug mit edlem Hemd und geschmackvoller Krawatte – bei Frauen ist dies der Business-Anzug oder das Kostüm mit eleganter Bluse und dezenten Schuhen. Achten Sie auf jeden Fall darauf, dass Ihr Erscheinungsbild makellos ist. Ein verwischtes Make-up oder ein Fleck auf der Krawatte lenkt Ihr Gegenüber vielleicht während des gesamten Gesprächs ab und führt zu Punktabzug bei der Erscheinung.

Training 22: Wie stellen Sie sich selbst dar? 🕐 30 Min.

1. Fassen Sie Ihren bisherigen Lebens-/Berufsweg zusammen. Sie haben dafür maximal fünf Minuten Redezeit.

2. Erstellen Sie eine Top-Five-Liste mit Ihren größten Stärken und Ihren größten Schwächen.

3. Wo sehen Sie sich beruflich in drei Jahren?

Lösung 22: Eine positive Selbstdarstellung

Zu 1.: Wenn Sie der Personalentscheider freundlich auffordert „Erzählen Sie mal ein bisschen über sich", dann bedeutet das nicht, dass er Ihren Lebenslauf nicht gelesen hat oder überprüfen möchte, ob Sie ihn selbst kennen. Ihn interessieren auch nicht private Klatsch- und Tratschgeschichten. Vielmehr will er herausfinden, ob Sie frei und strukturiert reden können und sich dabei auf das Wesentliche beschränken.

Da sich ein ganzes Leben nicht in wenigen Minuten darstellen lässt, wählen Sie Eckpunkte aus, die wichtig sind. Verbinden Sie diese durch logische Überleitungen. Dabei präsentieren Sie gleichzeitig Ihr rhetorisches Geschick. Leiern Sie also nicht einfach die Stationen Ihres Lebenslaufs herunter, sondern greifen Sie einzelne Punkte auf und erzählen etwas, das Sie darin nicht aufgeführt haben.

Erklären Sie zum Beispiel, warum Sie eine bestimmte Fachrichtung im Studium gewählt haben. Bedenken Sie dabei: Es geht an dieser Stelle nicht um Rechtfertigung, sondern um die Darstellung von Beweggründen.

Zu 2.: Die genannten Stärken sollten in direktem Zusammenhang mit Ihrer künftigen Tätigkeit stehen und im Rahmen dieser nützlich sein. Bei einem verlässlichen Controller stehen nun einmal nicht außergewöhnliche Kreativität und Visionen im Vordergrund. Hüten Sie sich vor Banalitäten wie „ordentlich", „zuverlässig" und „pünktlich". Sie sind so selbstverständlich wie das tägliche Zähneputzen. Seien Sie weder zu bescheiden noch angeberisch, sondern möglichst realistisch in Ihrer Einschätzung. Falls es Ihnen gar zu schwer fällt, fragen Sie Menschen, die Ihnen nahe stehen, was sie an Ihnen schätzen.

Beim Eingeständnis von Schwächen beachten Sie unbedingt, dass Sie sich nicht selbst in eine Ecke drängen, indem Sie alles von sich preisgeben. Nennen Sie eher harmlose Schwächen, die nicht unmittelbar Ihr künftiges Handlungsfeld beeinträchtigen, und zeigen Sie Bereitschaft, daran zu arbeiten. Zum Beispiel: „Meine Kenntnisse über Excel-Tabellen sind noch nicht sehr gut. Ich würde gern bei Gelegenheit einen Fortbildungskurs besuchen."

Entschärfen Sie Schwächen, indem Sie diese in einen situativen oder temporären Zusammenhang stellen, anstatt sie wie grundsätzliche Charaktereigenschaften zu behandeln.

Zu 3.: Ihr perspektivisches Denken und Ihre Zielstrebigkeit demonstrieren Sie am besten, indem Sie eine persönliche Zielsetzung innerhalb der hierarchischen Strukturen des Unternehmens formulieren. Zeigen Sie dabei ruhig Ihre Absicht, die Karriereleiter zu erklimmen, aber greifen Sie nicht gleich nach den Sternen. Sie runden diese Vorstellung ab, indem Sie aufzeigen, wie Sie Ihr Ziel erreichen wollen. Denn in Ihrem überdurchschnittlichen Einsatz liegt der Mehrwert für das Unternehmen und dies ist für den Personaler ein guter Grund, um sich für Sie zu entscheiden.

Neben den fachlichen Qualifikationen spielen auch menschliche Faktoren eine wesentliche Rolle, wenn Personal-Entscheider eines Unternehmens Bewerber auswählen. Es ist deshalb wichtig, dass Sie durch Ihren Auftritt Sympathiepunkte sammeln, damit Sie einen positiven Eindruck von sich hinterlassen. Souveränes Verhalten setzt sich aus höflicher Zurückhaltung und natürlicher Offenheit mit wachem Interesse zusammen. In der Praxis bedeutet das:

- Kommen Sie pünktlich zu einem Vorstellungsgespräch, da keine Entschuldigung so kreativ sein kann, dass ein zu spätes Erscheinen verzeihlich wäre.

- Senden Sie keine Signale für Nervosität, indem Sie während des Wartens Ihre Fingernägel malträtieren oder eine Zigarette nach der anderen rauchen.

- Beim Betreten des Raums warten Sie ab, welchen Platz man Ihnen anbietet. Sie setzen sich aber erst hin, wenn auch Ihre Gesprächspartner im Begriff sind, Platz zu nehmen.

- Die Tür schließt Ihr Gastgeber oder gegebenenfalls seine Sekretärin. Dies ist auf keinen Fall Ihre Aufgabe!

- Nehmen Sie eine aufrechte Haltung ein und besetzen Sie den Stuhl ganz. Wer auf der Stuhlkante hockt, wirkt so, als wäre er auf der Flucht. Damen schlagen im Sitzen am besten die Beine übereinander. Herren lassen die Beine hüftbreit nebeneinander stehen.

- Zeigen Sie durch einen offenen Blick und ein freundliches Lächeln Ihre positive Einstellung.

- Variieren Sie Ihre Sitzposition ab und zu, um Dynamik auszustrahlen. Sie können die Beinposition verändern oder das Gewicht Ihres Oberkörpers verlagern.

- Setzen Sie während Ihrer Redebeiträge wohl dosiert Mimik und Gestik ein, um nicht zu steif zu wirken.

- Antworten Sie möglichst offen und direkt auf Fragen und stellen Sie dabei den Blickkontakt immer wieder her.

- Stellen Sie im Verlauf des Gesprächs einige Fragen, um Ihr Interesse an dem Unternehmen zu bekunden.

- Nehmen Sie ein angebotenes Getränk (Kaffee oder ein nichtalkoholisches Kaltgetränk) auf jeden Fall an, um die Atmosphäre nicht durch die Ablehnung der Gastfreundlichkeit zu stören. Aber seien Sie bitte unkompliziert in der Auswahl und nehmen Sie, was vorhanden ist – Sie müssen das Glas ja nicht austrinken.

- Geben Sie Ihren Beiträgen eine vertretbare Länge. Antworten Sie weder im Telegrammstil noch in Monologen. Lassen Sie Zwischenfragen zu, wenn ein Thema etwas umfangreicher ist. Oder fragen Sie nach, ob Ihre bisherigen Ausführungen zu einem Thema ausführlich genug waren.

- Vermeiden Sie jede Art von Schuldzuweisung oder Tratsch, wenn es um ehemalige Arbeitgeber und das Ende Ihrer früheren Beschäftigung geht.

- Ihr Gastgeber signalisiert das Ende des Gesprächs. Erheben Sie sich erst, wenn er aufsteht, um sich zu verabschieden.

Der erste Tag im Unternehmen

Eine neue Stellung anzutreten ist in den meisten Fällen mit großen Hoffnungen verknüpft. Man möchte die Chance nutzen, frühere Fehler nicht zu wiederholen und das Beste aus der neuen Herausforderung zu machen. Das Wechselspiel der Gefühle bewegt sich zwischen hoher Motivation und Leistungsbereitschaft sowie der Ungewissheit, ob sich die Träume im neuen Umfeld überhaupt realisieren lassen. Mit Ihrem Verhalten verdeutlichen Sie Ihren neuen Kollegen und Ihren Vorgesetzten von der ersten Begegnung an Ihre Absichten – ob Sie das bewusst tun oder nicht.

Im optimalen Fall werden Sie am ersten Arbeitstag von Ihrem neuen Chef oder einer anderen für Sie zuständigen Person mit den anderen Mitarbeitern der Abteilung bekannt gemacht. Versuchen Sie gleich zu Anfang, sich wenigstens die Namen der Menschen zu merken, mit denen Sie voraussichtlich häufiger zu tun haben werden, wenn sich dies bei der Vorstellung schon abzeichnet. Es wird zwar niemand damit rechnen, dass Sie sich sofort an alle Namen erinnern, aber Sie werden feststellen, welch positive Überraschung es für Ihre Kollegen ist, wenn Sie sie gleich mit dem richtigen Namen ansprechen. Wiederholen Sie die Namen der Personen, die Ihnen vorgestellt werden, bei der ersten Begegnung laut. So prägen sie sich viel besser ein.

Expertentipp: Einstand feiern – ja oder nein?

Die Frage, ob Sie Ihren Einstand feiern sollten oder nicht, können Ihnen am besten die neuen Kollegen beantworten. Klären Sie ab, ob dies üblich ist und wenn ja, in welchem Rahmen und zu welchem Zeitpunkt. Diese nett gemeinte Geste birgt die Gefahr, dass man sich über Gepflogenheiten hinwegsetzt, was meist negativ aufgenommen wird.

Training 23: Wie sieht Ihr Idealbild aus?

🕐 20 Min.

Formulieren Sie Ihr persönliches Ideal, wie Sie gegenüber Vorgesetzten, Kollegen und Mitarbeitern am ersten Tag auftreten möchten. Kombinieren Sie dazu die jeweiligen Merkmale, die dafür sorgen, dass Sie diesem Bild entsprechen.

Lösung 23: So kommen Sie Ihrem Ideal näher

Wie auch immer Sie sich eine erfolgreiche und beliebte Geschäftsfrau oder einen solchen Geschäftsmann vorstellen, Sie nähern sich dem Wunschbild automatisch ein Stück an, indem Sie sich dieses bewusst machen. Sobald es Ihnen gelungen ist, Ihrer Idealvorstellung die jeweils ausschlaggebenden Kriterien zuzuordnen, haben Sie einen Leitfaden, an dem Sie sich orientieren können. Ob es sich um einen konkreter Anspruch an Ihr äußeres Erscheinungsbild handelt oder um die Art, wie Sie mit Menschen reden und umgehen, wenn Ihnen das Ziel klar ist, wird sich auch der Weg dorthin unmittelbar auftun.

An Ihrem ersten Tag sollten Sie sich bewusst machen, dass man von einer (angehenden) Führungskraft ein gewisses Standing und sicheres Auftreten erwartet, auch wenn sie neu in einem Unternehmen ist. Dies zeigt sich darin, dass sie von Anfang an initiativ wirkt und unvoreingenommen auf Menschen zugeht. Dennoch sind einige Orientierungshilfen von Insidern nötig, um sich zurechtzufinden. Sind Sie in dieser Situation, sollten Sie das Team für sich gewinnen, indem Sie Mitarbeiter und Kollegen ernst nehmen und sich relevante Informationen einholen, statt gleich Anweisungen zu geben.

Wenn Sie als „Neue" oder „Neuer" sofort mit Verbesserungsvorschlägen beeindrucken wollen, stoßen Sie vermutlich schnell auf harte Widerstände. Stellen Sie lieber Fragen, damit Sie durch aktuelle Informationen möglichst schnell einen Wissensstand erreichen, der es Ihnen ermöglicht, innerhalb Ihres Kompetenzrahmens gute Entscheidungen zu treffen.

Kundengespräche und Verhandlungsführung

Im Umgang mit Kunden und anderen Verhandlungspartnern gilt es, einige Etiketteregeln zu beachten, die nicht nur einer gehobenen Geschäftskultur entsprechen, sondern meistens auch dazu führen, dass Sie das Konfliktpotenzial trotz unterschiedlicher Positionen verringern und eventuell auftretende Probleme geschmeidiger lösen können.

Wenn Sie einen Kunden in Ihren Geschäftsräumen empfangen, gilt es als höflich, wenn Sie ihm zur Begrüßung entgegengehen und als Gastgeber die Hand ausstrecken. Sie bringen damit zum Ausdruck, dass er für Ihr Unternehmen wichtig ist. Verbarrikadieren Sie sich auf keinen Fall hinter einem Konferenztisch oder Schreibtisch, denn so schaffen Sie eine Hürde, die Ihnen sämtliche weiteren Verhandlungen unnötig schwer macht.

Bieten Sie Ihrem Kunden einen Platz an, der ihm freie Sicht auf die Tür erlaubt, sofern die Anordnung der Möbel dies zulässt. Setzen Sie sich über Eck zu Ihrem Verhandlungspartner und vermeiden Sie die konfrontierende gegenüberliegende Position.

Expertentipp: Vermeiden Sie Unterbrechungen und Störungen

Sorgen Sie dafür, dass auch sonst keine Unterbrechungen von außen auftreten, indem Sie beispielsweise die Umleitung am Telefon aktivieren und Ihr Handy ausschalten.

Schaffen Sie durch einen gelungenen Gesprächseinstieg eine gute Atmosphäre, zum Beispiel indem Sie sich nach dem Verlauf der Anreise erkundigen, bevor Sie zum eigentlichen Thema der Zusammenkunft übergehen. Die ersten Minuten des Treffens bieten auch die beste Gelegenheit, die Besucher mit Getränken zu versorgen, damit später keine ungewollten Störungen auftreten, wenn Sie sich in der konzentrierten Auseinandersetzung befinden.

Training 24: Sind Sie ein guter Verhandlungspartner?　🕐 30 Min.

Führen Sie sich eine Verhandlungssituation aus Ihrem Geschäftsalltag vor Augen und formulieren Sie ein mögliches Verhandlungsziel.

Anschließend versetzen Sie sich in die Lage Ihres Gesprächspartners und nehmen Sie seine Perspektive ein, um mögliche Gegenargumente zu sammeln.

Bauen Sie dann Ihre Strategie auf, indem Sie auch atmosphärische Rahmenbedingungen berücksichtigen, und skizzieren Sie den Gesprächsverlauf.

Lösung 24: Durch gute Verhandlung zum Erfolg

Was auch immer Ihr Anliegen ist, im weitesten Sinne geht es meistens darum, dem anderen etwas zu verkaufen – auch wenn es sich um Ideen oder Überzeugungen handelt. Neben der inhaltlichen Vorbereitung, die Ihnen die nötigen Argumente liefert, können Sie während des Gesprächs durch emotionale und atmosphärische Faktoren einiges zum Gelingen beitragen. Sorgen Sie durch eine anschauliche Präsentation für ausreichende Unterhaltung Ihrer Gesprächspartner und gestalten Sie den Verlauf abwechslungsreich.

Wenn eine Diskussion ins Stocken gerät, können Sie geschickt für Auflockerung sorgen, indem Sie zum Beispiel das Fenster öffnen und damit Bewegung im Raum erzeugen. Oder Sie unterbrechen das Gespräch aus taktischen Gründen, indem Sie aufstehen und Getränke, die auf einem Nebentisch bereitstehen, für sich und Ihre(n) Gesprächspartner holen.

Bringen Sie Ihren Gesprächspartner durch Argumente so weit, dass er eine Entscheidung treffen kann. Signalisieren Sie ihm dann durch eine Veränderung in Ihrer Körperhaltung, dass der Zeitpunkt gekommen ist, die Verhandlungen zu beenden.

Ob eine Verhandlung gut verlaufen ist, hängt nicht nur davon ab, ob Sie Ihr Ziel erreicht haben, sondern vor allen Dingen von den Gefühlen, die beide Parteien daraus mitnehmen. Sie können nur dann einen Erfolg verbuchen, wenn Ihr Kunde oder Verhandlungspartner ebenfalls mit einem Siegesgefühl aus dem Gespräch herausgeht. Erst daran lässt sich Ihr strategisches Geschick, langfristig Gewinn bringende (Kunden-)Beziehungen aufzubauen, ablesen.

Mitarbeiter-/Perspektivegespräch

Zu einem vorbildlichen Führungsstil gehört auch, dass Sie mit Ihren Mitarbeitern in regelmäßigen Abständen Perspektivegespräche führen. Üblicherweise geht es dabei darum, die Leistungsbereitschaft und die Qualität der Arbeit eines Mitarbeiters zu beurteilen sowie seine Zukunftsperspektive und sein Entwicklungspotenzial im Unternehmen festzustellen. Oft geht es in diesen Gesprächen auch um Gehaltsforderungen.

Das größte Konfliktpotenzial liegt darin, wie Sie Kritik üben und wie Ihr Gegenüber Kritik annimmt. Dem Kritikgebenden fällt es häufig schwer, deutlich und dennoch schonend vorzubringen, was ihm aufgefallen ist. Und der Kritikempfänger fühlt sich peinlich berührt und fürchtet sich vor Konsequenzen.

Damit das Gespräch dennoch konstruktiv und sachlich verläuft und zum gewünschten Ergebnis führt, ist es wichtig, einige Regeln des menschlichen Umgangs zu beachten.

Regeln für Mitarbeitergespräche

1. Verwenden Sie Informationen nur aus erster Hand oder wenn Sie absolut sicher sind, dass die Quelle zu 100 Prozent vertrauenswürdig ist.
2. Sorgen Sie für eine angemessene Atmosphäre und für einen ungestörten Ablauf des Vier-Augen-Gesprächs.
3. Richten Sie Ihre Kritik nie direkt gegen die Person, sondern beziehen Sie sich ausschließlich auf ihr Verhalten bzw. auf Dinge, die sie verändern kann.
4. Geben Sie dem Kritisierten Gelegenheit zur Stellungnahme.
5. Lassen Sie sich nicht auf eine emotionale Diskussion ein, sondern bleiben Sie ruhig und sachlich.
6. Finden Sie einen positiven Ein- und Ausstieg.

Training 25: Positionierung im Gespräch durch Ihre innere und äußere Haltung
🕐 20 Min.

Innere Haltung: Fassen Sie Ihre Kernpunkte/-argumente (maximal fünf) für ein Gespräch kurz zusammen und formulieren Sie ein übergeordnetes Ziel.

Äußere Haltung: Beschreiben Sie die äußerlich sichtbaren Faktoren und wie Sie diese einsetzen können, um Ihre Zielsetzung zu unterstützen.

Lösung 25: So positionieren Sie sich in einem Gespräch

Egal in welcher Position Sie sind – ob Führungskraft oder Mitarbeiter –, von beiden Parteien darf eine sorgfältige Vorbereitung auf ein Gespräch erwartet werden. Verdeutlichen Sie sich bereits vor dem Termin, welche Ziele Sie verfolgen und welche Erwartungen und Ziele Ihr Gesprächspartner in das Gespräch einbringen wird.

Als Führungskraft sorgen Sie für einen atmosphärischen Rahmen und einen positiven Einstieg, um Vertrauen zu wecken. Hilfreich ist, wenn ein geschlossener Raum zur Verfügung steht, in dem Sie ungestört sind, und wenn bei Ihrem Outfit warme Farben dominieren, etwa ein satter Braunton.

Beginnen Sie mit positiven Details, denn damit schaffen Sie ein vertrauensvolles Klima. Als Chef sollten Sie über die tatsächlichen Leistungen des Mitarbeiters informiert sein, um in angebrachter Weise Kritik zu üben und Verbesserungspotenzial aufzuzeigen, und auch, um die verdiente Anerkennung auszusprechen. Wichtig ist, dass Ihre Informationen vollständig und korrekt sind – besonders wenn sie Ihnen von einer dritten Person zugetragen wurden.

Falls Sie ein heikles Thema zur Sprache bringen müssen, dann formulieren Sie es nicht als Vorwurf, sondern schildern Sie kurz, um was es geht, und bitten Sie den anderen, dazu Stellung zu nehmen. Das fördert dessen Eigenreflexion und zwingt ihn nicht in die Defensive. Nehmen Sie sich in Ihrer Körperhaltung dabei ein wenig zurück, um nicht bedrohlich zu wirken. Sprechen Sie außerdem ein wenig leiser als zuvor. Zeigen Sie Lösungen auf, die den Kritisierten dazu motivieren, an sich zu arbeiten, zum Beispiel indem Sie ihm empfehlen, an bestimmten Seminaren, Trainings oder Fachlehrgängen teilzunehmen, um sich in dem genannten Bereich zu verbessern.

Wenn Sie in der Position des Mitarbeiters sind und mit der Ambition, die Karriereleiter weiter hinaufzusteigen, in ein solches Gespräch hineingehen, sollten Sie deutlich zeigen, wozu Sie bereit sind. Machen Sie klar, dass Sie sich außerordentlich stark engagieren werden, und dokumentieren Sie dies durch bereits erbrachte Leistungen. Ihre Chance, die nächste (Gehalts-) Stufe zu erklimmen, erhöhen Sie, indem Sie alles benennen, was als überdurchschnittlich zu werten ist und einen Mehrwert für das Unternehmen darstellt. Sie sollten nicht prahlen, aber allzu große

Bescheidenheit ist für das Vorankommen nicht die geeignete Tugend. Ihre Körpersprache vermittelt Dynamik und Energie, wenn Sie eine aufrechte Sitzposition einnehmen und Ihre Worte mit lebendigen Gesten unterstreichen.

Pressekonferenz/TV-Auftritt

Im Umgang mit den Medien brauchen Sie vor allen Dingen eine optimistische Grundeinstellung. Denn durch Sympathie überbrücken Sie viel effizienter eventuelle Distanzen, wie wenn Sie allein auf Fakten vertrauen. Nichtsdestotrotz ist gerade für ein Interview oder einen Podiumsbeitrag die gründliche und lückenlose Vorbereitung von immenser Bedeutung: Sie haben weder die Möglichkeit, fehlende Informationen nachzuliefern, noch können Sie falsche Antworten korrigieren.

Besorgen Sie sich alle Daten, die im Zusammenhang mit Ihrer Darstellung wichtig sind, um gerade bei Zahlenangaben keine Ungenauigkeiten zu verbreiten. Als verantwortlicher Repräsentant eines Unternehmens sollten Sie Ihre fachlichen Grenzen erkennen und in Zweifelsfällen lieber auf die jeweilgen Experten verweisen, als sich mit einem Halbwissen aufs Glatteis zu begeben. In dem Fall, dass Sie eine Pressekonferenz vorbereiten und durchführen, sollten Sie Folgendes beachten:

- Legen Sie den Zeitpunkt für die Pressekonferenz fest.

- Gehen Sie bei der Auswahl der Medienvertreter sorgfältig vor und versenden Sie die Einladungen rechtzeitig.

- Das Gleiche gilt für die Podiumsteilnehmer, diese müssen Sie zusätzlich vorab genau briefen.

- Es gehört zu Ihren Aufgaben, den Ablauf zu planen und die Zuständigkeiten der Beteiligten zu klären.

Checkliste zur Vorbereitung und Durchführung einer Pressekonferenz

1. Legen Sie den Zeitpunkt der Pressekonferenz fest und achten Sie darauf, dass dieser nicht mit vorhersehbaren Ereignissen kollidiert (Feiertage in manchen Bundesländern, Schulferien, Premieren, Messeeröffnungen).

---

2. Wählen Sie die passenden Podiumsteilnehmer und Gäste aus:
   - Vertreter/Vorstände aller relevanten Fachbereiche

   - Eventuell externe Kandidaten

   - Ehrengäste

3. Nehmen Sie die Auswahl der Medienvertreter vor.
   Entscheiden Sie, ob Vertreter von TV- oder ausschließlich Print- und Online-Magazine teilnehmen sollen. Listen Sie alle relevanten Redaktionen und den jeweiligen Ansprechpart-
   ner/Journalist auf:
   - Wirtschaftsmagazine:

   - Fachmagazine:

   - Regionale Presse:

   - Online-Magazine:

   - TV-Sender:

4. Verschicken Sie an alle Gäste Einladungen mit der Bitte, bis zu einem bestimmten
   Termin Rückmeldung bezüglich des Erscheinens zu geben, damit Sie die Kapazitäten-
   Planung vornehmen können.

5. Organisieren Sie die Ablaufplanung, klären Sie die Zuständigkeiten und briefen Sie die Verantwortlichen.

- Raum: Art und Anzahl der Bestuhlung (evtl. Platzreservierungs-Schilder)

- Technik: Aufbau und Sound- Check, Lichtverhältnisse

- Moderation

- Empfang/Betreuung der Gäste durch:

- Eventuell Namensschilder
- Catering

- Sorgen Sie für die Bereitstellung von Pressemappen, inklusive Fotos.

Repräsentanz am Messestand

Wer einen Ausstellungsstand auf einer Fachmesse hat, dem ist daran gelegen, Geschäfte anzubahnen und Kundenkontakte zu pflegen. Es ist daher nicht nur eine Prestigefrage, wie der Messestand gestaltet ist, um potenzielle Kunden anzuziehen. Es geht vielmehr darum, die großen Chancen und Risiken zu kennen, die mit einem Messeauftritt verbunden sind. Werden die Standbesucher freundlich empfangen und kompetent beraten oder wird durch grobes Fehlverhalten dem Image des Unternehmens ein nicht wieder gut zu machender Schaden zugefügt?

Sie sehen, damit ein Messeauftritt gelingt, müssen alle Mitglieder des Messeteams gut auf ihre Aufgabe vorbereitet werden. Sie sollten alles wissen, was es über die neuesten Produkte, Verfahren, aktuellen Preise, Services und alles Weitere, was sich im Unternehmen tut, zu wissen gibt.

Expertentipp: So gelingt der Messeauftritt

- Die Kleidung sollte zwar nicht unbedingt uniform sein, aber zumindest auf gleichem Level. Briefen Sie Ihre Mitarbeiter entsprechend, zum Beispiel ob das Anforderungsprofil Anzug und Krawatte bzw. Kostüm vorsieht oder ob auch andere Outfits im Rahmen des Akzeptablen liegen.
- Kurze Auftaktbesprechungen jeden Morgen vor Messestart motivieren das Team und bringen immer alle auf den aktuellen Kenntnisstand.
- Ein Besetzungsplan sorgt dafür, dass am Stand jederzeit ausreichend Mitarbeiter bereitstehen.

Firmen-Events

Betriebsausflüge, Weihnachtsfeiern und Jubiläumspartys sind Anlass für ausgelassenen Spaß und vergnügliche Peinlichkeiten. Damit nicht Sie die Zielscheibe des Spotts anderer werden, begnügen Sie sich mit gemäßigtem Alkoholkonsum – ganz gleich wie lustig und locker es allgemein zugeht. Bedenken Sie, dass immer einige (nahezu) nüchtern bleiben und sie gnadenlos beobachten. Und der berühmte Filmriss gilt in Geschäftskreisen nicht als Entschuldigung für Fehltritte. Orientieren Sie sich einfach an gestandenen Vorbildern und streben Sie deren Niveau an, statt im Wetttrinken und beim Erzählen unflätiger Witze Platz eins zu erringen.

Expertentipp: Vorsicht vor scheinbar harmlosen Flirts

Auch scheinbar harmlose Flirts in geselliger Runde sollten Sie vermeiden. Bedenken Sie, dass sich alle am nächsten Tag wieder gegenüberstehen und dann möglicherweise unangenehme Erklärungen gefordert sind. Und die Wahrscheinlichkeit, im alkoholisierten Zustand bei der Betriebsfeier auf den Traumpartner des Lebens zu stoßen, ist realistisch betrachtet recht gering.

Rahmenprogramm bei Besuchen von (internationalen) Geschäftspartnern

Gerade die Besucherbetreuung außerhalb des reinen Geschäftsablaufs bietet eine gute Chance, Kunden zu binden. Dabei sollte nicht nur auf kulinarische Vorlieben geachtet werden, sondern selbstverständlich auch auf die Herkunft (kulturell, religiös etc.) und damit verknüpfte Besonderheiten bei den Wünschen eines Gastes. Erkundigen Sie sich, ob und welche außergewöhnlichen Aspekte möglicherweise zu berücksichtigen sind.

Für die Betreuung setzen Sie am besten sprachkundige, aufgeschlossene Mitarbeiter ein, die mit einem guten Taktgefühl ausgestattet sind. Denn eine solche Person wird sich rechtzeitig zurückziehen und die Gäste in keiner Weise überfordern.

Die Gestaltung des Rahmenprogramms richtet sich zum einen danach, wie viel Zeit zur Verfügung steht, zum anderen sollte dabei ein passendes Niveau gewahrt werden. Bleiben Sie unverfänglich, indem Sie leicht verdauliche Kulturveranstaltungen ohne politische Aussage aussuchen und keinesfalls Aktivitäten planen, für die besondere körperliche Voraussetzungen erfüllt sein müssen. Eine Ausnahme können Sie machen, wenn Sie die Besucher gut genug kennen, um zu wissen, dass sie ausreichend Tatkraft und Sportsgeist mitbringen.

Gemeinsame Besuche in Etablissements mit Erotikfaktor zeugen nicht unbedingt von Seriosität und sind deshalb nicht anzuraten. Sollten Ihre Gäste explizit danach fragen, können Sie eine Empfehlung aussprechen. Sie sind aber keinesfalls dazu verpflichtet, sich diesem Ausflug anzuschließen. Diplomatischerweise enthalten Sie sich dabei jeglicher Wertung.

Abendprogramm/Kulturveranstaltungen

Bei vielen festlichen Anlässen am Abend ist es geboten, den (Ehe-)Partner mitzubringen. Dies ist üblicherweise auf der Einladung vermerkt. Wenn Sie dem Hinweis „U. A. w. g." (Um Antwort wird gebeten) entsprechen, sollten Sie auch bekannt geben, ob Sie allein oder in Begleitung kommen. Abendanlässe erfordern in der Regel Abendgarderobe. Sofern auf der Einladung keine Angaben gemacht werden, sind Sie auf jeden Fall gut beraten, sich elegant zu kleiden.

Bei einem offiziellen Empfang passieren Sie am Eingang die „Receiving Line", an der die Gastgeber in abfallender Hierarchie aufgestellt sind und den Gästen die Hände schütteln. Ehrengäste oder Referenten werden immer zu ihrem Platz geleitet.

Expertentipp: Die richtige Position

Falls Sie im Theater oder im Konzertsaal in eine Stuhlreihe hinein müssen, in der schon jemand sitzt, drehen Sie sich mit dem Gesicht immer zu den sitzenden Personen. Es ist garantiert angenehmer, Ihnen ins Gesicht als auf Ihre Kehrseite zu blicken.

Visitenkarten-Party/After-Work-Party

Sowohl die Visitenkarten- als auch die After-Work-Partys finden oft unter der Woche und im Anschluss an den normalen Büroalltag statt. Deshalb wird auch ein Kleidungsstil erwartet, der dem geschäftlichen Tagesoutfit entspricht. Während die After-Work-Party eher eine reine Spaßveranstaltung ist, auf der man sich mit bekannten Kollegen und Freunden trifft – zuweilen unter dem Motto „sehen und gesehen werden" – hat die Visitenkarten-Party einen deutlich stärkeren Geschäftsbezug. Hier geht es vor allem darum, neue Kontakte zu knüpfen und sich mit Menschen auszutauschen, die möglicherweise für die eigene berufliche Zukunft von Nutzen sind.

Wenn Sie eine solche Veranstaltung besuchen, sollten Sie genügend Visitenkarten einstecken und in der Stimmung dazu sein, einen aufgeschlossenen Eindruck zu erwecken. Wenn Sie mit fremden Menschen ins Gespräch kommen wollen, vermeiden Sie es, sich nur an Bekannte zu halten, denn in geschlossene Gruppen dringt so leicht niemand ein.

Expertentipp: Ergreifen Sie die Initiative

Seien Sie aktiv: Gesellen Sie sich zu Personen, die allein im Raum stehen, und fragen Sie höflich, ob Sie sich vorstellen dürfen. Wie Sie das Gespräch fortsetzen, können Sie noch einmal im Kapitel „Kommunikationskultur" nachlesen.

Verpönt sind in jedem Fall plumpe Anmachversuche oder eine offensichtliche Akquisition. Wenn sich während der Unterhaltung berufliche Anknüpfungspunkte ergeben, ist das okay und man tauscht Visitenkarten aus. Aber Sie hinterlassen keinen positiven Eindruck, wenn Sie auf Biegen und Brechen jedem Anwesenden Ihre Visitenkarte übergeben wollen.

Internationale Bühne

Das Thema, wie man sich in internationalen Geschäftsbeziehungen richtig verhält, ist ein weites Feld, das ganz sicher den Rahmen dieses Buches sprengt. Daher steht an dieser Stelle im Vordergrund, Sie für die auffälligsten Besonderheiten anderer Kulturen zu sensibilisieren. Dabei wird keinesfalls der Anspruch auf Vollständigkeit erhoben, die Unterschiede der Nationen dieser Welt sind einfach zu groß, als dass dies im hier vorgegebenen Rahmen möglich wäre.

Generell gilt: Es reicht nicht aus, irgendwelche Verhaltensregeln, die man irgendwo aufgeschnappt hat, stumpf zu befolgen. Vielmehr sollte klar sein, dass das Konfliktpotenzial beim internationalen Umgang auf tiefer liegenden Aspekten beruht. Denn dabei stehen sich grundlegend verschiedene Wertesysteme gegenüber und die daraus resultierenden Denk- und Verhaltensweisen stoßen auf gegenseitiges Unverständnis.

Manches Missverständnis lässt sich mit sprachlichen Barrieren entschuldigen, doch Geschäftsbeziehungen über Landesgrenzen hinaus können nur erfolgreich geknüpft werden, wenn die Verständigung miteinander und zugleich das Verständnis füreinander Grundlage sind.

Expertentipp: Verleugnen Sie Ihre Herkunft nicht

Versuchen Sie nicht, Ihre fremdländischen Geschäftspartner dadurch zu beeindrucken, dass Sie sämtliche Gepflogenheiten einfach übernehmen. Sie brauchen Ihre Herkunft nicht zu verleugnen, sondern zeigen auch einen gesunden Nationalstolz, wenn Sie ein paar typisch deutsche Seiten haben. Es ist bestimmt noch kein großes Geschäft ausschließlich deshalb zustande gekommen, weil ein deutscher Geschäftsführer seine Reissuppe mit Stäbchen essen konnte.

Erwarten Sie ebenso wenig, dass sich internationale Partner den hierzulande herrschenden Gebräuchen unterordnen. Wenn Sie einen Araber zum zünftigen Eisbein mit Sauerkraut einladen, brüskieren Sie ihn, denn er gehört wahrscheinlich einer Religion an, die es generell verbietet, Schweinefleisch zu essen.

Damit Sie sich sowohl in einem fremden Land als auch beim Umgang mit Menschen anderer Kulturen zurechtfinden – ohne Ihre eigene Identität zu verlieren –, bedarf es einer sorgfältigen Vorbereitung. Recherchieren Sie mit einem ehrlichen Interesse für das Land Informationen über seine Kultur und seine Sitten. So eignen Sie sich vor einer Reise das Wissen an, das Sie brauchen, um Verhaltensweisen zu vermeiden, die vor Ort als grob anstößig empfunden werden.

Andererseits ermöglicht Ihnen dieses Hintergrundwissen, in vermeintlich befremdlichen Situationen angemessen zu reagieren und große Konflikte zu vermeiden.

Expertentipp: Hilfreiche Signale zur positiven Verständigung

- Lernen Sie möglichst, wie man sich in der jeweiligen Landessprache begrüßt und wie man „bitte" und „danke" sagt.
- Visitenkarten in englischer Sprache ermöglichen es dem anderen, Ihre geschäftliche Position richtig einzuordnen. Denken Sie daran, Ihre Telefonnummern mit der Landesvorwahl zu versehen, bevor Sie international gültige Visitenkarten drucken lassen.
- Umlaute und „ß" sind durch allgemein gültige Buchstaben (Doppelvokale und „ss") zu ersetzen, damit keine Verwirrung entsteht.

Das kleine Länder-ABC

Die folgenden Beispiele für internationale Umgangsformen geben nur einen recht groben Überblick über den Variantenreichtum, dem Sie begegnen werden, wenn Sie geschäftlich rund um die Welt reisen. An dieser Stelle lassen sich weder alle Länder noch alle bestehenden Konventionen auflisten.

Asien, China, Japan

Kleidung: Im Business-Alltag legen Asiaten ausgesprochen großen Wert auf formelle Outfits. Sie tragen häufig schlichte Farben (Dunkelblau und Grau). Während die Japaner modische Kleidung bevorzugen, wählen Chinesen eher Funktionelles und Zeitloses. Die gestreifte Krawatte ist in Chinas Chefetagen unvermeidlich. Wichtig: Damen zeigen kein Dekolletee!

Farben spielen in der Symbolik Asiens eine sehr große Rolle. Die Kombination von weiß mit gelb oder schwarz ist Beerdigungen vorbehalten. Eine allseits beliebte Farbe ist Rot, denn sie symbolisiert in China, Japan und Korea Glück und Freude.

Asiatische Geschäftsleute legen großen Wert auf hochwertiges und gepflegtes Schuhwerk. In Japan gehören dazu auch stets frische und tadellose Socken, denn an der Haustür werden die Schuhe ausgezogen.

Umgang: Zur Begrüßung gehört eine leichte Verbeugung. Das Händeschütteln ist als Annäherung an westliche Gepflogenheiten zu verstehen und in China bereits stärker verbreitet – nicht jedoch in Japan.

Expertentipp: Zum Umgang mit Visitenkarten

Sie sollten immer eine große Menge Visitenkarten zur Hand haben, denn das Verteilen dieser Kärtchen hat in Asien Volkssportcharakter. Eine empfangene Visitenkarte halten Sie in beiden Händen und studieren diese sorgfältig einige Sekunden lang – die Nichtbeachtung wäre ein Zeichen von Respektlosigkeit.

Asiaten agieren streng hierarchisch. Der Ranghöchste bekommt zu jedem Zeitpunkt die größte Aufmerksamkeit und wird bei allen Vorgängen zuerst berücksichtigt. Daher sollten Verhandlungspartner sich immer auf gleicher Augenhöhe befinden. In der Kommunikation wird dezente Zurückhaltung gewahrt und es werden keine Emotionen gezeigt. Das allzeit höfliche Lächeln überdeckt selbst Ärger oder Aggressionen.

Gastgeschenke: Weder Blumen noch Alkohol sind eindrucksvolle Mitbringsel. Wenn Sie stattdessen acht Orangen verschenken, achten Sie chinesische Traditionen. Die Acht ist eine chinesische Glückzahl und das chinesische Wort für „Orange" ist dem Ausdruck „Glück wünschen" ähnlich im Klang.

Expertentipp: Karaoke als Stimmverstärker

Sympathiepunkte sammeln Sie, wenn Sie beim abendlichen Karaoke aktiv und schwungvoll mittun. Wer hier selbstbewusst seine Stimme erhebt, wird auch bei den darauf folgenden Verhandlungen gut gehört.

Special: Während man in China Körpergeräusche in Gesellschaft akzeptiert, gilt es in Japan bereits als ungehobelt, wenn man sich in der Öffentlichkeit geräuschvoll die Nase putzt.

Großbritannien

Kleidung: Der britische Kleidungsstil ist konservativ und traditionsbewusst. Tweed- und Glencheck-Sakkos sind hier überaus häufig anzutreffen.
Umgang: Gemäß dem berühmten britischen Understatement werden Verhandlungen etwas weniger offensiv geführt, als es bei uns der Fall ist, und dem Einstieg geht der obligatorische Smalltalk voraus.
Special: Bringen Sie eine gesunde Portion Humor mit, damit Sie es mit dem „schwarzen Humor" der Briten aufnehmen können.

Orient/Arabische Staaten

Kleidung: Für Männer empfiehlt sich ein konservativer Kleidungsstil. Frauen sind gut bedient mit hochgeschlossenen und weiten Kleidungsstücken, die möglichst keine Körperformen erkennen lassen. Zeigen Sie weder Arme noch Beine und erst recht kein Dekolletee oder die Schultern.

Umgang: Einige arabischen Staaten sind aufgrund ihrer streng islamischen Sitten – besonders für Geschäftsfrauen – ein sehr schwieriges Terrain. Der Umgang zwischen den Geschlechtern ist stark reglementiert. Gegenseitige Berührungen, dazu gehört auch das Händeschütteln, sind tabu. Ein längerer Blickkontakt wird als anstößig empfunden.

Expertentipp: So umgehen Sie schwerwiegende Konflikte

Männer sollten in jedem Fall und unbedingt keinen Kontakt zu arabischen Frauen suchen. Auf diese Weise lassen sich schwerwiegende Konflikte vermeiden.

Generell spielen Titel und Hierarchien eine große Rolle und es herrscht respektvolle Höflichkeit.

Special: Vermeiden Sie Konfrontationen und gehen Sie im Gespräch notfalls auch Umwege. Mehrfache Unterbrechungen einer Verhandlung sind normal und gehören zur Taktik.

Mitteleuropa, Polen, Russland, Tschechien

Kleidung: Formelle Business-Kleidung ist in jedem Fall angebracht. Bei Abendveranstaltungen können Sie ruhig elegant gekleidet erscheinen.

Umgang: Man begrüßt sich mit einem Handschlag und erwähnt Namen und Titel bei der Vorstellung.

Expertentipp: Ein ernster Blick als Zeichen des Respekts

Lächelt ein Russe bei der Begrüßung nicht, so ist das keine Unfreundlichkeit, sondern eine Respektbekundung.

In Polen tauscht man Visitenkarten diskret am Ende einer Verhandlung aus, allerdings niemals direkt am Verhandlungstisch. Beachten Sie, dass die Bezeichnung „Bereichsleiter Osteuropa" bzw. „Executive for Eastern Europe" bei der Vorstellung oder auf Ihrer Visitenkarte Sie als unkundig im Umgang mit den neuen Beitrittsstaaten entlarvt. Denn allein die konkrete Benennung „Osteuropa" bedeutet eine Abgrenzung zu den anderen europäischen Staaten. Wählen Sie besser Begriffe wie „Zentraleuropa" oder „Mitteleuropa".

In Bulgarien sind zwei wichtige Kopfbewegungen genau gegensätzlich zu verstehen: Das Kopfnicken bedeutet Verneinung, ein Kopfschütteln Zustimmung.

Special: Einladungen nach Hause sind durchaus üblich, dabei werden auch Gastgeschenke erwartet.

Skandinavien

Kleidung: Die Kleidungsriten sind den unseren sehr ähnlich. Bei freizeitlichen Treffen ist ein lockeres Outfit völlig akzeptabel.

Umgang: Bei der Begrüßung nennt man Vor- und Nachnamen. In Schweden und Norwegen geht man meist sehr schnell zur gegenseitigen Anrede mit dem Vornamen über. Der Umgang miteinander bleibt dabei höflich und zurückhaltend. Temperaments- und Gefühlsausbrüche erzeugen keine Sympathie, denn Skandinavier legen Wert auf sachliche Aussagen und klare Vereinbarungen, an die man sich auch hält.

Special: Bei der Anrede wird oft auf akademische Titel verzichtet, weil Status und Hierarchien keine sehr große Rolle spielen.

Südeuropa, Frankreich, Italien, Spanien

Kleidung: Mit formellen Business-Outfits sind Sie angemessen ausgestattet. Südeuropäer legen großen Wert auf sichtbare Eleganz, wenn sie ihrer Wertschätzung Ausdruck verleihen wollen. Auch tagsüber sieht man hier häufig Männer im dunklen Anzug mit weißem Hemd und Krawatte bzw. Frauen im dunklen Kostüm mit chicer Bluse.

Umgang: Üblich ist der normale westliche Händedruck, der in Frankreich mit einem „Madame" bzw. „Monsieur" einhergeht, oft ohne dass der Nachname genannt wird. Häufig spricht man sich mit dem Vornamen an, jedoch in Verbindung mit einem förmlichen „Sie". In Verhandlungen mit Italienern und Spaniern kann es durchaus lebhafter zugehen. Wenn es Ihrem Naturell entspricht, dürfen auch Sie Temperament zeigen.

Special: Pünktlichkeit hat hier einen anderen Stellenwert als in Deutschland. Es ist durchaus üblich, zu vereinbarten Terminen etwas später zu erscheinen. Nehmen Sie es also niemandem übel, wenn er Sie ein bisschen warten lässt, denn das ist kein Ausdruck mangelnden Respekts.

USA

Kleidung: Der Kleidungsstil der US-Amerikaner ist in den meisten Branchen deutlich konservativer als in Deutschland. Damen gehen zum Beispiel selbst in wärmeren Regionen niemals ohne Strümpfe ins Office.

Umgang: Amerikaner werden schon frühzeitig darin geschult, etwas zu repräsentieren. Bei der Begrüßung drückt sich das durch eine aufrechte Körperhaltung, eine kräftigen Händedruck und vor allem durch direkten Blickkontakt aus. Der Umgang bleibt trotz Anrede mit Vornamen stets höflich und distanziert. Verhandlungen werden nach kurzem Smalltalk sehr zielgerichtet und konzentriert geführt.

Expertentipp: Arbeiten Sie an einer guten Ausstrahlung

Ihr Erfolg hängt nach amerikanischen Maßstäben erheblich von Ihrer Ausstrahlung ab. Seien Sie daher stets positiv und optimistisch! Über Niederlagen stolpert man gelegentlich, steht wieder auf und – weiter geht's!

Special: Wir kennen hierzulande zwei verschiedene Seiten der amerikanischen Lebensweise. Doch lassen Sie sich dadurch nicht täuschen – im Business hat Freizügigkeit nichts zu suchen. Zweideutige Anspielungen haben schnell den Beigeschmack sexueller Diskriminierung und wirken sich ganz sicher nicht positiv auf Ihre Geschäftsbeziehungen aus.

Zum Umgang mit Fehlern

Natürlich sind Sie trotz sorgfältiger Vorbereitung nicht davor gefeit, doch einmal mit Anlauf in ein Fettnäpfchen zu treten. Schnell ist eine Ihnen unbekannte Verhaltensregel gebrochen oder eine missverständliche Formulierung entschlüpft. Sie spüren, dass die Atmosphäre plötzlich abkühlt und etwas Unangenehmes im Raum steht. Wie gehen Sie am besten damit um? Auf keinen Fall können Sie die Sache übergehen, als sei nichts geschehen, in der Hoffnung, dass die Beteiligten den Vorfall vergessen. Stellen Sie sich offen und ehrlich der Situation, indem Sie zugeben, aus Unwissenheit einen Fehler gemacht zu haben. Entschuldigen Sie sich dafür. Ob und wie es dann weitergeht, entscheidet die andere Seite.

Erzwingen Sie nichts. Bei schwer wiegenden Affronts kann es sinnvoll sein, einen Vermittler einzuschalten. Vielleicht haben sie vor Ort eine Bezugsperson zugewiesen bekommen, die sich als Botschafter für Sie einsetzt und ein Gespräch arrangieren kann, in dem die Situation geklärt wird.

Zum guten Schluss

Wenn Sie dieses Buch aufmerksam gelesen und alle Übungen gemacht haben, sind Sie nicht einfach nur fit in den Fragen rund um Benimm und Etikette, sondern können Ihren eigenen Stil entwickeln oder verfeinern. Mit diesem zusätzlichen Wissen und dem besseren Feingefühl in Ihrer Wahrnehmung sind Sie bestens ausgestattet für Ihren weiteren Karriereweg. Vergessen Sie aber neben all den genannten Regeln bitte niemals, Ihren gesunden Menschenverstand einzusetzen, und vertrauen Sie bei spontanen Entscheidungen auf Ihre Intuition.

Zehn Karrieretipps für Ihren weiteren Weg

1. Bleiben Sie stets Sie selbst, denn Authentizität verleihtIhnen Glaubwürdigkeit.

2. Suchen Sie sich Vorbilder und beobachten Sie diese genau, denn offensichtlich haben sie einiges richtig gemacht.

3. Setzen Sie sich selbst gesunde Grenzen der Anpassung und bestimmen Sie Ihren individuellen Freiraum.

4. Lächeln Sie öfter einmal. Es kostet nichts, bringt aber viel und wird international verstanden.

5. Meiden Sie extremes Verhalten. Sie können damit sehr leicht anecken.

6. Verhalten Sie sich tolerant anderen gegenüber, die sich nicht immer an die gesellschaftlichen Konventionen halten. Oft ist es kein Zeichen mangelnden Respekts, sondern einfache Unkenntnis.

7. Versuchen Sie nicht, andere zu belehren. Seien Sie lieber Vorbild.

8. Seien Sie höflich zu Menschen – und nicht nur zu denen, die Ihnen nützlich sein können.

9. Bleiben Sie neugierig und veränderungsbereit, um niemals still zu stehen.

10. Lieben und genießen Sie das (Business-)Leben!

Test: Überprüfen Sie Ihren Wissensstand

Test – Überprüfen Sie Ihren Wissensstand

1. Was sagen Sie, wenn Sie sich jemandem vorstellen?
   a) „Gestatten, ich heiße Huber, Klara Huber." ☐
   b) „Darf ich mich vorstellen, Huber ist mein Name." ☐
   c) „Guten Tag. Ich bin Klara Huber, Leiterin der Abteilung Customer Services." ☐

2. Sie halten sich während der Pause bei einer Veranstaltung im Foyer auf und nähern sich einer Gruppe von Teilnehmern. Einige davon kennen Sie, die anderen nicht. Wie verhalten Sie sich?
   a) Ich begrüße zuerst diejenigen, die ich kenne, und lasse mich durch sie den anderen vorstellen. ☐
   b) Formvollendet begrüße ich zuerst die unbekannten Personen und stelle mich ihnen vor. ☐
   c) Zuerst begrüße ich die Damen und dann die Herren. ☐

3. Wie reden Sie Professor Dr. Friedhelm Graf von Stapelfeldt korrekt an?
   a) „Guten Tag, Herr Professor von Stapelfeldt." ☐
   b) „Guten Tag, Professor Graf Stapelfeldt." ☐
   c) „Guten Tag, Herr Professor Dr. Graf von Stapelfeldt." ☐

4. Sie treffen Ihren obersten Chef vor dem Aufzug. Was sagen Sie?
   a) Ich nutze die Gelegenheit und erzähle von meinem derzeitigen Projekt im Unternehmen. ☐
   b) Ich grüße, stelle mich kurz vor und warte ab, ob er an einem Gespräch interessiert ist. ☐
   c) Ich grüße ihn und mache einen kleinen, unverfänglichen Scherz. ☐

5. Welche Themenfelder aus dem aktuellen Zeitgeschehen sind für den Smalltalk wichtig?
   a) Am ehesten amüsanten Klatsch und Tratsch aus der Promiwelt. ☐
   b) Ich suche mir ein Fachgebiet aus Politik und Wirtschaft und informiere mich darüber möglichst umfassend. ☐
   c) Am besten verfüge ich über ein breit aufgestelltes Allgemeinwissen, um bei möglichst vielen Themen mitreden zu können. ☐

6. Während eines Empfangs hängen Sie im Gespräch fest – mit einem wichtigen Geschäftspartner der Art Endlos-Erzähler. Wie reagieren Sie?
   a) Ich höre einfach aufmerksam zu und lasse ihn höflich ausreden. ☐
   b) Ich nutze eine Atempause, bedanke mich für das Gespräch und verabschiede mich. ☐
   c) Ich sage ihm, dass mich das Thema nicht interessiert und wechsle das Gesprächsthema. ☐

Test – Überprüfen Sie Ihren Wissensstand

7. Beim Betriebsfest lernen Sie die Frau des Chefs kennen. Worüber reden Sie mit ihr nach der Begrüßung?

   a) Ich erzähle begeistert über die Zusammenarbeit mit meinem Chef. ☐

   b) Ich frage sie nach ihrem Beruf oder ihren Hobbys. ☐

   c) Ich lobe die Atmosphäre im Unternehmen oder das gelungene Büfett. ☐

8. Sie laden einige Geschäftspartner zum Essen ins Restaurant ein und werden vom Personal zu Ihrem Tisch geführt. In welcher Reihenfolge gehen Sie hinterher?

   a) Die Gäste gehen direkt hinter dem Kellner her und ich folge zum Schluss. ☐

   b) Das ist bei mehreren Gästen egal. ☐

   c) Ich gehe direkt hinter dem Kellner her, denn der Gastgeber geht im Restaurant vor. ☐

9. Wann ist der richtige Zeitpunkt für eine Tischrede?

   a) Gleich nach der Vorspeise ☐

   b) Nach dem Hauptgang ☐

   c) Nach dem Dessert oder nach dem Kaffee ☐

10. Wie isst man das gereichte Brot richtig?

    a) Man bestreicht das Brot mit Butter und nimmt es dann in die Hand, um abzubeißen. ☐

    b) Man bricht das Brot in mundgerechte Stücke, bestreicht diese mit Butter und isst stückweise. ☐

    c) Man bestreicht das Brot mit Butter und isst es vom Couvertteller (Brotteller) mit Messer und Gabel. ☐

11. Wie hält man ein Rotweinglas richtig?

    a) Rotweingläser umfasst man mit der ganzen Hand am Kelch. ☐

    b) Das hängt von der Größe des Kelchs ab. ☐

    c) Gläser mit Stiel werden immer am selbigen angefasst. ☐

12. Sie gehen während eines Menüs zwischen den Gängen kurz zur Toilette. Wo legen Sie Ihre Serviette ab?

    a) Die Serviette wird immer locker zusammengefaltet links neben den Teller gelegt. ☐

    b) Ich lege sie ordentlich gefaltet über die Stuhllehne und nach dem Essen auf den Teller. ☐

    c) Bei kurzen Unterbrechungen legt man die Serviette auf die Sitzfläche des Stuhls und nach dem Essen links neben den Teller. ☐

13. Welche Bedeutung hat es, wenn man das Besteck gekreuzt auf dem Teller ablegt?

    a) Ich bin noch nicht fertig und esse gleich weiter. ☐

    b) Das ist ohne Bedeutung. ☐

    c) Ich hätte gern einen Nachschlag. ☐

Test – Überprüfen Sie Ihren Wissensstand

14. Wann darf man beim Essen um die Erlaubnis zum Rauchen bitten?
    a) Überhaupt nicht, denn bei Tisch wird nicht geraucht. ☐
    b) Zwischen den Gängen. ☐
    c) Nach dem Dessert. ☐

15. Wie lautet die Faustregel in Deutschland fürs Trinkgeld?
    a) Unter fünf Prozent der Rechnungssumme, aber mindestens drei Euro. ☐
    b) Zwischen fünf und zehn Prozent der Rechnungssumme. ☐
    c) Mindestens 15 Prozent der Rechnungssumme. ☐

16. Gibt es am Büfett eine Vorgabe, in welcher Reihenfolge die Speisen gegessen werden?
    a) Ja, sie entspricht der Reihenfolge eines gesetzten Menüs. ☐
    b) Nein, am Büfett kann man von allen Seiten zugreifen und sich sein Menü frei zu-sammenstellen. ☐
    c) Die Reihenfolge ist nicht so wichtig, aber man darf pro Gang nur einmal zum Büfett gehen. ☐

17. Benutzen Sie beim zweiten Gang zum Büfett Ihren Teller und das Besteck noch einmal?
    a) Ja, das spart Geschirr und Besteck. ☐
    b) Nein, ich nehme grundsätzlich einen neuen Teller und auch neues Besteck. ☐
    c) Ich nehme am Büfett einen neuen Teller, da ich eine andere Speise wähle, aber das Besteck lasse ich am Platz liegen und kann es ein zweites Mal verwenden. ☐

Lösung

1 c), 2 a), 3 b), 4 b), 5 c), 6 a), 7 c), 8 a), 9 b), 10 b), 11 c), 12 a), 13 a), 14 c), 15 b), 16 a), 17 b)

Ihr Karriereplaner

Versetzen Sie sich noch einmal an den Anfang zurück, als Sie Ihre Ausgangsposition und Ihre Ziele definiert haben. Jetzt, nach der Auseinandersetzung mit diesem Buch, haben sich vielleicht manche Ziele konkretisiert und Sie wissen genauer, welche Schritte dorthin führen. Sie können Ihren Karriereplan mit den neu gewonnenen Erkenntnissen aktualisieren und eine langfristige Perspektive in die Planung mit einbeziehen. Ein Beispiel finden Sie auf der nächsten Seite und auf der nächstfolgenden Seite ist außerdem ein leeres Formular für einen Karriereplaner, das Sie ausfüllen können.

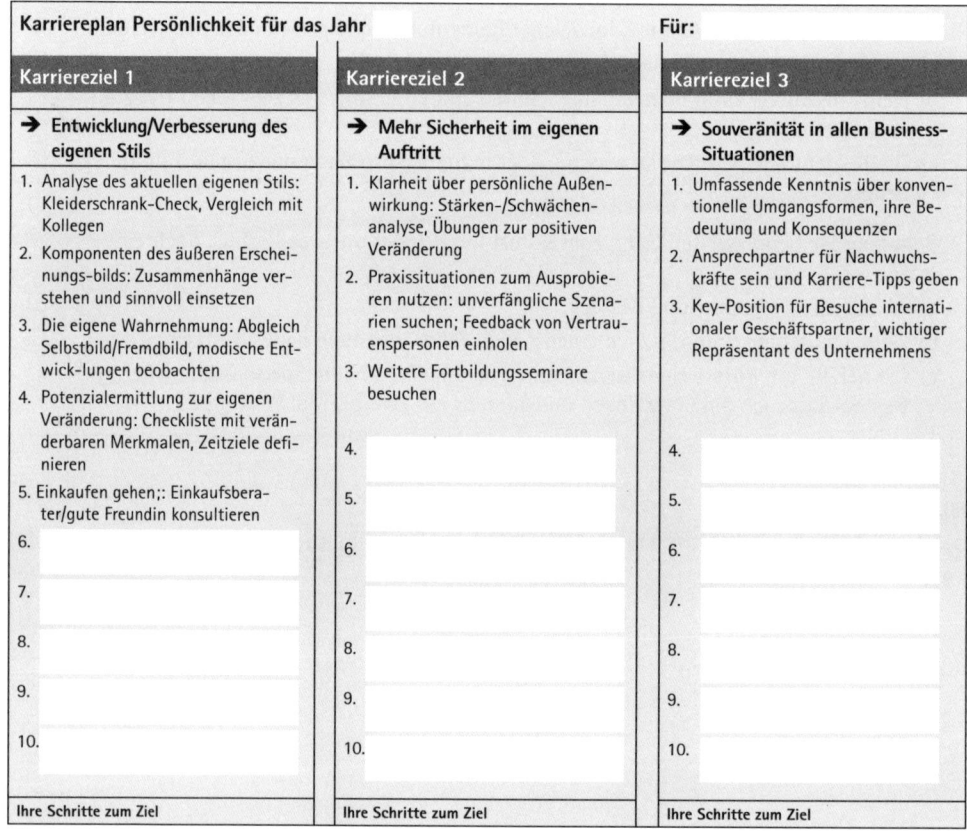

Karriereplan Persönlichkeit für das Jahr		Für:
Karriereziel 1	**Karriereziel 2**	**Karriereziel 3**
➜ Entwicklung/Verbesserung des eigenen Stils	➜ Mehr Sicherheit im eigenen Auftritt	➜ Souveränität in allen Business-Situationen
1. Analyse des aktuellen eigenen Stils: Kleiderschrank-Check, Vergleich mit Kollegen 2. Komponenten des äußeren Erscheinungs-bilds: Zusammenhänge verstehen und sinnvoll einsetzen 3. Die eigene Wahrnehmung: Abgleich Selbstbild/Fremdbild, modische Entwick-lungen beobachten 4. Potenzialermittlung zur eigenen Veränderung: Checkliste mit verän-derbaren Merkmalen, Zeitziele defi-nieren 5. Einkaufen gehen;: Einkaufsbera-ter/gute Freundin konsultieren 6. 7. 8. 9. 10.	1. Klarheit über persönliche Außen-wirkung: Stärken-/Schwächen-analyse, Übungen zur positiven Veränderung 2. Praxissituationen zum Ausprobie-ren nutzen: unverfängliche Szena-rien suchen; Feedback von Vertrau-enspersonen einholen 3. Weitere Fortbildungsseminare besuchen 4. 5. 6. 7. 8. 9. 10.	1. Umfassende Kenntnis über konven-tionelle Umgangsformen, ihre Be-deutung und Konsequenzen 2. Ansprechpartner für Nachwuchs-kräfte sein und Karriere-Tipps geben 3. Key-Position für Besuche internati-onaler Geschäftspartner, wichtiger Repräsentant des Unternehmens 4. 5. 6. 7. 8. 9. 10.
Ihre Schritte zum Ziel	Ihre Schritte zum Ziel	Ihre Schritte zum Ziel

Karriereplan für das Jahr

Für:

Karriereziel 1

1.
2.
3.
4.
5.
6.
7.
8.
9.
10.

Ihre Schritte zum Ziel

Karriereziel 2

1.
2.
3.
4.
5.
6.
7.
8.
9.
10.

Ihre Schritte zum Ziel

Karriereziel 3

1.
2.
3.
4.
5.
6.
7.
8.
9.
10.

Ihre Schritte zum Ziel

Karriereziel 4

1.
2.
3.
4.
5.
6.
7.
8.
9.
10.

Ihre Schritte zum Ziel

Stichwortverzeichnis

Die Autorinnen

Sabrina Steck

Diplom-Psychologin, leitet eine eigene Agentur mit den Schwerpunkten TV-Casting, Persönlichkeitscoaching und Medientraining. Seit vielen Jahren führt sie Castings für das ZDF und andere Fernsehanstalten durch. Zu Ihren Coaching-Klienten gehören sowohl Moderatoren und Künstler als auch Führungskräfte aus der Wirtschaft, die für Ihren beruflichen Erfolg mehr aus ihrer Persönlichkeit machen wollen. Für die Haufe-Akademie ist sie als Trainerin mit der Seminarreihe „Überzeugen mit Persönlichkeit" tätig.
www.casting-coaching.de
Von Sabrina Steck stammt der erste Teil dieses Buches (Seite 13–144).

Jo B. Nolte

ist als Business Coach und Outdoor Management Trainerin selbstständig tätig. Sie berät und trainiert Führungskräfte, Unternehmer und High Potentials in Fragen der Business-Etikette, Persönlichkeitsentwicklung sowie zu Vertriebs- und Marketingstrategien. Für ZDF neo übernahm sie als TV-Coach die fachliche Begleitung einer sechsteiligen Doku-Reihe für Existenzgründer.
www.jobee.net
Von Jo B. Nolte stammt der zweite Teil dieses Buches (Seite 145–311).

Literaturhinweise

Literatur zum Thema

Begemann, Petra: Der große Business-Knigge. Stark 2010.

Bonneau, Elisabeth: Der große GU Knigge. Gräfe und Unzer 2008.

Commer, Heinz/Thadden, Johannes von: Managerknigge 2000. Econ Verlag 2002.

Klein, Hans-Michael: Benimm im Business. Cornelsen 2009.

Pohl, Elke: Karriere-Knigge. Bildung und Wissen Verlag 2003.

Piedboeuf, Herbert L.: Immer richtig angezogen – Der Mode-Knigge für sie und ihn. Augustus Verlag 1997.

Ryberg, Karl: Farbtherapie. Orbis Verlag 1997.

Weitere Literatur von Haufe

Bruno, Tiziana/Adamczyk, Gregor/Bilinski, Wolfgang: Körpersprache und Rhetorik. 352 Seiten, € 14,95, ISBN 978-3-648-01988-7.

Frink, Silke: Der feminine Stil – Businessmode für Frauen. 208 Seiten, € 19,80, ISBN 978-3-448-08609-6.

Lermer, Stephan/Kunow, Ilonka: Small Talk – Nie wieder sprachlos. 232 Seiten, € 19,80, ISBN 978-3-648-02344-0.

Nöllke, Matthias: Schlagfertigkeit. 258 Seiten, € 19,80, ISBN 978-3-448-09589-0.

Oppel Kai: Business Knigge international – Der Schnellkurs. 264 Seiten, € 19,95, ISBN 978-3-648-02269-6.

Scharlau, Christine/Rossié, Michael: Gesprächstechniken. 358 Seiten, € 14,95, ISBN 978-3-648-02500-0.